国防特色教材·职业教育

数控机床操作实训

胡细东　主　编
吴灿坤　副主编
晏初宏　主　审

北京航空航天大学出版社
北京理工大学出版社　哈尔滨工业大学出版社
哈尔滨工程大学出版社　西北工业大学出版社

内 容 简 介

本书系统介绍数控车床、数控铣床、加工中心及电火花线切割机床加工过程中的知识和技能以及数控仿真的基本知识，着重讲述数控机床中级工认证标准中要求掌握的数控机床基础知识、基本操作、操作技能以及使用与维护方面的知识，并通过典型加工实例阐述数控加工工艺过程和方法。书中精选的大量典型实例都来源于生产实际和教学实践，同时，附录中收录了数控中级工职业技能标准以及实训样题，便于读者实训借鉴。书中未做过多的理论介绍，而是着重介绍数控机床操作方法和操作技能，在实施性和实用性方面有较大突破，体现了高等职业教育教材的特色。

本书可作为高职院校和中职学校机械设计与制造专业、机电一体化专业、数控技术专业、模具设计与制造专业等的数控实训教材，也可作为中级数控技术人员的培训教材和从事数控加工的工程技术人员的参考用书。

图书在版编目(CIP)数据

数控机床操作实训 / 胡细东主编. -- 北京 ：北京航空航天大学出版社，2010.9

ISBN 978-7-5124-0183-9

Ⅰ. ①数… Ⅱ. ①胡… Ⅲ. ①数控机床—操作—高等学校：技术学校—教材 Ⅳ. ①TG659

中国版本图书馆 CIP 数据核字(2010)第 155169 号

数控机床操作实训

胡细东　主　编

吴灿坤　副主编

晏初宏　主　审

责任编辑　宋淑娟

*

北京航空航天大学出版社出版发行

北京市海淀区学院路 37 号(邮编 100191)　http://www.buaapress.com.cn

发行部电话：(010)82317024　传真：(010)82328026

读者信箱：bhpress@263.net　邮购电话：(010)82316936

涿州市新华印刷有限公司印装　各地书店经销

*

开本：787×960　1/16　印张：17.75　字数：398 千字

2010 年 9 月第 1 版　2010 年 9 月第 1 次印刷　印数：3 000 册

ISBN 978-7-5124-0183-9　定价：34.00 元

前　言

本书是国家国防科技工业局“十一五”国防特色规划教材，是根据国家国防科技工业局科技与质量司，于2008年11月在北京航空航天大学召开的“十一五”国防特色教材编写出版工作会议的精神编写的。

国防科技工业是国家的战略性产业，是国防现代化的主要保证和技术支持，也是国家科技创新体系的重要力量。国防科技工业作为技术密集的高技术产业，在国际竞争中要想保持持久的竞争优势，就需要拥有一批具有自主创新能力的高技能应用型人才。随着军工技术的不断发展，新时期国防战略水平的不断提高，国防科技工业企事业单位急需一大批国防科技工业特有的高技能人才。高等职业教育在培养适应国防科技工业发展的高技能人才，实现科教兴国和人才强国战略方面尤为重要。

数控技术及装备是发展新兴高新技术产业和尖端工业的使能技术和最基本的装备，是当今先进制造技术和装备最核心的技术。当今世界各国机械制造业广泛采用数控技术，以提高制造能力和水平，提高对动态多变市场的适应能力和竞争能力。大力发展以数控技术为核心的先进制造技术，已成为世界各发达国家加速经济发展、提高综合国力和国家地位的重要途径。国防科技工业企业在国内率先进行了数控技术改造和产业升级，购置了大批数控设备，急需大量的数控技术应用型人才，因此数控机床操作实训是培养高职学生实践能力和创新意识最重要的手段之一，我们编写这本操作实训教材就是为了适应国防科技工业生产实践要求，满足国防科技工业高技能人才培养的需要。

全书共5章，全面系统地介绍数控车床、数控铣床、加工中心及电火花线切割机床加工过程中的知识和技能以及数控仿真的基本知识，着重讲述数控机床中级工认证标准中要求掌握的数控机床基础知识、基本操作、操作技能以及使用与维护方面的知识，并通过典型加工实例阐述数控加工工艺过程和方法。在系统选用上既考虑到应用广泛的FANUC（发那科）、SIEMENS（西门子）系统，又考虑到基于PC的新型数控系统MAZATROL 640M（马扎克），同时也选用了国内较知名的华中系统，这些系统都具有广泛的代表性。本书未做过多的理论介绍，而是着重介绍数控机床的操作方法和操作技能，内容浅显易懂，在实施性和实用性方面都有较大突破，体现了高等职业教育教材的特色。

本书的编写人员把多年来数控机床操作实训的教学内容和经验进行了系统的整理，本着“必需、够用”的原则，以岗位为目标，以能力培养为主线，突出了实践技能的培养。本书可供高职院校和中职学校的机械设计与制造专业、机电一体化专业、数控技术专业、模具设计与制造专业等的数控实训教材，也可作为中级数控技术人员的培训教材和从事数控加工的工程技术人员的参考用书。

本书由张家界航空工业职业技术学院（国家级数控实训基地、国防科技工业职业教育实训基地）胡细东副教授、高级技师担任主编并统稿，吴灿坤工程师担任副主编。全书共5章，第1章～第5章分别由张家界航空工业职业技术学院张迎春工程师、胡细东副教授、吴灿坤工程师、宋斌讲师和周秦源讲师编写，中国南方航空动力有限公司的黄曙光高级工程师参与编写了第4章。

张家界航空工业职业技术学院的晏初宏副教授担任本书的主审，对全书提出了许多宝贵的建议和修改意见。在本书编写过程中，得到了张家界航空工业职业技术学院领导的关心，还得到了田正芳、刘坚、赵学清和刘让贤等老师的大力支持，他们为本书的编写工作提供了资料和很好的建议，在此谨向他们表示衷心的感谢。

由于编者水平有限，经验不足，对于书中的缺点和错误，恳请读者批评指正。

编　者

2010年5月

目　录

第1章　数控车床操作

1.1　数控车床操作的基本知识

1.1.1　数控车床的基本知识

1. 数控车床的组成结构

数控车床的外形与卧式车床相似，由床身、主轴箱、刀架、进给系统、液压系统、冷却和润滑系统等部分组成。数控车床的主轴和尾座等部件相对床身的布局形式也与卧式车床基本一致，但刀架和床身导轨的布局形式却发生了根本的变化。

数控车床的刀架布置有两种形式：

① 前置刀架。前置刀架位于 z 轴的前面，与传统卧式车床刀架的布置形式一样，刀架导轨为水平导轨，使用四工位电动刀架。

② 后置刀架。后置刀架位于 z 轴的后面，刀架的导轨位置与正平面倾斜，这样的结构形式便于观察刀具的切削过程，切屑容易排除，后置空间大，可以设计更多工位的刀架。一般多功能的数控车床都设计为后置刀架。

数控车床床身导轨与水平面的相对位置有以下四种布局形式：

① 水平床身。如图1-1(a)所示，水平床身的工艺性好，便于导轨面的加工。水平床身配上水平放置的刀架可提高刀架的运动精度。但水平刀架增加了机床宽度方向的结构尺寸，且床身下部排屑空间小，排屑困难。

② 水平床身斜刀架。如图1-1(b)所示，水平床身配上倾斜放置的刀架滑板，这种布局形式的床身工艺性好，机床宽度方向的尺寸也较水平配置滑板的要小，且排屑方便。

③ 斜床身。如图1-1(c)所示，斜床身的导轨倾斜角度分别为30°，45°和75°。它和水平床身斜刀架滑板布局都因具有排屑容易、操作方便、机床占地面积小、外形美观等优点，而被中小型数控车床普遍采用。

④ 立床身。如图1-1(d)所示，从排屑角度来看，该床身布局最好，切屑可以自由落下，不易损伤导轨面，导轨的维护与防护也较简单；但机床的精度不如其他三种布局形式高，故应用较少。

数控车床的进给系统与卧式车床有着质的区别，传统卧式车床有进给箱和交换齿轮架，而

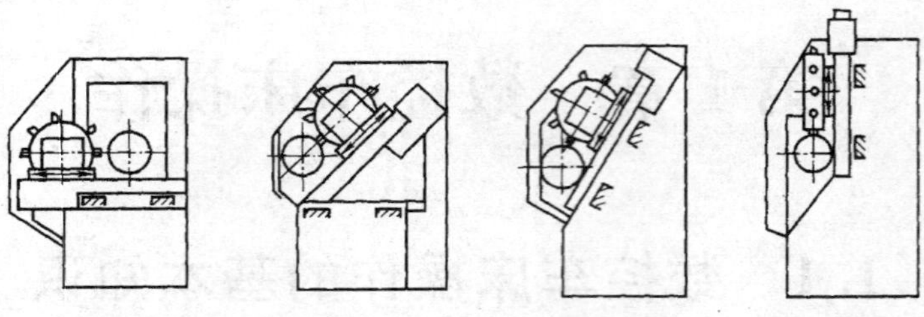

(a) 水平床身 (b) 水平床身斜刀架 (c) 斜床身 (d) 立床身

图 1-1 数控车床导轨与床身的布局

数控车床是直接用伺服电动机通过滚珠丝杠驱动溜板和刀架实现进给运动的,因而进给系统的结构大为简化。

与卧式车床相比,数控车床的结构具有以下特点:

① 由于数控车床刀架的两个方向的运动分别由两台伺服电动机驱动,所以它的传动链短,不必使用交换齿轮、光杠等传动部件,而使用伺服电动机直接与丝杠连接带动刀架运动。伺服电动机与丝杠间也可以用同步带或齿轮连接。

② 多功能数控车床是采用直流或交流主轴控制单元来驱动主轴的,按控制指令进行无级变速,在主轴与电机之间不必用多级齿轮副进行变速。为了扩大变速范围,现在一般还要通过一级齿轮副,以实现分段无级调速,主轴箱内的结构比传统卧式车床简单得多。数控车床的另一个结构特点是刚度大,这是为了与控制系统中高精度控制相匹配,以便适应高精度的加工。

③ 数控车床的第三个结构特点是轻拖动,刀架移动一般采用滚珠丝杠副来传递运动。滚珠丝杠副是数控车床的关键机械部件之一,滚珠丝杠两端安装的滚动轴承是专用轴承,其压力角比常用的向心推力球轴承大得多。这种专用轴承配对安装是选配的,最好在轴承出厂时就是成对的。

④ 为了拖动轻便,数控车床的润滑都比较充分,大部分采用油雾自动润滑。

⑤ 由于数控机床的价格较高、控制系统的寿命较长,所以数控车床的滑动导轨也要求耐磨性好。数控车床一般采用镶钢导轨,这样机床精度保持的时间较长,其使用寿命也可延长。

⑥ 数控车床还具有加工冷却充分、防护较严密等特点,自动运行时一般都处于全封闭或半封闭状态。

⑦ 数控车床一般还配有自动排屑装置。

2. 数控车床的技术参数

数控车床的主要技术参数包括最大回转直径、最大车削长度、各坐标轴行程、主轴转速范围、切削进给速度范围、定位精度、刀架定位精度等。其性能指标的含义及其影响见表 1-1。

表 1-1　数控车床性能指标

种　类	项　目	定　义	影　响
精度指标	定位精度	数控机床工作台等移动部件在确定的终点所能达到的实际位置的精度	直接影响加工零件的位置精度
	重复定位精度	在同一数控机床上，应用相同加工程序加工一批零件所得连续质量的一致程度	影响一批零件的加工一致性和质量稳定性
	分度精度	分度工作台在分度时，理论要求回转角度值与实际回转角度值的差值	影响零件加工部位的空间位置及孔系加工的同轴度
	分辨率	数控机床对两个相邻的分散细节间可分辨的最小间隔	决定机床的加工精度和表面质量
	脉冲当量	执行运动部件的移动量	决定机床的加工精度和表面质量
坐标轴	可控轴数	机床数控装置所能控制的轴数	影响机床功能、加工适应性和工艺范围
	联动轴数	机床数控装置控制的坐标轴同时到达空间某一点的坐标数目	影响机床功能、加工适应性和工艺范围
运动性能指标	主轴转速	机床主轴转动速度	可加工小孔和提高零件表面质量
	进给速度	机床进给线速度	影响零件加工质量、生产效率和刀具寿命
	行程	数控机床坐标轴空间运动范围	影响加工零件的大小
	摆角范围	数控机床摆角坐标的转角大小	影响加工零件的空间大小和机床刚度
	刀库容量	刀库能存放加工所需的刀具数量	决定加工适应性及加工资源
	换刀时间	带自动换刀装置的数控机床上，在下一工序中，主轴用刀与刀库用刀之间交换所需的时间	影响加工效率
加工能力指标	每分钟最大金属切除率	单位时间内去除金属余量的体积	影响加工效率

以 FANUC 0I Mate－Tc CK6163×1500 为例，其设备技术参数见表 1－2。

表 1－2　CK6163×1500 技术参数

项　目	名　称	参　数
加工范围	床身上最大回转直径/mm	≥ϕ630
	床鞍上最大回转直径/mm	≥ϕ300
	最大车削直径/mm	ϕ630
	最大工件长度/mm	1 500

续表 1-2

项　目	名　称	参　数
主　轴	主轴通孔直径/mm	≥ϕ100
	主轴头形式	C11 或 A1—11
	主轴转速/rpm	20～1 000
床　鞍	床身导轨宽度/mm	≥550
	x/z 向电动机功率/kW	≥1.8/2.5
	x/z 向快进速度/$(m \cdot min^{-1})$	≥4/4～7.5
	x/z 向行程/mm	≥320/1 260
刀　架	刀具尺寸(车削/镗孔)/(mm×mm)	32×32
	装刀容量	立式 4 工位
	刀架重复定位精度/mm	≤0.005
尾　座	尾座顶尖套筒直径/mm	ϕ100
	尾座顶尖套筒行程/mm	≥240
	尾座顶尖套筒锥孔锥度/莫氏锥度	6 号或 5 号
设备精度	机床定位精度 x/z/mm	≤0.030/0.040
	机床重复定位精度 x/z/mm	≤0.012/0.016
	车削工件圆度	≤0.005
电动机	主电动机功率/kW	11

1.1.2 数控车床的基本操作方法

数控车床由数控系统和机械本体组成。数控系统由专业厂家生产，机床厂家根据客户要求将数控系统和机床本体进行装配。不同数控系统的操作面板和具体的操作方法也有所差别，现以华中世纪星数控车床系统为例进行说明。

标准机床控制面板的大部分按键(除“急停”按钮外)位于操作台的下部。“急停”按钮位于操作台的右上角。机床控制面板用于直接控制机床的动作或加工过程。华中世纪星车削数控装置的操作面板如图 1-2 所示。

1. 软件操作面板

华中世纪星 HNC—21T 数控装置左上角窗口中的软件操作界面如图 1-3 所示。其界面由以下几部分组成：

① 图形显示窗口。可以根据需要，用功能键 F9 设置窗口的显示内容。

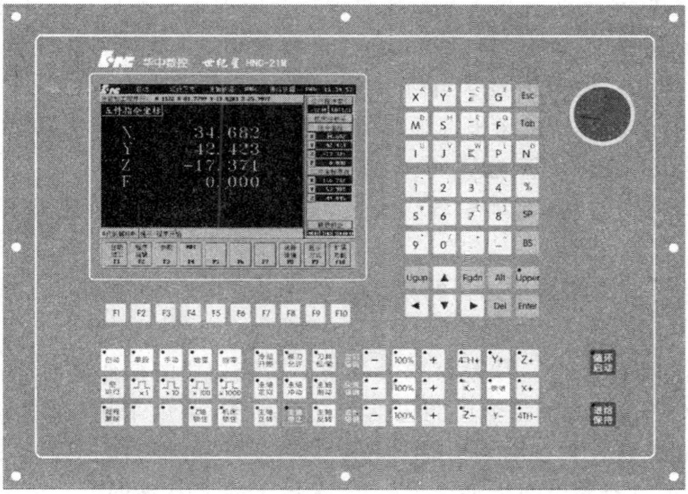

图 1-2　华中世纪星车削数控装置的操作面板

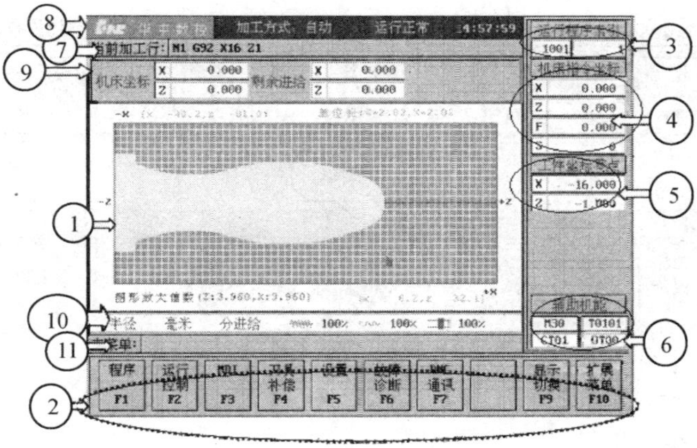

图 1-3　华中世纪星 HNC—21T 数控装置的软件操作界面

② 菜单命令条。通过按功能键 F1～F10 来完成菜单命令条中相应系统功能的操作。

③ 运行程序索引。显示自动加工中的程序名和当前程序段行号。

④ 选定坐标系下的坐标值。坐标系可在机床坐标系、工件坐标系和相对坐标系之间切换；显示值可在指令位置、实际位置、剩余进给、跟踪误差、负载电流和补偿值之间切换。

⑤ 工件坐标零点。工件坐标系的零点在机床坐标系下的坐标值。

⑥ 辅助机能。自动加工中的 M，S，T 代码。

⑦ 当前加工程序行。当前正在或将要加工的程序段。

⑧ 当前加工方式、系统运行状态及系统时钟。当前加工方式根据机床控制面板上相应按键的状态可在自动、单段、手动、增量、回零、急停和复位等之间切换；系统运行状态在“运行正常”和“出错”之间切换；系统时钟显示当前系统时间。

⑨ 机床坐标、剩余进给。机床坐标显示刀具当前位置在机床坐标系下的坐标；剩余进给指当前程序段的终点与实际位置之差。

⑩ 直径/半径编程、公制/英制编程、每分钟进给/每转进给、快速修调、进给修调、主轴修调。

⑪ 菜单命令状态。显示当前选择的菜单命令的主要内容，可以进入人机对话操作或数据输入。

软件操作界面中最重要的一块是菜单命令条。系统功能的操作主要通过菜单命令条中的功能键 F1～F10 来完成。由于每个功能包括不同的操作，菜单采用层次结构，即选择一个菜单项（主菜单）后，数控装置会显示该功能下的子菜单，用户可根据该子菜单的内容选择所需的操作，如图 1－4 所示。当要返回主菜单时，按子菜单下的 F10 键即可。

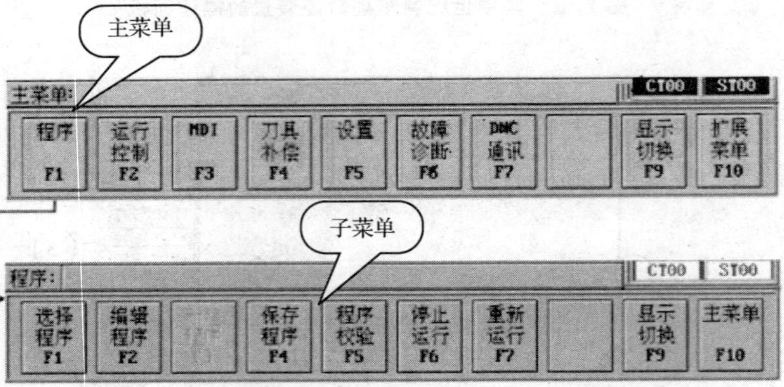

图 1－4 菜单层次

2. 机床控制面板

机床的手动操作主要由机床控制面板完成，机床控制面板如图 1－5 所示，各按键功能如下：

 手动。按下“手动”键（指示灯亮），系统处于手动运行方式，此时可通过点动来移动机床坐标轴。

 快进。手动进给时，若再按下“快进”键，则产生相应轴的正向或负向快速移动。

 方向键。以移动 x 轴为例，当按下“＋X”或“－X”键，x 轴将产生正向或负向连续移动；松开“＋X”或“－X”键，x 轴即减速停止。用同样的操作方法，可使 z 轴产生正向或负向

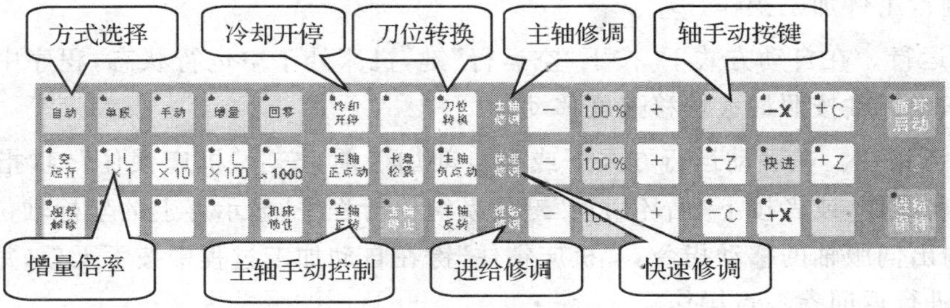

图1-5　机床控制面板

连续移动。在手动(快速)运行方式下,同时按下 x 和 z 轴方向的手动按键,能同时手动控制 x 和 z 坐标轴连续移动。

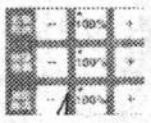　主轴修调、快速修调、进给修调。按下"进给修调"键可以调整主轴旋转速度、快速进给速度和手动进给速度。按一下"+"或"-"键,修调倍率递增或递减2%,按下"100%"键(指示灯亮),修调倍率被置为"100%"。机械齿轮换挡时,主轴速度不能修调。

　增量进给。当按下"增量"键(指示灯亮)时,系统处于增量进给方式,可增量移动机床坐标轴。以增量进给 x 轴为例:按一下"+X"或"-X"键(指示灯亮),x 轴将朝正向或负向移动一个增量值,再按一下该键,x 轴将继续移动一个增量值。用同样的操作方法,可使 z 轴朝正向或负向移动一个增量值。同时按下 x,z 轴方向的手动按键,能同时增量移动 x,z 坐标轴。

　增量值选择。增量进给的增量值由机床控制面板的"×1","×10","×100","×1000"四个增量倍率键控制。增量倍率键与增量值的对应关系见表1-3。这4个键互锁,即按下其中一个(指示灯亮),其余几个会失效(指示灯灭)。

表1-3　增量倍率键与增量值的关系

增量倍率键	×1	×10	×100	×1 000
增量值/mm	0.001	0.01	0.1	1

　主轴正转、主轴停止、主轴反转。在手动方式下,按一下"主轴正转"或"主轴反转"键(指示灯亮),主轴电动机以机床参数设定的转速正转或反转,直到按下"主轴停止"键为止。

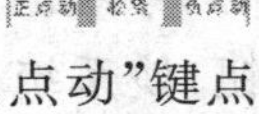　主轴正点动、卡盘松紧、主轴负点动。在手动方式下可用"主轴正点动"、"主轴负点动"键点动转动主轴。按下"主轴正点动"或"主轴负点动"键(指示灯亮),主轴将产生正向或负向连续转动;松开"主轴正点动"或"主轴负点动"键(指示灯灭),主轴转动停止。在手动方式下按下"卡盘松紧"键,松开工件(默认为夹紧)可以进行更换工件操作,再按一下此键即夹

紧工件，可进行工件加工操作。

 空运行。在自动方式下，按下“空运行”键，机床处于空运行状态，程序中编制的进给速率被忽略，坐标轴按照最大快移速度移动。

 机床锁住。在手动运行方式下或在自动加工前，按下“机床锁住”键（指示灯亮），此时再进行手动操作，或者按下“循环启动”键使系统执行程序，显示屏上的坐标轴位置信息发生变化，但不输出伺服轴的移动指令。“机床锁住”键在自动加工过程中按下无效，每次执行此功能后要再次进行返回参考点操作。

 刀位选择和刀位转换。在手动方式下，按一下“刀位选择”键，系统会预先计数转塔刀架将转动的一个刀位，以此类推；按几次“刀位选择”键，系统就预先计数转塔刀架将转动几个刀位。接着再按“刀位转换”键，转塔刀架才真正转动至指定的刀位。

 冷却启动与停止。在手动方式下，按一下“冷却开停”键，冷却液开（默认值为冷却液关）；再按一下，则冷却液关，如此循环。

 自动。当工件已装夹好、对刀已完成、程序调试没有错误后按此键，系统进入自动运行状态。

 循环启动。在自动加工模式下按下“循环启动”键后程序开始自动执行。

 进给保持。在自动加工模式下按下“进给保持”键后机床各轴的进给运动停止，S，M，T 功能保持不变。若要继续加工，则按下“循环启动”键。

 单段。在自动加工模式下单步运行，即每执行一个程序段后，程序暂停执行下一个程序段；当再按一次“循环启动”键后，程序再执行一个程序段。该功能常用于初次调试程序，它可减少因编程错误而造成的事故。

 超程解除。将在下面解释。

 回零。返回机床参考点。

3. 开机、关机

机床开机前要进行以下检查：检查机床状态是否正常；检查电源电压是否符合要求，接线是否正确；“急停”按钮是否按下。检查无误后再开机。

开机时先接通机床电源，再将数控系统通电。上电后注意检查风扇电动机运转是否正常，检查面板上的指示灯是否正常。

接通数控装置电源后，机床自动运行系统软件。系统上电进入软件操作界面，系统的工作方式为“急停”，为了控制系统的运行，需左旋并拔起操作台右上角的“急停”按钮，使系统复位并接通伺服电源，系统默认进入“回参考点”方式，软件操作界面的工作方式变为“回零”。

控制机床运动的前提是建立机床坐标系，为此，系统接通电源并复位后，首先应进行机床各轴回参考点操作，然后再进入其他运行方式。当所有轴回参考点后，才能建立机床坐标系。方法如下：

① 使系统处于“回零”方式。

② 按下“＋X”键使 x 轴回到参考点后，“＋X” 键的指示灯亮。

③ 同样的方法按下“＋Z”键，使 z 轴回参考点。

系统各轴回参考点后，在运行过程中只要伺服驱动装置不出现报警，出现其他报警都不需要重新回零。

关机时要注意停机位置，先按下控制面板上的“急停”按钮，以断开伺服电源，再断开数控电源，最后断开机床电源。关机后要清洁机床及周围环境，还应对所有的工具、量具、工装、加工程序和工艺文件等进行整理。

4. 紧急停止和超程解除

(1) 急停按钮

机床运行过程中，在危险或紧急情况下按下“急停”按钮，数控系统即进入急停状态，伺服进给及主轴运转立即停止工作(控制柜内的进给驱动电源被切断)；松开“急停”按钮(旋动此按钮，自动跳起)，数控系统进入复位状态。

解除急停前，应先确认故障原因是否已经排除。急停解除后应重新执行回参考点操作，以确保坐标位置的正确性。

(2) 超程解除键

在伺服轴行程的两端各有一个极限开关，它们的作用是防止伺服机构遭到碰撞而损坏。每当伺服机构碰到行程极限开关时，就出现了超程。

当某轴出现超程(“超程解除”键的指示灯亮)时，系统视此状况为紧急停止。要想退出超程状态，可进行如下操作：① 选择“手动”或“手摇”工作方式，一直按着“超程解除”键(控制器会暂时忽略超程的紧急情况)；② 在手动(手摇)方式下，使该轴向相反方向退出超程状态，再松开“超程解除”键。若显示屏上运行状态栏中的“运行正常”信息取代了“出错”信息，则表示系统恢复正常，可以继续操作。

5. 手动数据输入 MDI([F3])

在软件主操作界面下按菜单软键[F3]，进入 MDI 功能子菜单，其菜单命令条如图 1－6 所示。

图 1－6　MDI 功能子菜单

进入 MDI 菜单后，菜单命令状态行的底色变成白色，并且有光标在闪烁，如图 1－7 所示。这时可从 MDI 键盘输入并执行一个 G 代码指令段 。

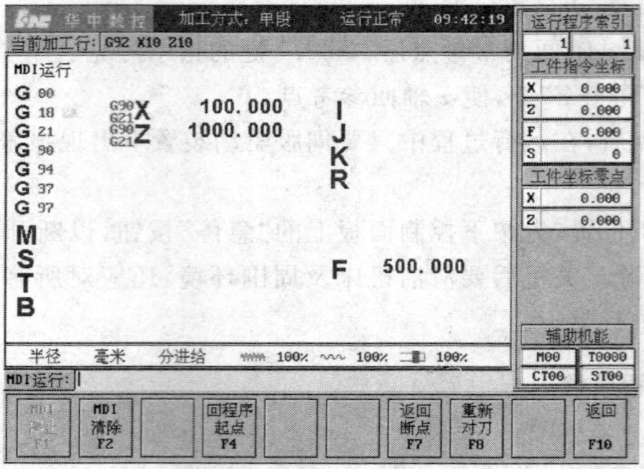

图 1－7 MDI 运行

例如：要在 MDI 方式下输入“G00 X100 Z1000”并运行该指令段。

输入指令段时有两种方法：

① 直接输入“G00 X100 Z1000”并按 Enter 键，图 1－7 显示窗口内关键字“G”“X”“Z”的值将分别变为“00”“100.000”“1000.000”。

② 先输入“G00”并按 Enter 键，图 1－7 显示窗口内将显示“G00”；再输入“X100”并按 Enter 键，显示窗口内将显示“X100.000”；最后输入“Z1000”并按 Enter 键，显示窗口内将显示“Z1000.000”。

在输入命令时，可以在命令行看见输入的内容。在按 Enter 键之前若发现输入错误，可重新进行编辑；按 Enter 键后，如果要修改输入的某一指令字，可直接在命令行上输入相应的指令字符及数值。如果系统发现输入错误，会提示相应的错误信息，此时可按 F2 键将输入的数据清除，重新输入新数据。

如果需要执行 MDI 指令段，操作步骤如下：在输入完 MDI 指令段后，按“自动”或“单段”键，再按一下操作面板上的“循环启动”键，则系统运行所输入的 MDI 指令。如果输入的 MDI 指令信息不完整或存在语法错误，系统会提示相应的错误信息，此时不能运行 MDI 指令。当系统正在运行 MDI 指令时，按 F1 键可停止 MDI 运行。

6. 程序管理([F1])

在软件主操作界面下按菜单软键[F1]出现如图 1－8 所示的程序功能子菜单，再通过菜单软键 F1～F10 来完成程序的输入和管理。

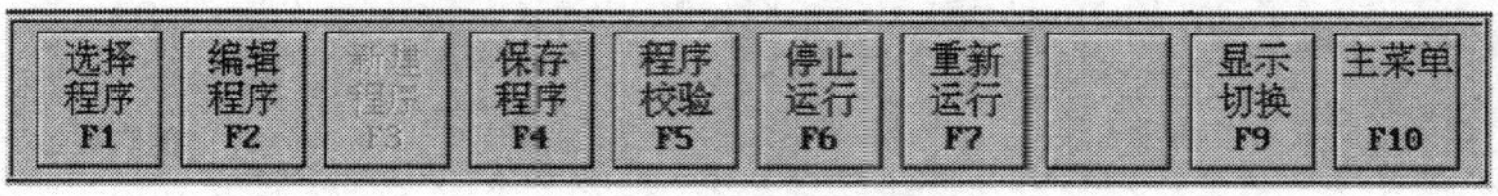

图1-8　程序功能子菜单

(1) 选择程序([F1]→[F1])

在程序功能子菜单下按菜单软键[F1],用操作面板上的“▶”、“◀”键选择主存储器,用“▲”、“▼”键选中存储器上的一个程序文件,按 Enter 键即可将该程序文件选中并调入加工缓冲区。

(2) 编辑程序([F1]→[F2])

在程序功能子菜单下按菜单软键[F2],将弹出“编辑程序”子菜单。当选择一个零件程序后,在此界面下可以编辑当前程序。

(3) 新建程序([F1]→[F2]→[F3])

在程序功能子菜单下按菜单软键[F2]→[F3],将进入“新建程序”子菜单,系统提示“输入新建文件名”,光标在“输入新建文件名”菜单命令状态行闪烁,输入文件名按 Enter 键确认后,即可编辑新建文件。需要注意,新文件不能与已存在的文件同名。

程序文件名一般由字母“O”开头,后跟四个(或多个)数字或字母,系统默认程序文件名由“O”开头。

(4) 保存程序([F1]→[F4])

在程序功能子菜单下按菜单软键[F4],系统提示一个要保存的文件名,按 Enter 键后系统将以所提示的文件名保存当前程序文件。若将提示文件名改为其他名字,则系统可将当前编辑的程序另存为其他文件,另存文件的前提是,更改后的新文件名不能与已存在的文件同名。

(5) 删除程序文件([F1]→[F1])

在选择程序界面中,用“▲”或“▼”键移动光标条来选中要删除的程序文件,按 Del 键后系统弹出对话框,提示是否要删除选中的程序文件,按 Y 键将选中程序文件从当前存储器上删除,按 N 键则取消删除操作。

7. 刀具补偿值设置([F4])

在软件主操作界面下,按菜单软键[F4]进入刀具补偿功能子菜单,其菜单命令条如图1-9所示。

刀具补偿分为刀具的几何补偿和刀具的半径补偿。T 代码指定刀具的几何补偿(偏置补偿与磨损补偿之和),其后的4位数字分别表示选择的刀具号(前两位数字)和刀具偏置补偿号(后两位数字)。补偿号可以与刀具号相同,也可以不同,即一把刀具可以对应多个补偿号

图 1-9 刀具补偿功能子菜单

(值)。刀具补偿号为 00 表示补偿量为 0，即取消补偿功能。G40，G41，G42 指定刀具的半径补偿。

(1) 刀偏数据设置([F4]→[F1])

刀具的几何补偿包括刀具的偏置补偿和刀具的磨损补偿，刀具的偏置补偿有绝对刀具偏置补偿和相对刀具偏置补偿两种形式。一般推荐采用绝对刀具偏置补偿。

在软件主操作界面下，按菜单软键[F4]→[F1]进入刀具偏置编辑画面，如图 1-10 所示。

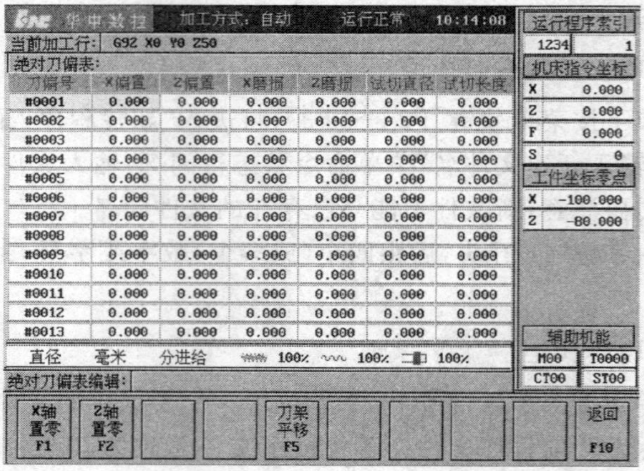

图 1-10 刀具偏置编辑

车床编程轨迹实际上是刀尖的运动轨迹，但实际中不同刀具的几何尺寸和安装位置各不相同，其刀尖点相对于刀架中心的位置也就不同。因此需要测量设定各刀具刀尖点的位置值，以便系统在加工时对刀具偏置值进行补偿。一般采用试切法来设置绝对刀具偏置补偿值。

如图 1-11 所示，刀具偏置值即机床回到机床零点时，刀架工作位上各刀的刀尖位置相对工件零点的有向距离。当执行刀具偏置补偿时，各刀以此值设定各自的工件坐标系。

机床到达机床零点时，机床各坐标值显示均为零，整个刀架上的点可考虑为一理想点，故当各刀对刀时，机床零点可视为在各刀刀位点上。一般通过输入试切直径和长度值来自动计算工件零点相对于各刀刀位点的距离。其步骤如下：

① 用光标键将蓝色亮条移动到要设置刀具偏置值的行。

② 用刀具试切工件的外径，然后沿 z 轴方向退刀，在此过程中不要移动 x 轴。

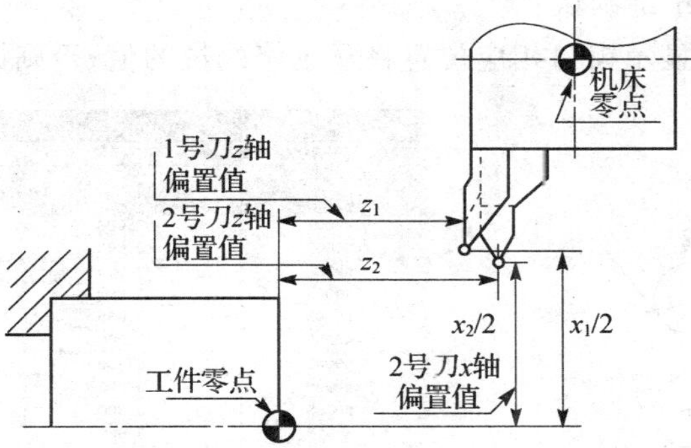

图 1-11 绝对刀偏法刀具偏置补偿值

③ 测量试切后的工件外径，如为 $\phi25.26$ ，然后将此值输入到刀偏表中"#××01"一行的"试切直径"一栏中并确认，设置好 x 偏置。

④ 用刀具试切工件的右端面，然后沿 x 轴方向退刀，在此过程中不要移动 z 轴。

⑤ 计算从试切工件端面到该刀具要建立的工件坐标系零点位置的有向距离，如为 3 mm，则将"3"输入到刀偏表中"#××01"一行的"试切长度"一栏中并确认，设置好 z 偏置。

如果要设置其余的刀具，就重复以上步骤。需要注意，在对刀前，机床必须先回机床零点。

(2) 刀具磨损量补偿参数设置([F4]→[F1])

刀具使用一段时间后产生的磨损，会使产品尺寸产生误差，因此需要对其进行补偿，该补偿值与刀具偏置补偿存放在同一个寄存器的地址号中，如图 1-10 所示。

例如在粗加工时，将"X 磨损"输入"0.5"(0.5 mm 作为精加工的余量)，工件粗加工后，实测工件值大于图样尺寸 0.48 mm，则相应刀具磨损量为 0.5 mm－0.48 mm＝0.02 mm，在图 1-10 刀偏表中，"X 磨损"输入"0.02"，自动加工后即可保证工件尺寸。

若长度出现偏差也可用刀具磨损量补偿，在图 1-10 刀偏表的"Z 磨损"中输入相应值即可。

(3) 刀具半径补偿数据设置([F4]→[F2])

刀尖圆弧半径补偿是通过 G41，G42，G40 代码及 T 代码指定的刀尖圆弧半径补偿号来加入或取消半径补偿值。车刀刀尖的方向号定义了刀具刀位点与刀尖圆弧中心的位置关系，其从 0～9 有 10 个方向，如图 1-12 所示。

在软件主操作界面下，按菜单软键[F4]→[F2]进入刀补数据设置画面，如图 1-13 所示。

输入刀补数据的操作步骤如下：

① 用光标键移动蓝色亮条到要编辑的选项。

② 按 Enter 键，蓝色亮条所指刀具数据的颜色和背景都发生变化，同时有一光标在闪烁。

③ 对刀具数据进行编辑修改。

④ 修改完毕，按 Enter 键确认。

⑤ 若输入正确，图形显示窗口相应位置将显示修改过的值；否则原值不变。

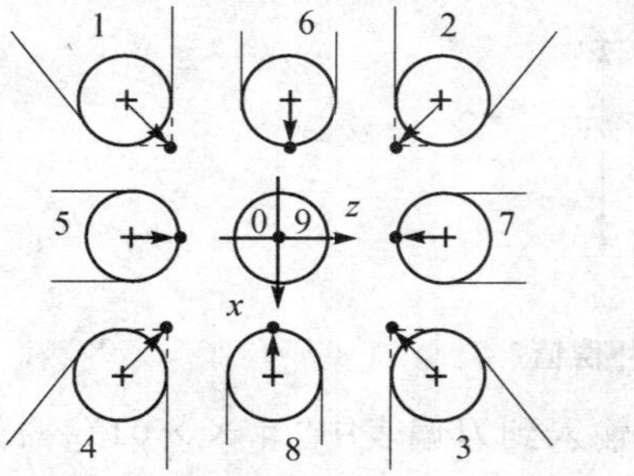

• 代表刀具刀位点；+代表刀尖圆弧圆心

图 1-12 车刀刀尖方位定义

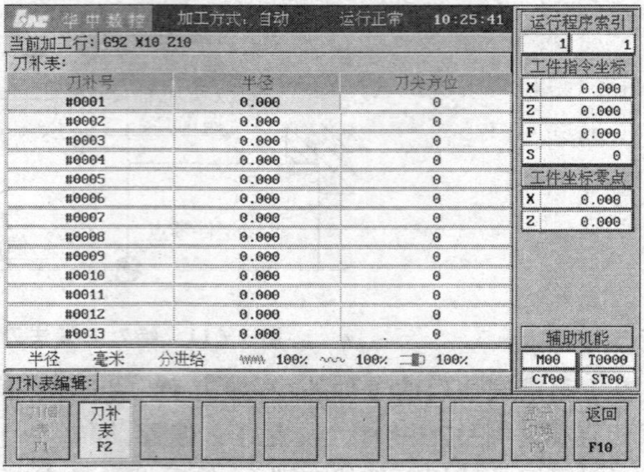

图 1-13 刀补数据设置

8. 坐标系的设置([F5]→[F1])

用绝对刀具偏置补偿值的方法可直接设定工件坐标系，当执行刀具偏置补偿时，各刀以此值设定各自的工件坐标系，在编程时不用 G92 或 G54～G59 代码。

若使用 G54～G59 代码设定工件坐标系，则应将 T0101 写成 T0100，T0202 写成 T0200，以后的刀具以此类推。也就是系统在执行 T0100 程序段时只做调刀动作，而不建立工件坐标系。

在软件主操作界面下，按菜单软键[F5]→[F1]进入 G54 和 G55 等坐标系数据显示窗口，如图 1-14 所示。以程序段"G54 X80 Z100"为例，设置坐标系的操作步骤如下：

① 选择要输入的数据类型"G54 坐标系"。

② 选用使用的刀具"T01"并在手动方式下切削工件外圆一刀，沿 z 轴的正方向退刀，用千分尺测量工件直径为 ϕ45.420，同时记录下 CRT 显示"机床指令坐标"一栏的"X"值，如为"－41.124"，得 $x=(-41.124)+(-45.420)=-86.544$。

在工件右端面试切一刀，沿 x 轴的正方向退刀，并记录下 CRT 显示"机床指令坐标"一栏的"Z"值，如"－315.225"，即 $z=-315.225$。

③ 输入零点偏置值。在图 1-14 显示方式下输入"X－86.544"、"Z－315.225"，确认并退出界面，系统便将一号刀的零点偏置数据 x,z(即工件零点在机床坐标系下的坐标值)值自动记忆到系统中。此时无论刀具 T01 的当前点处于何位置，当调出程序段"G54 X80 Z100"并执行时，刀具总能找到在工件坐标系下"X80"、"Z100"的点，即数控系统用新的工件坐标系取代了回参考点时所建立的机床坐标系。

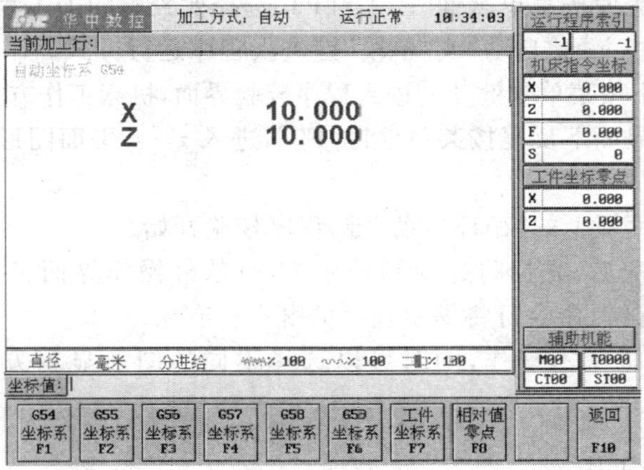

图 1－14　坐标系设置

使用多把刀具时，每把刀的对刀方法都相同. 可在 G54/G55/G56/G57/G58/G59 代码之中任意选择，但坐标系一定要与所使用刀具的刀位号对应。

9. 零件图形模拟

零件图形模拟即程序校验，用于对调入加工缓冲区的程序文件进行校验，并提示可能的错误。新程序在调入后最好先进行校验运行，确定正确无误后再进行自动运行。

在软件主操作界面下，按菜单软键[F1]→[F5]进入如图 1－15 所示程序校验界面，程序校验运行的操作步骤如下：

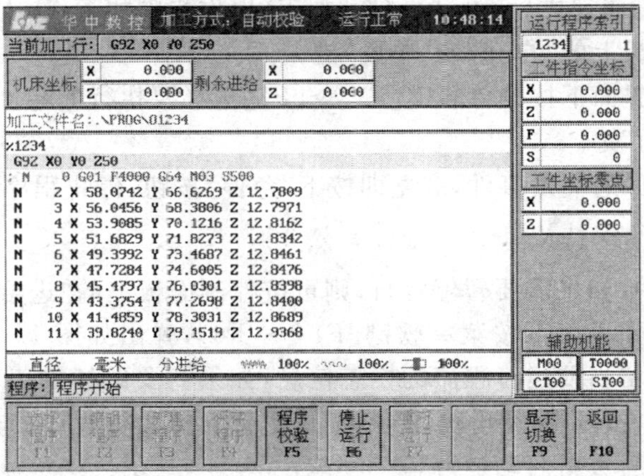

图 1－15　程序校验界面

① 在软件主操作界面按菜单软键[F1]→[F1]选择要校验的加工程序。

② 按机床控制面板上的“自动”或“单段”键进入程序运行方式。

③ 在程序子菜单下按菜单软键[F5]进入程序校验界面，机床工作方式显示为“校验运行”。

④ 在软件主操作界面下反复按菜单软键[F9]，进入 $z-x$ 平面图形显示方式，此时设置好毛坯尺寸等参数。

⑤ 按下机床控制面板上的“循环启动”键，程序校验开始。

若程序正确，校验完后，光标将返回到程序头，且软件操作界面工作方式的显示改为“自动”或“单段”；若程序有错，命令行将提示程序的哪一行有错。

程序校验运行时，机床不动作，同时可以选择不同的图形显示方式来观察校验运行的结果。

10. 加工前的准备工作

在进行零件加工准备工作之后，就可以用数控车床进行加工了。具体操作步骤如下：

① 开机。

② 回零。

③ 工件装夹和刀具安装。

④ 对刀，即设置刀具偏置值。

⑤ 编辑并调用程序。

⑥ 程序校验。

11. 自动加工

在零件加工准备工作完成后，可进行自动加工，操作步骤如下：

① 按机床控制面板上的“自动”或“单段”键。

② 在软件主操作界面下按菜单软键[F1]→[F1]选择要执行的零件程序。

③ 按下“循环启动”键。

④ 在自动加工中如遇突发事件，应立即按下“急停”按钮，停止程序运行。

(1) 停止运行(进给保持或[F1]→[F6])

在程序运行过程中，如果需要暂停运行，则可按控制面板上的“进给保持”键。也可按下述步骤操作：在软件主操作界面下按菜单软键[F1]→[F6]，弹出如图 1-16 所示对话框。按 N 键暂停程序运行，并保留当前运行程序的模态信息，如果需要继续加工，可按“循环启动”键从暂停处重新启动运行。按 Y 键停止程序运行，并卸载当前运行程序的模态信息，如果需要继续加工，只有选择程序后重新启动运行。

(2) 重新运行([F1]→[F7])

在中止当前加工程序自动运行后，若希望从程序头重新开始运行，则可按下述步骤操作：

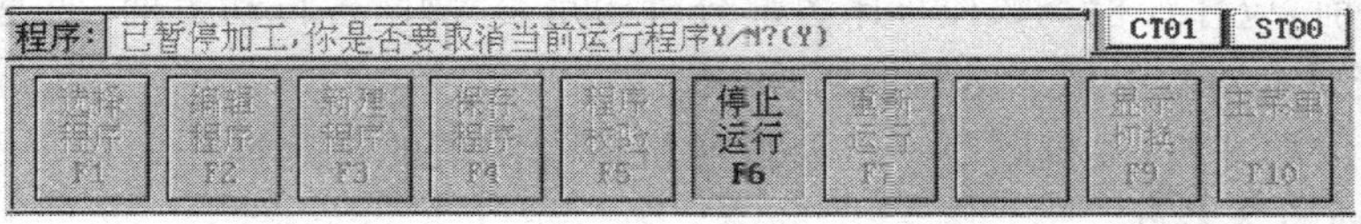

图 1-16　停止运行程序界面

在程序子菜单下按菜单软键[F7],系统给出图 1-17 所示提示,按 N 键取消重新运行;按 Y 键光标返回到程序头,再按机床控制面板上的“循环启动”键,从程序首行开始重新运行当前加工程序。

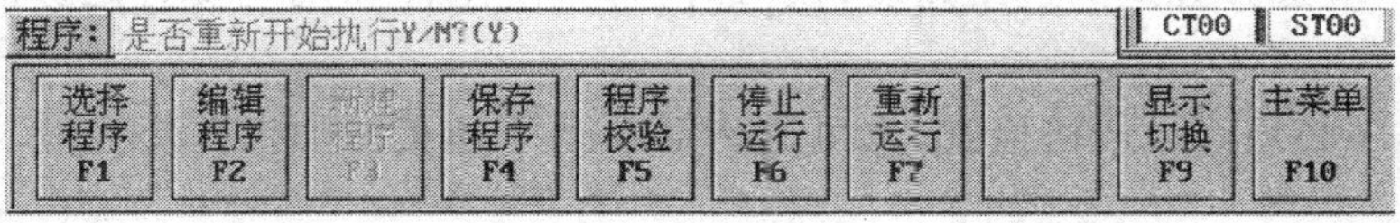

图 1-17　自动方式下重新运行程序界面

(3) 从任意行运行

在软件主操作界面下按菜单软键[F2]→[F1]进入如图 1-18 所示操作界面,可以从程序中某一行开始加工。例如从第 23 行程序段开始执行程序,可以进行如下操作:

① 在自动加工状态下调用所选定的加工程序后,用上下光标键选定第 23 行程序段,此时程序段出现红色亮条,按菜单软键[F1]出现如图 1-18 所示操作界面,再按菜单软键[F1],即选择“从红色行开始运行”,按 Enter 键确认后,再按“循环启动”键,系统即从第 23 行程序段开始加工。

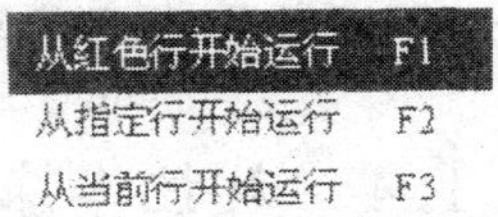

图 1-18　从任意行开始运行程序界面

② 按菜单软键[F1]出现如图 1-18 所示操作界面,再按菜单软键[F2],即选择“从指定行开始运行”,出现输入选定行号命令条,输入“23”后按 Enter 键,再按“循环启动”键即可开始从 23 行程序段进行加工。

1.1.3　数控车床的安全操作规程

数控车床是一种自动化程度高、结构复杂、价格昂贵的先进加工设备。数控车床的操作者要做到文明生产,严格遵守数控车床的安全操作规程。

① 进入数控车削加工场地后,应服从安排,不得擅自启动或操作车床数控系统。

② 按规定穿、戴好劳动保护用品。不穿高跟鞋、拖鞋上岗,不允许戴手套和围巾进行操作。

③ 开机床前，应仔细检查数控车床各部分机构是否完好，各传动手柄、变速手柄的位置是否正确，还应按要求对数控机床进行润滑保养。

④ 数控车床的开机、关机顺序一定要按照机床说明书的规定操作。在每次电源接通后，必须先返回各轴的参考点。

⑤ 操作数控系统面板时，对各按键及开关的操作不得用力过猛。

⑥ 操作数控机床时，严禁两人同时进行操作。在数控车削过程中，不允许随意离开实训岗位。

⑦ 启动机床前应检查是否已将扳手等工具从机床上拿开。

⑧ 对刀时，应选择合适的进给速度；换刀时，刀架距工件和尾座要有足够的转位距离，以免发生碰撞。

⑨ 加工程序必须经过严格检查，方可进行自动运行加工。加工前要校验、检查程序的正确性。

⑩ 主轴启动开始切削之前一定要关好防护门，程序正常运行中严禁开启防护门。

⑪ 自动运行加工时，操作者应集中思想，手指应放在“进给保持”键上，眼睛观察刀尖运动情况，如出现危机情况可按下“进给保持”键。如出现异常危机情况可按下“急停”按钮，以确保人身和设备的安全。

⑫ 在程序中有暂停运行以测量工件尺寸时，要待机床完全停止、主轴停转后方可进行测量。千万不要触及“循环启动”键，以免发生人身事故。

1.1.4 数控车床避免碰撞的主要方法

数控机床价格昂贵，如果编程、操作不慎，万一发生碰撞，后果非常严重。为此，操作数控机床时，必须做到严密、细致，避免发生机床碰撞。数控车床产生碰撞的原因及避免碰撞的主要方法如下：

① 对刀要正确。绝对刀具偏置方法用刀具补偿值可直接设定工件坐标系，当执行刀具偏置补偿时，各刀以此值设定各自的工件坐标系，在编程时不能用 G92 或 G54～G59 命令。如果对刀错误，将导致编程零点出现差错，碰撞的可能性非常大。

② 刀具安装的刀号要与程序中的相对应，要将刀架移动到安全位置后再执行程序。换刀点要设置在刀架回转安全的位置。

③ 程序编制要正确，执行前要进行程序校验。

④ 检查程序中是否有超越卡盘尺寸的数值。若编程零点至卡盘端面尺寸为 50 mm，如果编制程序中出现“Z－51”，则车刀与卡爪碰撞 1 mm。因此，当程序编制结束后，要仔细检查所有轴向尺寸是否正确。

⑤ 避免因工件的特殊形状和编程不当而产生碰撞。例如，已完成槽的切削，需要快速退

回 ϕ80 及离端面 50 mm 处，若用 G00 X80 Z50 编程，由于车刀走斜线如图 1－19(a)所示，所以车刀会与零件台阶碰撞，故应先将车刀径向退出，然后沿轴向移动至端面 50 mm 处，如图 1－19(b)所示。

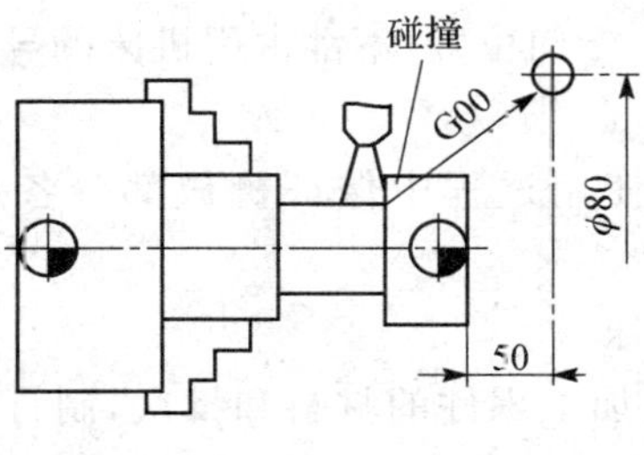

(a) 产生碰撞

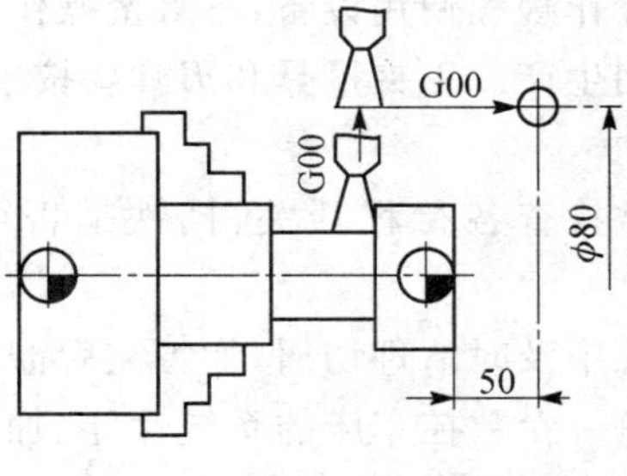

(b) 避免碰撞的方法

图 1－19　工件与刀具的碰撞

所以正确的程序是：

```
N50 G00 X80
N60 Z50
```

⑥ 检查程序中 G00 坐标值是否存在车刀与工件碰撞的可能性。程序中 G00 是快速定位，车刀以机床最快的速度移动。如果编程不当，与工件碰撞的后果极为严重。为此，对 G00 后面的坐标值要反复校对，以确定车刀与工件或卡盘不发生碰撞。

1.1.5　数控车床的维护

1. 数控车床的使用环境

一般来说，数控车床可以同普通机床一样放在生产车间里；但是要避免阳光的直接照射和其他热辐射，要避免太潮湿或粉尘过多的场所。腐蚀性气体最容易使电子元件受到腐蚀变质，或造成接触不良，或造成元件短路，影响数控车床的正常运行。要远离振动大的设备，如冲床、锻压设备等。对于高精密的数控车床，还应采取防振措施。

另外，在有空调的环境中使用，会明显地减少数控车床的故障率。对于精度高、价格贵的数控车床使其置于有空调的环境中使用是比较理想的。

数控车床对电源没有什么特殊要求，一般都允许波动±10%。对于有条件的企业，可以对数控车床采用专线供电或增设稳压装置。

2. 制定严格的维护制度

日常维护保养，具体地说要做到：

① 按操作规程使用设备，不野蛮操作。

② 文明生产。工夹量具和刃具要按条理摆放在专门位置，不乱占用机床的导轨和工作台面等。

③ 经常检查各行程开关、挡铁是否可靠。在使用过程中保证机械部分各运动部位的润滑。

④ 加工中及时清理切屑，加工完后彻底打扫机床。

⑤ 按每一台数控车床的系统性能、加工班次及加工零件的材料和批次，制订专门的日常维护保养计划，并严格按计划执行。

3. 闲置数控车床的保养

为提高数控系统的利用率和减少数控系统的故障，数控车床应经常使用，而不要长期闲置不用。

由于某种原因，造成数控系统长期闲置不用时，为了避免数控系统损坏，需经常给数控系统通电，特别是在环境湿度较大的季节更应如此。在机床锁住不动的情况下(即伺服电动机不转时)，让数控系统空运行，利用电器元件本身的发热来驱散数控系统内的潮气，保证电子器件性能稳定可靠。

长久闲置后使用数控车床，首先要进行除尘和干燥处理，然后检查数控装置的连线和接地情况，再通电一段时间，在确保系统无障碍后才能重新运行。

4. 制订数控车床的维护程序表

对数控车床进行预防性保养和定期检查可延长元器件的使用寿命，延长机械部件的磨损周期，防止意外恶性事故的发生，保证数控车床长时间稳定工作。因此，维护人员应该严格按照维护说明书的要求对数控车床进行定期检查。数控车床的定期维护检查内容见表 1-4。

表 1-4 数控车床保养

序号	检查周期	检查部位	检查要求
1	每天	导轨润滑油箱	油量是否充足，及时添加润滑油，润滑油泵是否定时启动打油及停止
2	每天	主轴润滑恒温油箱	工作是否正常，油量是否充足，温度范围是否合适
3	每天	机床液压系统	油箱泵有无异常噪声，工作油面高度是否合适，压力表指示是否正常，管路及各接头有无泄漏

续表 1-4

序 号	检查周期	检查部位	检查要求
4	每天	压缩空气气源压力	气动控制系统压力是否在正常范围内
5	每天	x,z 轴导轨面	清除切屑和脏物,检查导轨面有无划伤损坏,润滑油是否充足
6	每天	各防护装置	机床防护罩是否齐全有效
7	每天	电气柜各散热通风装置	各电气柜中冷却风扇是否工作正常,风道过滤网有无堵塞,及时清洗过滤器
8	每周	各电气柜过滤网	清洗粘附的尘土
9	不定期	冷却液箱	随时检查液面高度,及时添加冷却液,太脏应及时更换
10	不定期	排屑器	经常清理切屑,检查有无卡住现象
11	半年	检查主轴驱动传动带	按说明书要求调整传动带松紧程度
12	半年	各轴导轨上镶条,压紧滚轮	按说明书要求调整松紧状态
13	一年	检查和更换电动机碳刷	检查换向器表面,去除毛刺,吹净碳粉,及时更换磨损过多的碳刷
14	一年	液压油路	清洗溢流阀、减压阀、滤油器、油箱,过滤液压油或更换
15	一年	主轴润滑恒温油箱	清洗过滤器、油箱,更换润滑油
16	一年	冷却油泵过滤器	清洗冷却油池,更换过滤器
17	一年	滚珠丝杠	清洗丝杠上旧的润滑脂,涂上新油脂

1.2 数控车床加工的基本知识

1.2.1 数控车床编程知识

1. 数控车床的坐标系和运动方向

(1) 机床坐标系和机床参考点

为了简化编程和保证程序的通用性,采用"右手笛卡儿坐标系"对数控机床坐标轴和方向的命名制定了统一标准,数控车床坐标系的表示方法如图 1-20 所示。z 轴与车床导轨平行(取卡盘中心线),正方向是远离车床卡盘的方向,x 轴与 z 轴垂直,平行于横向滑座,正方向是刀具远离主轴轴线的方向,坐标原点定在卡盘后端面与中心线交点处。

为了正确地建立机床坐标系，通常在每个坐标轴的移动范围内设置一个机床参考点作为测量起点，它是机床坐标系中一个固定不变的极限点，其固定位置由各轴向的机械挡块来确定。机床参考点在数控机床出厂时由厂家设定，用户不得随意改变。数控机床开机后，通常要进行机动或手动回参考点操作以建立机床坐标系。

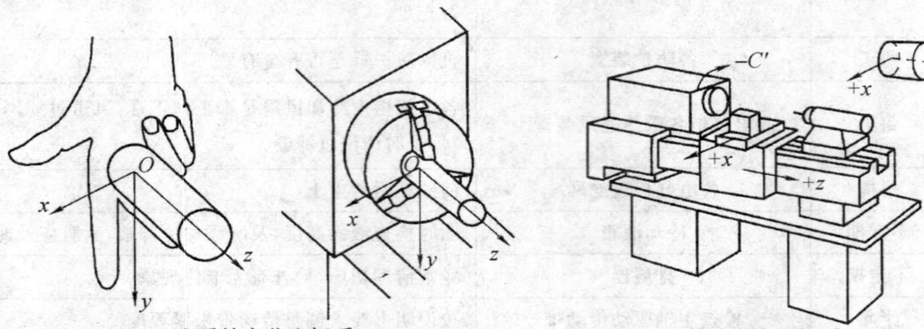

(a) 右手笛卡儿坐标系 (b) 数控车床坐标系

图 1-20 数控卧式车床坐标系

(2) 工件坐标系

编程人员在编程时选择工件上的某一已知点为原点，建立一个新的坐标系，称为工件坐标系。工件坐标系设定时要尽量满足编程简单、尺寸换算少、引起的加工误差小等条件，工件坐标系原点一般设定在工件轴线与工件的前端面、后端面或卡爪前端面的交点上。

操作者通过对刀等方式来确定工件坐标系原点在机床坐标系中的位置，即在数控车床上建立工件坐标系。工件坐标系一旦建立便一直有效，直到被新的工件坐标系所取代。

(3) 起刀点和换刀点

起刀点是指在数控机床上加工工件时，刀具相对于工件运动的起始点。起刀点应选择在不妨碍工件装夹、不会与夹具相碰及编程简单的位置。

数控车床在加工时常需自动换刀，故编程时还要设置一个换刀点。该点应离开工件一定距离，以防止刀架回转换刀时刀具与工件发生碰撞。

2. 数控车床手工编程内容

手工编程的内容包括产品图样分析、工艺处理和数学处理等。

产品图样分析的内容包括尺寸是否完整，对产品精度和粗糙度等的要求是什么，产品材质和硬度等如何。

工艺处理的内容包括加工方式及设备的确定，毛坯尺寸及材料的确定，装夹和定位的确定，加工路径及起刀点和换刀点的确定，刀具数量、材料和几何参数的确定，切削参数的确定。

数学处理的内容包括编程零点及工件坐标系的确定，各基点或节点数值计算。

其他主要内容有按规定格式编写程序单，按“程序编辑步骤”输入程序，检查校验程序。

3. 数控车床常用指令

(1) 程序结构

一个零件程序是一组被传送到数控装置中去的指令和数据。它是由遵循一定结构、句法和格式规则的若干个程序段组成的，而每个程序段又由若干个指令字组成。

一个零件程序必须包括起始符和结束符。一个零件程序是按程序段的输入顺序执行的，而不是按程序段号的顺序执行的；但书写程序时，建议按升序书写程序段号。某数控装置的程序结构是：

- 程序起始符　符号“%”或“O”。“%”或“O”后紧跟程序号。
- 程序结束　M02 或 M30。
- 注释符　括号“()”内或分号“;”后的内容为注释文字。

(2) 程序的文件名

CNC 装置可以装入许多程序文件，以文件的方式读写。文件名格式（有别于 DOS 的其他文件名）为：O××××（字母 O 后面必须有四位数字或字母）。本系统通过调用文件名来调用程序，并对程序进行加工或编辑。

(3) 辅助功能 M 代码

辅助功能由地址字 M 和其后的一或两位数字组成，主要用于控制零件程序的走向，以及数控机床各种辅助功能的开关动作。辅助功能有非模态功能和模态功能两种形式。非模态功能（当段有效代码）只在书写了该代码的程序段中有效；模态功能（续效代码）是一组可相互注销的功能，这些功能在被同一组的另一个功能注销前一直有效。

模态 M 功能组中包含两个默认功能，系统上电时将被初始化为该功能。M 指令功能见表 1-5（* 标记者为默认值）。

表 1-5　M 代码及功能

代　码	模　态	功能说明	代　码	模　态	功能说明
M00	非模态	程序停止	M03	模态	主轴正转启动
M01	非模态	选择停止	M04	模态	主轴反转启动
M02	非模态	程序结束	M05	模态	主轴停止转动*
M30	非模态	程序结束并返回程序起点	M07	模态	切削液打开
M98	非模态	调用子程序	M08	模态	切削液打开
M99	非模态	子程序结束	M09	模态	切削液停止*

表 1-5 中，M00，M01，M02，M30，M98，M99 用于控制零件程序的走向，是 CNC 内定的辅助功能，不由机床制造商设计决定，与 PLC 程序无关；其余 M 代码用于数控机床各种辅助功能的开关动作，其功能不由 CNC 内定，而是由 PLC 程序指定，所以有可能因机床制造厂不同而有所差异(表内为标准 PLC 指定的功能)。

(4) 准备功能 G 代码

准备功能 G 代码由 G 后一或两位数值组成，用来规定刀具和工件的相对运动轨迹、机床坐标系、坐标平面、刀具补偿、坐标偏置等多种加工操作。

G 功能根据功能的不同分成若干组，其中 00 组的 G 功能称非模态 G 功能，其余组的称模态 G 功能。不同组 G 代码可以放在同一程序段中，而且与顺序无关。例如，G90 和 G17 可与 G01 放在同一程序段中。

某些模态 G 功能组中包含一个默认 G 功能，上电时将被初始化为该功能。G 功能指令见表 1-6(* 标记者为默认值)。

表 1-6 G 代码及功能

<table>
<tr><th>G 代码</th><th>组</th><th>功 能</th><th>G 代码</th><th>组</th><th>功 能</th></tr>
<tr><td>G00</td><td rowspan="4">01</td><td>快速定位</td><td>G54</td><td rowspan="6">11</td><td rowspan="6">坐标系选择</td></tr>
<tr><td>G01*</td><td>直线插补</td><td>G55</td></tr>
<tr><td>G02</td><td>顺圆插补</td><td>G56</td></tr>
<tr><td>G03</td><td>逆圆插补</td><td>G57</td></tr>
<tr><td>G04</td><td>00</td><td>暂停</td><td>G58</td></tr>
<tr><td>G20</td><td rowspan="2">08</td><td>英寸输入</td><td>G59</td></tr>
<tr><td>G21*</td><td>毫米输入</td><td>G71</td><td rowspan="9">06</td><td>外径/内径车削复合循环</td></tr>
<tr><td>G28</td><td rowspan="2">00</td><td>返回参考点</td><td>G72</td><td>端面车削复合循环</td></tr>
<tr><td>G29</td><td>由参考点返回</td><td>G73</td><td>闭环车削复合循环</td></tr>
<tr><td>G32</td><td rowspan="2">01</td><td>螺纹切削</td><td>G74</td><td>端面深孔钻加工循环</td></tr>
<tr><td>G34</td><td>攻螺纹切削</td><td>G75</td><td>外径切槽循环</td></tr>
<tr><td>G36*</td><td rowspan="2">17</td><td>直径编程</td><td>G76</td><td>螺纹切削复合循环</td></tr>
<tr><td>G37</td><td>半径编程</td><td>G80</td><td>外径/内径车削固定循环</td></tr>
<tr><td>G40*</td><td rowspan="3">09</td><td>刀尖半径补偿取消</td><td>G81</td><td>端面车削固定循环</td></tr>
<tr><td>G41</td><td>左刀补</td><td>G82</td><td>螺纹切削固定循环</td></tr>
<tr><td>G42</td><td>右刀补</td><td>G90*</td><td rowspan="2">13</td><td>绝对编程</td></tr>
<tr><td>G50*</td><td rowspan="2">04</td><td>取消工件坐标系零点平移</td><td>G91</td><td>相对编程</td></tr>
<tr><td>G51</td><td>工件坐标系零点平移</td><td>G92</td><td>00</td><td>工件坐标系设定</td></tr>
</table>

续表 1－6

G 代码	组	功　能	G 代码	组	功　能
G53	00	直接机床坐标系编程	G94*	14	每分钟进给
G96	16	恒线速度切削	G95		每转进给
G97*		取消恒线速度切削			

（5）刀尖圆弧半径补偿 G40，G41，G42

格式　G40/G41/G42　G00/G01　X __ Z __

说明　G40：取消刀尖半径补偿。

G41：左刀补，如图 1－21 所示。

G42：右刀补，如图 1－21 所示。

X，Z：建立刀具半径补偿或取消刀具半径补偿的终点。

G40，G41，G42 都是模态代码，可相互注销。

G41/G42 不带参数，其补偿号由 T 代码指定，其刀尖圆弧补偿号与刀具偏置补偿号对应。

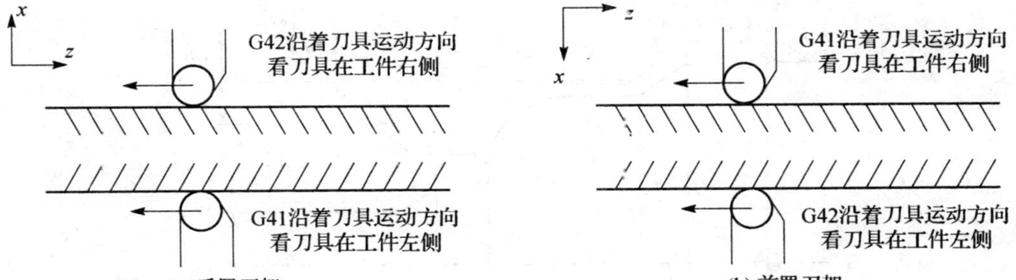

(a) 后置刀架　　(b) 前置刀架

图 1－21　刀具半径补偿

（6）G71 内径/外径粗车复合循环

运用这种复合循环指令，只须指定精加工路线和粗加工的吃刀量，系统会自动计算粗加工路线和进给次数。

注　意：

① G71 指令必须带有 P 和 Q 的地址 ns 和 nf，且与精加工路径的起、止顺序号对应，否则不能进行该循环加工。

② ns 的程序段中必须包含准备功能 01 组的 G00 或 G01 指令，否则产生报警，即从 A 到 A' 的动作必须是直线或点定位运动。

③ 在顺序号为 ns 到顺序号为 nf 的程序段中，可以包含子程序。

④ 在 MDI 方式下，不能运行复合循环指令。

1）无凹槽内径/外径粗车复合循环 G71

格式　G71 U(Δd) R(r) P(ns) Q(nf) X(Δx) Z(Δz) F(f) S(s) T(t)

说明　该指令执行如图 1－22 所示的粗加工，并且刀具回到循环起点。精加工路径 A→A'→B'→B 的轨迹按后面的指令循序执行。

Δd：背吃刀量(每次切削量)，指定时不加符号，方向由矢量 AA' 决定。

r：每次退刀量。

ns：精加工路径第一程序段的顺序号。

nf：精加工路径最后程序段的顺序号。

Δx：x 方向精加工余量。

Δz：z 方向精加工余量。

f,s,t：粗加工时，G71 中编程的 F,S,T 有效。精加工时，如果 G71 指令到 ns 程序段内设定了 F,S,T，则在精加工段内有效；如果没有设定，则按照粗加工的 F,S,T 执行。

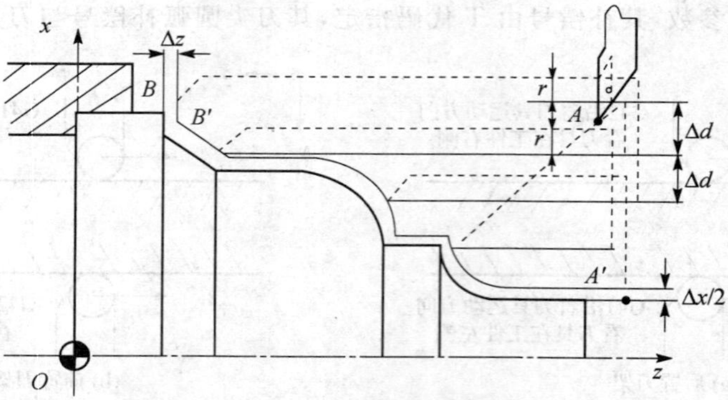

图 1－22　无凹槽内径/外径粗车复合循环 G71

在 G71 切削循环下，切削进给方向平行于 z 轴，X(Δx)和 Z(Δz)的符号如图 1－23 所示。其中(＋)表示沿轴正方向移动，(－)表示沿轴负方向移动。

2）有凹槽内径/外径粗车复合循环 G71

格式　G71 U(Δd) R(r) P(ns) Q(nf) E(e) F(f) S(s) T(t)

说明　该指令执行如图 1－24 所示的粗加工和精加工，其中精加工路径为 A→A'→B'→B 的轨迹。

Δd,r,ns,nf,f,s,t：其含义与无凹槽内径/外径粗车复合循环 G71 对应的字符含义相同。

e：精加工余量，其值为 x 方向的等高距离；外径切削时为"＋"，内径切削时为"－"。

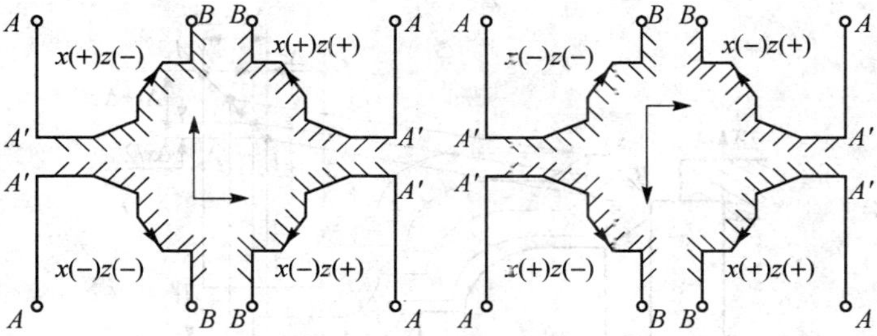

图 1-23　G71 内径/外径粗车复合循环 X(Δx)和 Z(Δz)的符号

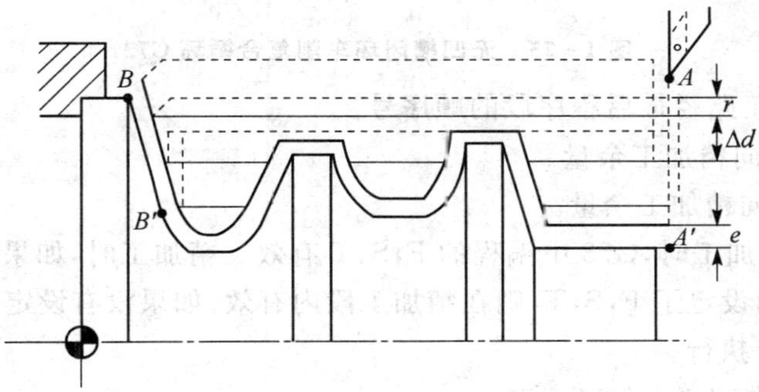

图 1-24　有凹槽内径/外径粗车复合循环 G71

(7) G73 闭环车削复合循环

G73 指令能对铸造、锻造等粗加工中已初步成形的工件进行高效率切削。

运用这种复合循环指令，只须指定精加工路线和 x，z 轴方向的粗加工总余量和进给次数，系统就会自动计算粗加工路线和粗加工的吃刀量。

复合循环中地址 P 指定的程序段中应包含准备功能 01 组的 G00 或 G01 指令，否则产生报警。在 MDI 方式下，不能运行复合循环指令。

1) 无凹槽闭环车削复合循环 G73

格式　G73 U(Δi) W(Δk) R(r) P(ns) Q(nf) X(Δx) Z(Δz) F(f) S(s) T(t)

说明　该功能在切削工件时刀具轨迹为如图 1-25 所示的封闭回路，刀具逐渐进给，使封闭切削回路逐渐向零件最终形状靠近，最终切削成工件的形状，其精加工路径为 $A \to A' \to B \to A$。

Δi：x 轴方向的粗加工总余量。

Δk：z 轴方向的粗加工总余量。

r：粗切削次数。则每次 x 和 z 方向的切削量为 $\Delta i/r$ 和 $\Delta k/r$。

ns：精加工路径第一程序段的顺序号。

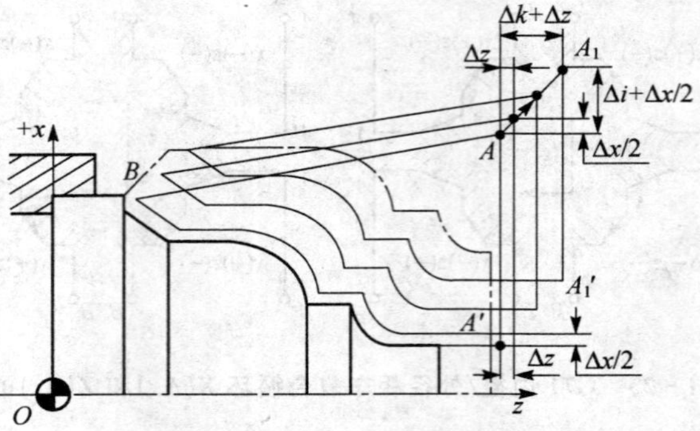

图 1-25 无凹槽闭环车削复合循环 G73

nf:精加工路径最后程序段的顺序号。

Δx:x 方向精加工余量。

Δz:z 方向精加工余量。

f,s,t:粗加工时,G73 中编程的 F,S、T 有效。精加工时,如果 G73 指令到 ns 程序段内设定了 F,S,T,则在精加工段内有效;如果没有设定,则按照粗加工的 F,S,T 执行。

2)有凹槽闭环车削复合循环 G73

格式 G73 U(Δi) W(Δk) R(r) P(ns) Q(nf) E(e) F(f) S(s) T(t)

说明 该功能在切削工件时的刀具轨迹为如图 1-26 所示的闭合回路,刀具逐渐进给,使闭合切削回路逐渐向零件最终形状靠近,最终切削成工件的形状,其精加工路径为 $A\rightarrow A'\rightarrow B\rightarrow A$。

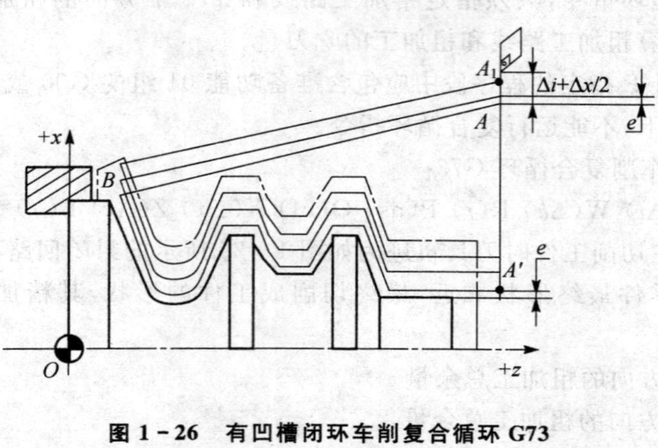

图 1-26 有凹槽闭环车削复合循环 G73

$\Delta i,\Delta k,r$,ns,nf,f,s,t:其含义与无凹槽闭环车削复合循环 G73 对应的字符含义相同。

e:精加工余量,其值为 x 方向的等高距离;外径切削时为“+”,内径切削时为“-”。

(8) G82 螺纹切削循环

根据经验,加工外螺纹时(三角形螺纹),外圆轮廓(即螺纹大径)应车削到的尺寸为 d=公称直径-0.1P;螺纹小径应车削到的尺寸为 d=公称直径-1P。其中 P 为螺纹的螺距。

加工内螺纹时(三角形螺纹),螺纹大径应车削到的尺寸为 d=公称直径;螺纹小径应车削到的尺寸为 d=公称直径-1P。

注　意:

① 从螺纹粗加工到精加工,主轴转速必须保持为一常数。

② 在螺纹加工中不使用恒定线速度控制功能。

③ 在螺纹加工轨迹中应设置足够的升速进刀段和降速退刀段,以消除伺服滞后造成的螺距误差。

④ 螺纹背吃刀量可采用数次进给,每次进给的背吃刀量可按螺纹深度依次递减分配,见表 1-7。

表 1-7　常用螺纹切削的进给次数与背吃刀量

米制螺纹								
螺距/mm		1.0	1.5	2	2.5	3	3.5	4
牙深(半径量)		0.649	0.974	1.299	1.624	1.949	2.273	2.598
切削次数及背吃刀量	1 次	0.7	0.8	0.9	1.0	1.2	1.5	1.5
	2 次	0.4	0.6	0.6	0.7	0.7	0.7	0.8
	3 次	0.2	0.4	0.6	0.6	0.6	0.6	0.6
	4 次		0.16	0.4	0.4	0.4	0.6	0.6
	5 次			0.1	0.4	0.4	0.4	0.4
	6 次				0.15	0.4	0.4	0.4
	7 次					0.2	0.2	0.4
	8 次						0.15	0.3
	9 次							0.2
英制螺纹								
每英寸牙数		24	18	16	14	12	10	8
牙深(半径量)		0.678	0.904	1.016	1.162	1.355	1.626	2.033

续表 1－7

英制螺纹								
切削次数及背吃刀量	1 次	0.8	0.8	0.8	0.8	0.9	1.0	1.2
	2 次	0.4	0.6	0.6	0.6	0.6	0.7	0.7
	3 次	0.16	0.3	0.5	0.5	0.6	0.6	0.6
	4 次		0.11	0.14	0.3	0.4	0.4	0.5
	5 次				0.13	0.21	0.4	0.5
	6 次						0.16	0.4
	7 次							0.17

1）直螺纹切削循环 G82

格式 G82 X(*u*)_ Z(*w*)_ R_ E_ C_ P_ F(J)_

说明 该指令执行如图 1－27 所示 *A*→*B*→*C*→*D*→*A* 的轨迹动作。

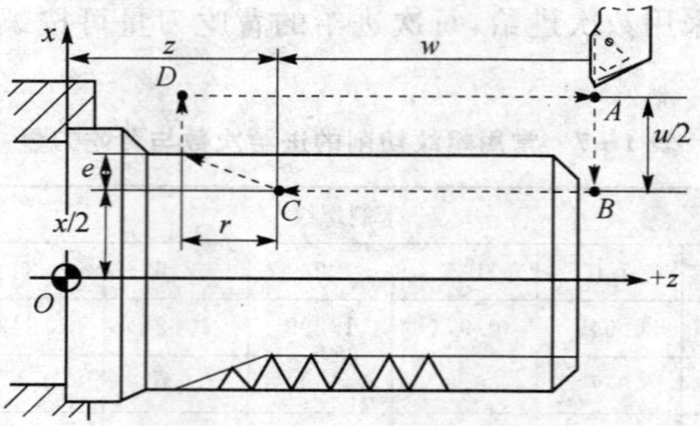

图 1－27 直螺纹切削循环 G82

X,Z:绝对值编程时,为螺纹终点 *C* 在工件坐标系下的坐标。

u,*w*:增量值编程时,为螺纹终点 *C* 相对于循环起点 *A* 的有向距离。

R,E:螺纹切削的退尾量(图 1－27 中的 *r*,*e*),R 和 E 均为向量。R 为 *z* 向回退量,E 为 *x* 向回退量。R 和 E 可以省略,表示不用回退功能。

C:螺纹头数,为 0 或 1 时切削单头螺纹。

P:单头螺纹切削时,为主轴基准脉冲处距离切削起始点的主轴转角(默认值为 0);多头螺纹切削时,为相邻螺纹头的切削起始点之间对应的主轴转角。

F:螺纹导程。

J:英制螺纹导程。

2）锥螺纹切削循环 G82

格式 G82 X(*u*)_ Z(*w*)_ I_ R_ E_ C_ P_ F(J)_

说明　该指令执行如图 1－28 所示 $A\rightarrow B\rightarrow C\rightarrow D\rightarrow A$ 的轨迹动作。

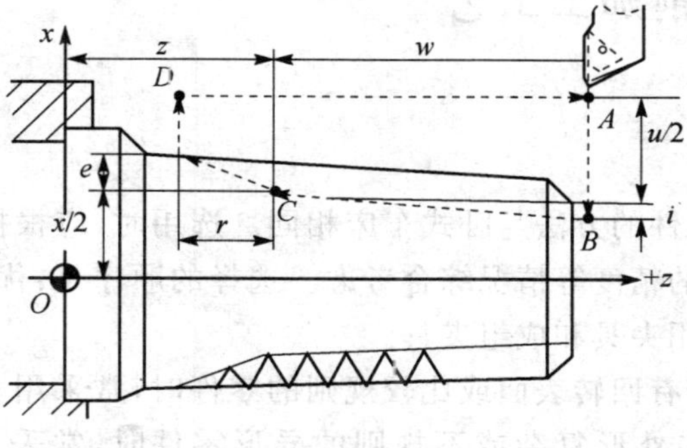

图 1－28　锥螺纹切削循环 G82

X,Z,u,w,R,E,C,P,F,J:其含义与直螺纹切削循环 G82 对应的字符含义相同。

I:为螺纹起点 B 与螺纹终点 C 的半径差。其符号为差的符号(无论是绝对值编程还是增量值编程)。

1.2.2　宏程序编制的方法

宏程序功能类似于高级语言,用户可以使用变量进行算术运算、逻辑运算和函数的混合运算。此外,宏程序还提供了循环语句、分支语句和子程序调用语句,以利于编制各种复杂的零件加工程序,减少乃至免除手工编程时进行烦琐的数值计算及精简程序量。

例如,用宏程序编制如图 1－29 所示抛物线在 A 区间[0,8]内的程序。

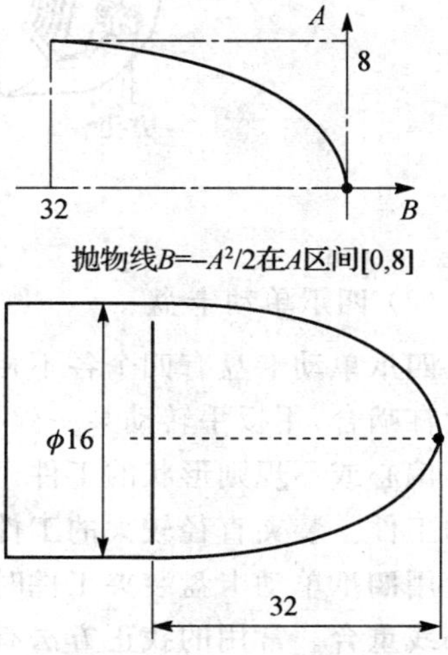

图 1－29　宏程序编制示意图

```
%1234
N1 T0101
N2 G37
N3 #10=0                    ;A 坐标
N4 M03 S600
N5 WHILE #10 LE 8
N6 #11=#10*#10/2
N7 G90 G01 X[#10] Z[-#11] F500
N8 #10=#10+0.08
N9 ENDW
N10 G00 Z0 M05
N11 G00 X0
N12 M30
```

1.2.3 数控车削加工工艺

1. 工件装夹方式

在数控车床上装夹工件的方法与卧式车床相同。选用时，应根据零件的精度等级和结构特点、产品的批量及机床的精度等情况综合考虑。选择的顺序是：优先选用通用夹具，其次考虑组合夹具，最后考虑专用夹具和成组夹具。

当数控车床上加工带有回转表面或比较规则的零件时，常采用三爪卡盘、四爪卡盘、顶尖等通用夹具。当加工一些外形复杂或不规则的异形零件时，常采用花盘、角铁或专用夹具装夹。

(1) 三爪自定心卡盘

三爪自定心卡盘主要由外壳体、三个卡爪、三个小锥齿轮、一个大锥齿轮等零件组成。其结构形状如图 1－30 所示。

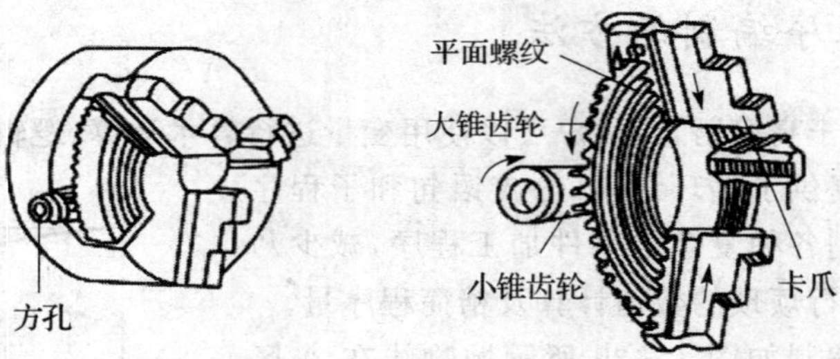

图 1－30 三爪卡盘

(2) 四爪单动卡盘

四爪单动卡盘有四个各不相关的卡爪，如图 1－31 所示。每个卡爪后面有一半瓣内螺纹跟丝杠啮合，用扳手转动某一丝杠时，对应位置的卡爪就能上下移动，因此可用来装夹方形、椭圆等偏心或不规则形状的工件。同时，由于它的夹紧力较大，故也适用于装夹大型或形状不规则的工件。装夹直径较大的工件，可采用反爪装夹或正爪反撑。

用四爪单动卡盘装夹工件时必须进行工件的找正，以保证所加工表面的轴心线与主轴的轴心线重合。常用的找正方法有划针找十字线法和划针两点目测找正法，这两种找正方法只适用于精度要求不高的工件或粗加工工序中。为了保证高精度的工件达到加工要求，采用百分表找正法是较好的方法。

百分表找正法如图 1－32 所示，将百分表固定在数控车床滑板上，向前移动百分表，使百分表表头接触外圆上侧素线，轻微转动主轴，找正外圆的上侧素线，读出此时的百分表读数；向后移动百分表，使百分表离开工件，将卡盘转动 180°；再向前移动百分表，仍然用百分表找正外圆的上侧素线，读出相应的百分表读数。根据两次百分表的读数差值调节上下两个卡爪（调节量为读数差值的一半），若两次百分表读数值相同，则表明工件在该方向上的回转中心已经与机床主轴的轴线重合。另一对卡爪的找正方法与此相同。

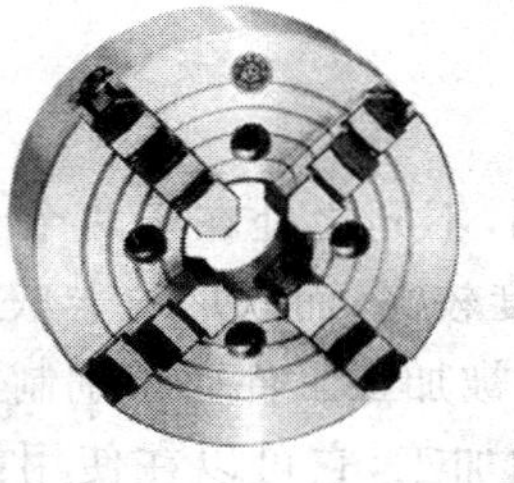

图 1-31 四爪单动卡盘

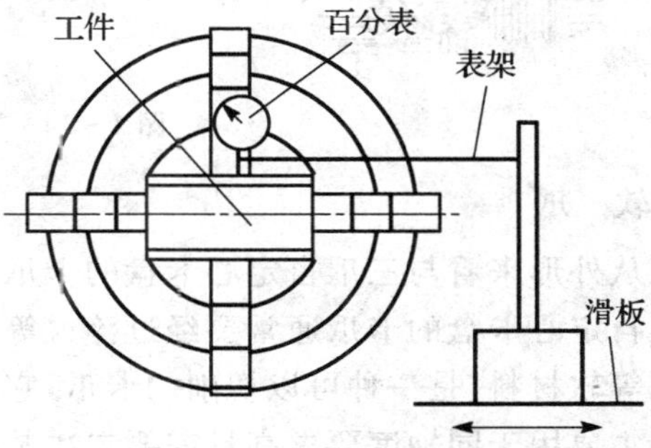

图 1-32 百分表找正四爪单动卡盘

（3）顶 尖

用顶尖装夹工件前，必须先车平工件的端面，然后用中心钻钻出中心孔。国标中，中心孔有 A,B,C,R 四种类型。钻中心孔时应注意：工件尽可能伸出得短些；工件端面一定要车平，不能留有凸头；选择高的工件转速，低的进给速度；不加切削液的情况下，尾座上的套筒要常退；中心钻的中心线要对准工件中心，否则中心钻易折断。

1）一夹一顶装夹

在车削较重的长轴零件时，常采用一夹一顶的装夹方法。为了防止工件轴向位移，须在卡盘内装一限位支撑，如图 1-33(a)所示，或利用工件的台阶作限位，如图 1-33(b)所示。

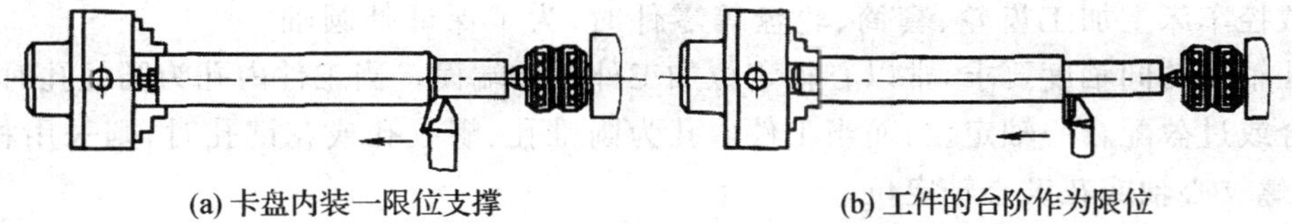

(a) 卡盘内装一限位支撑　　(b) 工件的台阶作为限位

图 1-33 一夹一顶装夹方法

2）双顶尖装夹

当加工较长（长度与直径之比大于 4）或工序较多的轴类工件时，为保证装夹精度，常采用双顶尖装夹，如图 1-34 所示。由于后顶尖易磨损，因此在工件转速较高的情况下，常用活顶尖。

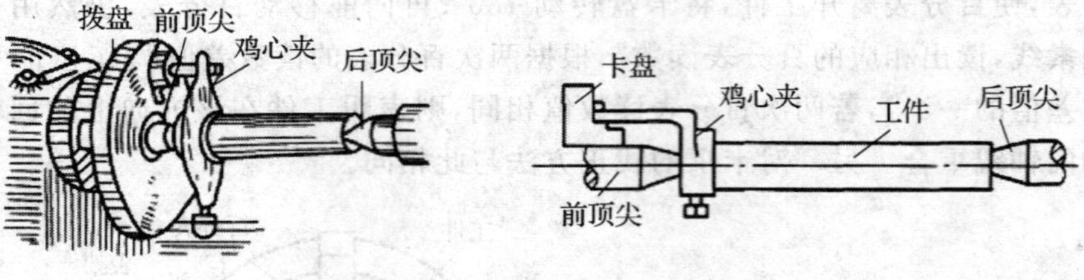

图 1-34 双顶尖装夹

(4) 软 爪

软爪从外形来看与三爪自定心卡盘的卡爪无太大区别,不同之处在于两个卡爪的硬度不同。三爪自定心卡盘的卡爪通常要经过淬火等热处理,硬度较高;而软爪的卡爪通常在夹持部位焊有铜等软材料,是一种可以切削的卡爪,它是为了配合被加工工件而特别制造的。

软爪主要用于同轴度要求高且需要二次装夹的工件的加工,它可以在使用前进行自镗削加工。另外,在加工过程中最好使软爪的内圆直径等于或略小于所要加工工件的外径,以消除卡盘的定位间隙并增加软爪与工件的接触面积。

(5) 弹簧夹套

弹簧夹套的定心精度高,装夹工件快速方便,常用于精加工的外圆表面定位。在实际生产中,如没有弹簧夹套,可根据工件夹持表面直径自制薄壁套来代替弹簧夹套,如图 1-35 所示。自制的薄壁套内孔直径与工件夹持表面直径相等,侧面锯出一条锯缝,并用三爪自定心卡盘夹持薄壁套外壁。

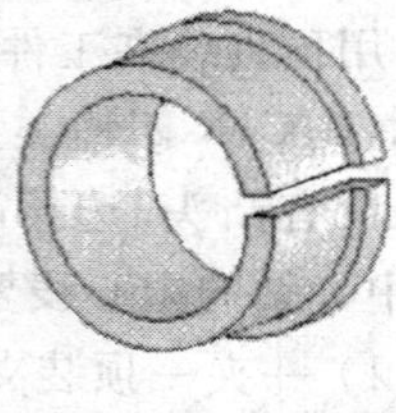

图 1-35 自制薄壁套

(6) 定位心轴

在数控车床上加工齿轮、套筒、轮盘等零件时,为了保证外圆轴线与内孔轴线的同轴度要求,常以心轴定位加工外圆和端面。当工件内孔为圆柱孔时,常采用间隙配合或过盈配合心轴定位;而当工件内孔为圆锥孔、螺纹孔或花键孔时,则采用相应的圆锥心轴、螺纹心轴或花键心轴定位。

(7) 花盘与角铁

数控车削时,常会遇到一些形状复杂和不规则的零件,而不能使用卡盘和顶尖进行装夹。这时,可借助花盘、角铁等辅助夹具进行装夹。花盘、角铁及常用的附件如图 1-36 所示。

对于加工表面的回转轴线与基准面垂直且外形复杂的零件,则可以装夹在花盘上进行加工。对于加工表面的回转轴线与基准面平行且外形复杂的零件,则可以装夹在角铁上进行加工。

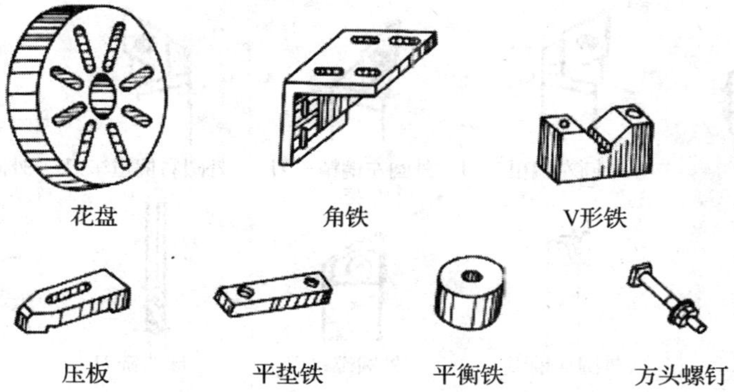

图 1－36　花盘、角铁及常用附件

(8) 液压动力卡盘或电动卡盘

液压动力卡盘如图 1－37 所示，主要由固定在主轴后端的液压缸和固定在主轴前端的卡盘两部分组成。其夹紧力的大小通过调整液压系统的压力进行控制，具有结构紧凑、动作灵敏、能够实现较大夹紧力的特点。

电动卡盘可由设在主轴后端的小功率电动机，通过一空心轴带动驱动卡盘内的锥齿轮旋转，从而驱动卡爪沿径向运动。电动卡盘的使用进一步提高了数控车床自动化的水平，也为从单机使用向柔性制造系统(FMS)过渡提供了控制技术方面的支持和工艺方面的保障。

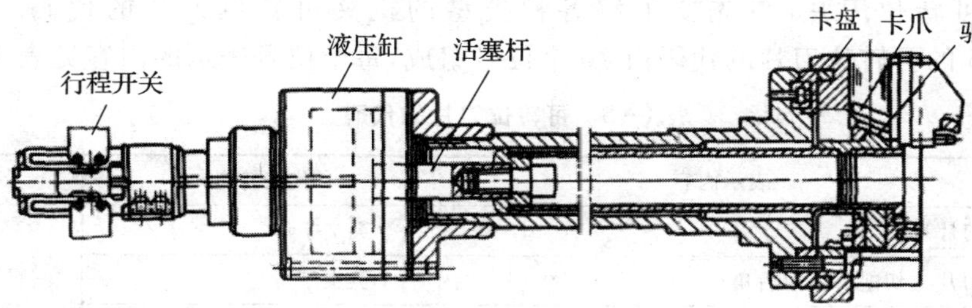

图 1－37　液压动力卡盘的结构

2. 数控车床刀具

在数控车床上使用的刀具有外圆车刀、钻头、镗刀、切断刀、螺纹加工刀具等，其中以外圆车刀、镗刀、钻头最为常用。数控车床上常用的刀具如图 1－38 所示。

根据车刀的结构不同，车刀可分为焊接式和机夹式两种。对于数控车床而言，采用机夹可转位车刀是一种基本的要求。

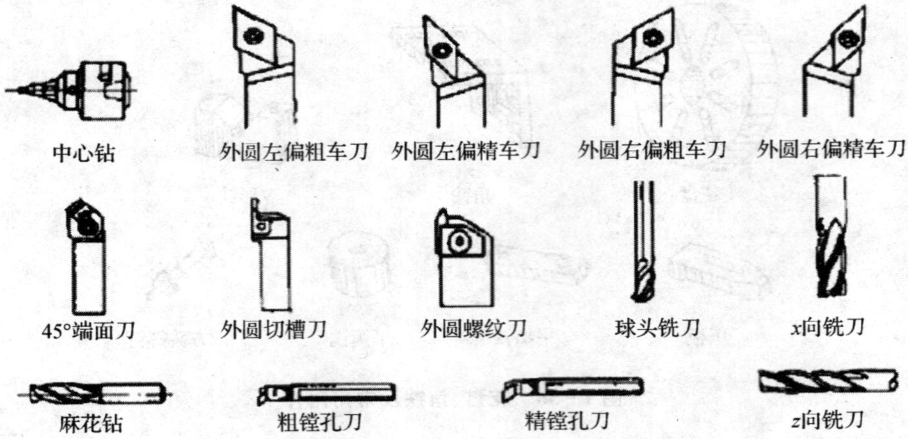

图 1-38　数控车床刀具

(1) 机夹可转位车刀

机夹可转位车刀由刀片、刀片紧固元件和刀柄三部分组成。

机夹可转位刀具，就是将预先加工好的、带有若干个切削刃的多边形刀片，用机械夹固的方法将其夹紧在刀柄上的一种刀具。使用这种刀具时，当一个切削刃磨钝后，只要松开夹紧元件，让刀片转换一个位置，就能使新的切削刃进入工作位置，然后压紧刀片即可继续车削。

选用机夹可转位刀片，首先要了解各种类型的机夹可转位刀片的代码。国际标准ISO1832—1985 的可转位刀片的代码由 10 个位号组成，每个位号表示的内容见表 1-8。

表 1-8　可转位刀片的代码

位　号	表示内容	代表符号	备　注
1	刀片形状	一个英文字母	具体含义请查阅有关标准
2	刀片主切削刃法向后角	一个英文字母	
3	刀片尺寸精度	一个英文字母	
4	刀片固定方式及有无断屑槽形	一个英文字母	
5	刀片主切削刃长度	二位数	
6	刀片厚度，主切削刃到刀片定位底面的距离	二位数	
7	刀尖圆角半径或刀尖转角形状	二位数或一个英文字母	
8	切削刃形状	一个英文字母	
9	刀片切削方向	一个英文字母	
10	制造商选择代号(断屑槽形及槽宽)	英文字母或数字	

其中，每一位号代表刀片的某种参数，分别叙述如下：

① 刀片的几何形状，如图 1-39 所示。

② 刀片主切削刃后角（即法后角）。机夹可转位车刀刀片的法后角有 A(3°)，B(5°)，C(7°)，D(15°)，E(20°)，F(25°)，G(30°)，N(0°)，P(11°)，O(其他角度)等。

③ 刀片尺寸精度。主要指刀片内接圆 d 与厚度 s 的精度级别。

④ 刀片结构形式、紧固方法或断屑槽，如图 1-40 所示。

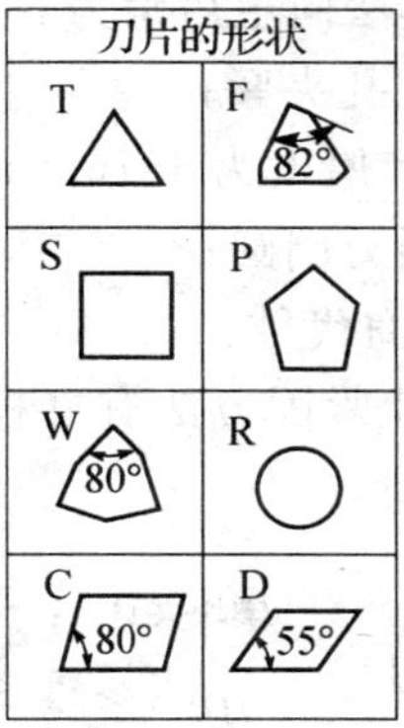

图 1-39　车刀刀片几何形状及代码

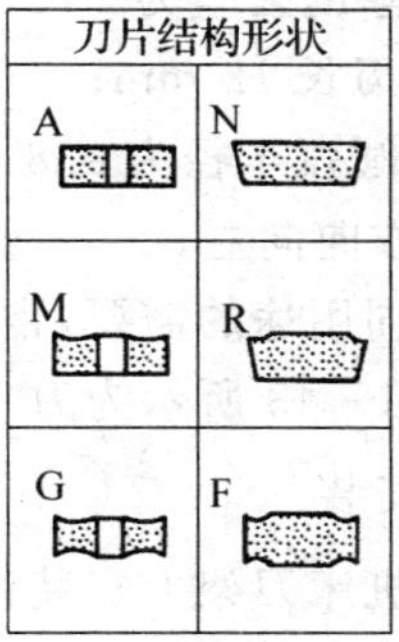

图 1-40　车刀刀片的结构形式及代码

⑤ 刀片主切削刃长度，如图 1-41 所示。

⑥ 刀片厚度，如图 1-42 所示。

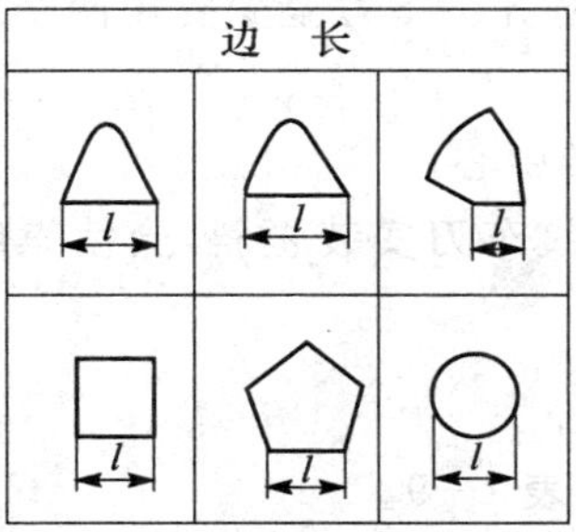

图 1-41　车刀刀片边长

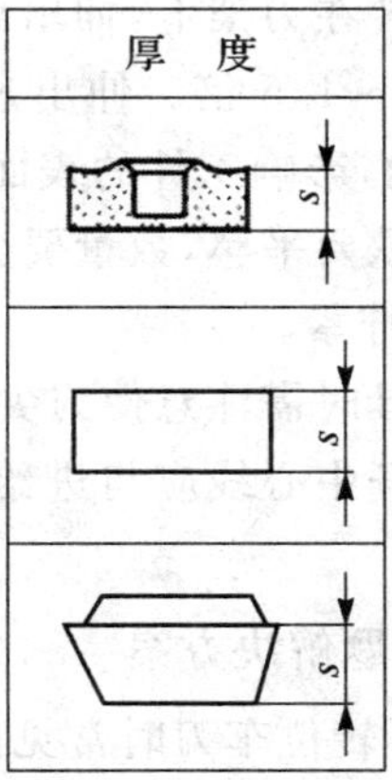

图 1-42　车刀刀片厚度

⑦ 刀尖圆角半径 r。车刀刀尖圆角半径包括 0.2 mm，0.4 mm，0.8 mm，1.2 mm，1.6 mm，2 mm，2.4 mm，3.2 mm 等。

⑧ 切削刃形状，刀尖切削刃或倒棱切削刃。

⑨ 进刀方向或倒刃宽度。

⑩ 厂商的补充符号或倒刃角度。

无论哪一种型号的刀片，必须标注前 7 位代号。例 TBHG120408EL－CF 的意义如下：

T 表示三角形刀片；

B 表示刀具法向主后角为 5°；

H 表示刀片厚度公差为±0.013 mm；

G 表示圆柱孔夹紧；

12 表示切削刃长 12 mm；

04 表示刀片厚度为 4.76 mm；

08 表示刀尖圆弧半径为 0.8 mm；

E 表示切削刃倒圆；

L 表示切削方向向左；

CF 为制造商代号。

为了满足不同用途的需要，常见机夹可转位车刀的刀片紧固方法有杠杆式、楔块式、螺钉式、上压式等，图 1－43 所示为刀片上压式紧固结构。

(2) 车刀的安装

车刀在数控机床刀架上安装得正确与否，将直接影响切削能否顺利进行和工件的加工质量。安装车刀时，应注意下列几个问题：

① 安装前保证刀杆及刀片定位面清洁，无损伤。

② 将刀杆安装在刀架上时，应保证刀杆方向正确。

③ 车刀安装在刀架上，伸出部分不宜太长，伸出量一般为刀杆高度的 1～1.5 倍。伸出过长会使刀杆刚性变差，切削时易产生振动，影响工件的表面质量。

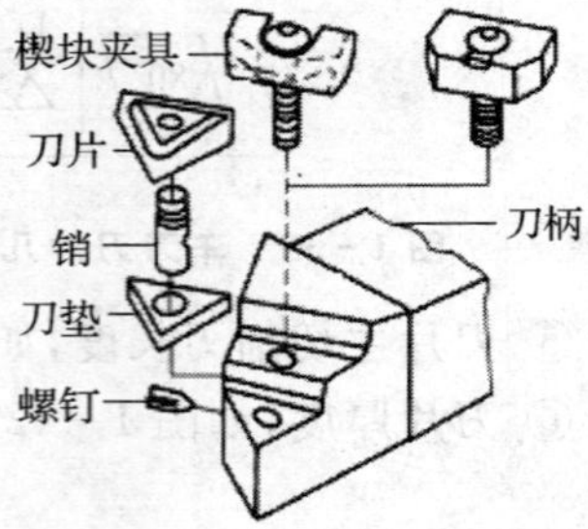

图 1－43 刀片上压式紧固结构

④ 车刀垫铁要平整，数量要少，垫铁应与刀架对齐。车刀至少要用两个螺钉压紧在刀架上，并逐个轮流拧紧。

⑤ 安装刀具时需注意使刀尖等高于主轴的回转中心。

⑥ 车刀刀杆中心线应与进给方向垂直。若螺纹车刀安装歪斜，会使螺纹牙型半角产生误差。

(3) 常见问题解决方案

使用机夹可转位车刀时常见问题的解决方案见表 1－9。

表 1-9　机夹可转位车刀常见问题解决方案

问　题	原　因	措　施
通常情况下刀具不好用	刀具形式选择不当	重新选型
	刀具制造质量太差	选择质量好的刀具
	切削用量选择不当	选择合理的切削用量
切削有振动	刀片没夹紧	重新装夹刀片
	刀片尺寸误差太大	更换符合要求的刀片
	夹紧元件变形	更换夹紧元件
	刀具质量太差	更换刀具
刀尖打刀	刀片刀尖底面与刀垫有间隙	重新装夹刀片，注意刀片底面的贴紧
	刀片材质抗弯强度低	换抗弯强度高的刀片
	夹紧时造成刀片抬高	更换刀片、刀垫或刀杆
切削时有吱吱声	刀片底面与刀垫或刀垫与刀体间接触不实．刀具装夹不牢固	重新装刀具或刀片
	刀具磨损严重	更换磨钝的切削刃
	刀杆伸出过长，刚性不足	缩短刀杆伸出长度
	工件细长或薄壁件刚性不足，以及夹具刚性不足，夹固不牢	增加工艺系统刚性
刀尖处冒火花	刀尖或切削刃工作部分有缺口	更换磨钝的切削刃或用金刚石修整切削刃
	刀具磨损严重	更换切削刃或刀片
	切削速度过高	选择合理的切削速度
前刀面有积屑瘤	几何角度不合理	加大前角
	槽形不合理	选择合理的槽形
	切削速度太低	提高切削速度
切屑粘刀	刀片材质不合理	更换为 M 或 K 类的刀片
切屑飞溅	进给量过大	调整切削用量
	脆性工件材料	增加导屑器或挡屑器
刀片有剥离现象	切削液供给不充分	增大切削液的流量，切削前就开始浇注直至刀具退出
	不宜用切削液的高硬度材料	不用切削液，干切削
	刀片质量有问题	更换质量好的刀片

3. 切削用量的选择及加工路线的确定

(1) 数控车削加工工艺

一般根据零件的加工精度、表面粗糙度、材料、结构形状、尺寸及生产类型确定零件表面的数控车削加工方法及加工方案。根据表面精度要求可分为粗车、半精车、精车、细车、精密车等方案进行加工。

制订零件数控车削加工工序一般遵循下列原则:

① 先加工精基准面。精基准面加工好后,接着对精度要求高的主要表面进行粗加工和半精加工,并穿插进行一些次要表面的加工,然后进行各表面的精加工。要求高的主要表面的精加工一般安排在最后进行,即上道工序能为后面的工序提供精基准和合适的夹紧表面。

② 先加工简单的几何形状,再加工复杂的几何形状。

③ 对精度要求高,粗、精加工需分开进行的,先粗加工,后精加工。

④ 以相同定位、夹紧方式安装的工序,最好连续进行,以减少重复定位次数和夹紧次数。

⑤ 检验工序是保证产品质量和防止产生废品的重要措施。在每道工序中,操作者都必须自行检验。在自检的基础上,在下列场合还要安排独立检验工序:粗加工全部结束后,精加工之前;送往下道工序加工的前后(如热处理工序的前后);重要工序的前后;最终加工之后等。

(2) 切削用量的选择

对于高效率的金属切削加工来说,被加工材料、切削工具、切削用量是三大要素。这些决定着加工时间、刀具寿命和加工质量。经济有效的加工方法必然是合理地选择了切削用量。

切削用量是指主轴转速或切削速度(用于恒线速度切削)、进给速度或进给量和背吃刀量三者的总称。

粗加工时,在工艺系统和数控机床功率允许的条件下,尽可能选取较大的背吃刀量,以减少进给次数。精加工时,根据粗加工的余量确定背吃刀量。一般当毛坯直径余量小于 6 mm 时,根据加工精度考虑是否留出半精车和精车余量,剩下的余量在粗加工时尽可能一次切除。当零件的精度要求较高时,应留出半精车、精车余量,半精车余量一般为 0.5 mm 左右,所留精车余量一般比普通车削时所留余量少,常取 0.1~0.5 mm。

确定进给速度时,如果工件的质量要求能够得到保证,为了提高生产率,可选择较高(2 000 mm/min以下)的进给速度。切断、车削深孔或精车时,选择较低的进给速度。刀具空行程,特别是远距离回零时,可以设定尽可能高的进给速度。进给速度应与主轴转速和背吃刀量相适应。

进给速度包括纵向进给速度和横向进给速度,其计算公式为

$$v_f = fn$$

式中:v_f——进给速度(mm/min)。

f——进给量(mm/r)。一般情况下，粗车时进给量取 0.3～0.8 mm/r，精车时取 0.1～0.3 mm/r，切断时取 0.05～0.2 mm/r。

n——工件的转速(r/min)。

切削速度的确定可根据已经选定的背吃刀量、进给量及刀具使用寿命进行选取。实际加工过程中，也可根据生产实践经验和查表的方法进行选取。粗加工或工件材料的加工性能较差时，宜选用较低的切削速度。精加工或刀具材料、工件材料的切削性能较好时，宜选用较高的切削速度。

切削速度确定之后，可用下式计算主轴转速，即

$$n = 1\,000 v_c / \pi d$$

式中：v_c——切削速度(m/min)。

d——切削刃选定点处所对应的工件的回转直径(mm)。

n——工件或刀具的转速(r/min)。

数控车床切削用量可参照表 1-10 选取。

表 1-10　数控车床切削用量推荐表

工件材料	加工方式	背吃刀量/mm	切削速度/(m·min^{-1})	进给量/(mm·r^{-1})	刀具材料
碳素钢 σ_b>600 MPa	粗加工	5～7	60～80	0.2～0.4	YT 类
		2～3	80～120	0.2～0.4	
	精加工	0.2～0.3	120～150	0.1～0.2	
	车螺纹		70～100	导程	
	钻中心孔		500～800 r/min		W18Cr4V
	钻孔		0～30	0.1～0.2	
	切断(宽度小于 5 mm)		70～110	0.1～0.2	YT 类
合金钢 σ_b=1 470 MPa	粗加工	2～3	50～80	0.2～0.4	YT 类
	精加工	0.1～0.15	60～100	0.1～0.2	
	切断(宽度小于 5 mm)		40～70	0.1～0.2	
铸铁 200HBS 以下	粗加工	2～3	50～70	0.2～0.4	YG 类
	精加工	0.1～0.15	70～100	0.1～0.2	
	切断(宽度小于 5 mm)		50～70	0.1～0.2	
铝	粗加工	2～3	600～1 000	0.2～0.4	
	精加工	0.2～0.3	800～1 200	0.1～0.2	
	切断(宽度小于 5 mm)		600～1 000	0.1～0.2	
黄铜	粗加工	2～4	400～500	0.2～0.4	
	精加工	0.1～0.15	450～600	0.1～0.2	
	切断(宽度小于 5 mm)		400～500	0.1～0.2	

(3) 加工路线的确定

加工路线也称进给路线。在保证加工精度和表面质量要求的前提下,应尽量缩短加工路线,减少刀具空行程时间。加工路线选择的原则如下:

① 按拟定工步顺序确定各表面加工进给路线的顺序。

② 寻求最短加工路线(包括空行程路线和切削加工路线),减少空刀时间以提高加工效率。

③ 选择加工路线时应使工件加工时的变形最小,对横截面积小的细长零件或薄壁零件应采用分几次进给或对称去余量法安排进给路线。

④ 数控车削加工过程一般要经过循环切除余量、粗加工和精加工三道工序,应根据毛坯类型和工件形状确立循环切除余量的方式,以达到减少循环进给次数、提高加工效率的目的。

⑤ 轴套类零件安排进给路线的原则是轴向进给、径向切入,循环切除余量的循环终点在粗加工起点附近,这样可以减少进给次数,避免不必要的空进给,节省加工时间。

⑥ 轮盘类零件安排进给路线的原则是径向进给、轴向切入,循环去除余量的循环终点在加工起点。编制轮盘类零件的加工程序时,与轴套类零件相反,是从大直径端开始顺序向前。

1.3 数控车削加工实例

1.3.1 阶梯轴类工件加工

1. 无凹槽零件加工

例 1 用外径粗加工复合循环编制如图 1-44 所示零件的加工程序。毛坯尺寸为 $\phi50\times120$ mm,要求循环起始点在 $A(52,3)$处,背吃刀量为 1.5 mm(半径量),退刀量为 1 mm,x 方向精加工余量为 0.6 mm,z 方向精加工余量为 0.1 mm。T01 为外圆粗车刀,T02 为切断刀(刀宽为 4 mm),T03 为外圆精车刀。

加工程序如下。

```
%3311
N1 G94 G90
N2 T0101                                ;设立坐标系,选 1 号刀
N3 M03 S400                             ;主轴以速度 400 r/min 正转
N5 G00 X52 Z3                           ;刀具到循环起点位置
N6 G71 U1.5 R1 P11 Q20 X0.6 Z0.1 F100   ;粗切量:1.5 mm;精切量:x 向 0.6 mm,z 向 0.1 mm
N7 G00 X100 Z100                        ;粗加工后,到换刀点位置
```

```
N8 T0303                        ;精加工起始行,设立坐标系,选 3 号刀
N9 M03 S400                     ;主轴以速度 400 r/min 正转
N10 G42 G01 X52 Z3 F100         ;加入刀尖圆弧半径补偿
N11 G00 X0                      ;精加工轮廓起始行,到倒角延长线
N12 G01 X10 Z-2                 ;精加工 C2 倒角
N13 Z-20                        ;精加工 φ10 外圆
N14 G02 U10 W-5 R5              ;精加工 R5 圆弧
N15 G01 W-10                    ;精加工 φ20 外圆
N16 G03 U14 W-7 R7              ;精加工 R7 圆弧
N17 G01 Z-52                    ;精加工 φ34 外圆
N18 U10 W-10                    ;精加工外圆锥
N19 W-25                        ;精加工 φ44 外圆
N20 X52                         ;精加工轮廓结束行,退出已加工面
N21 G40 G00 X100 Z100           ;取消半径补偿,返回程序起点位置
N22 M05                         ;主轴停
N23 M00                         ;程序暂停
N24 T0202                       ;设立坐标系,选 2 号刀
N25 M03 S400                    ;主轴以速度 400 r/min 正转
N26 G0 X52 Z-86                 ;刀具到起点位置
N27 G01 X0 F100                 ;切断
N28 G00 X100 Z100               ;回对刀点
N29 M05                         ;主轴停
N30 M30                         ;主程序结束并复位
```

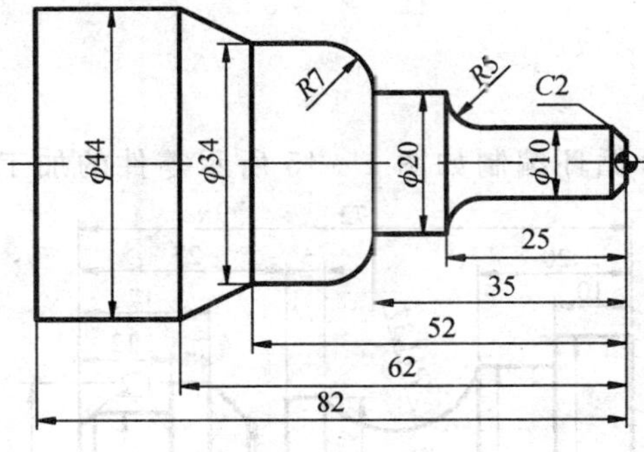

图 1-44　阶梯轴

例 2　用闭环车削复合循环编制如图 1-44 所示零件的加工程序。设切削起始点在 $A(60,5)$处;x,z 方向粗加工余量分别为 3 mm 和 0.9 mm;粗加工次数为 3;x,z 方向精加工余量分别为 0.6 mm 和 0.1 mm。T01 为外圆粗车刀,T02 为切断刀(刀宽为 4 mm),T03 为外圆精车刀。

加工程序如下。

```
%3312
N1 T0101                                    ;设立坐标系,选 1 号刀
N2 M03 S400                                 ;主轴以速度 400 r/min 正转
N3 G00 X60 Z5                               ;到循环起点位置
N5 G73 U3 W0.9 R3 P10 Q20 X0.6 Z0.1 F120    ;闭环粗切循环加工
N6 G00 X100 Z100                            ;粗加工后,到换刀点位置
N7 T0303                                    ;精加工起始行,设立坐标系,选 3 号刀
N8 M03 S400                                 ;主轴以速度 400 r/min 正转
N9 G42 G01 X60 Z5 F100                      ;加入刀尖圆弧半径补偿
N10 G00 X0 Z3                               ;精加工轮廓开始,到倒角延长线处
……                                          ;参照程序 %3311 的 N11～N19
N20 U10                                     ;退出已加工表面,精加工轮廓结束
N21 G40 G00 X100 Z100                       ;取消半径补偿,返回程序起点位置
N22 M05                                     ;主轴停
N23 M00                                     ;程序暂停
N24 T0202                                   ;设立坐标系,选 2 号刀
N25 M03 S400                                ;主轴以速度 400 r/min 正转
N26 G0 X52 Z-86                             ;刀具到起点位置
N27 G01 X0 F100                             ;切断
N28 G00 X100 Z100                           ;回对刀点
N29 M05                                     ;主轴停
N30 M30                                     ;主轴停,主程序结束并复位
```

2. 有凹槽零件加工

例 3 用外径粗车复合循环编制如图 1-45 所示零件的加工程序。毛坯尺寸为 $\phi45\times$

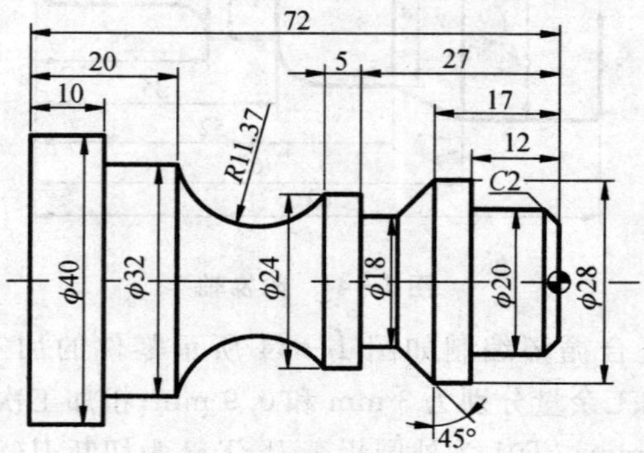

图 1-45 凹槽轴

110 mm，要求循环起始点在 $A(48,3)$ 处，背吃刀量为 1.2 mm。退刀量为 1 mm，精加工余量为 0.3 mm。T01 为外圆粗车刀，T02 为切断刀（刀宽为 4 mm），T03 为外圆精车刀。

加工程序如下。

```
%3313
N1 T0101                          ;换 1 号刀，确定其坐标系
N2 M03 S400                       ;主轴以速度 400 r/min 正转
N3 G00 X48 Z3                     ;到循环起点位置
N5 G71 U1.2 R1 P9 Q22 E0.3 F100   ;有凹槽粗切循环加工
N6 G00 X100 Z100                  ;粗加工后，到换刀点位置
N7 T0303                          ;精加工起始行，换 3 号刀，确定其坐标系
N8 G00 G42 X48 Z3                 ;加入刀尖圆弧半径补偿
N9 G00 X10                        ;精加工轮廓开始，到倒角延长线处
N10 G01 X20 Z-2                   ;精加工 C2 倒角
N11 Z-12                          ;精加工 φ20 外圆
N12 X28                           ;精加工 z 向为 12 mm 处端面
N13 G01 Z-17                      ;精加工 φ28 外圆
N14 X18 W-5                       ;精加工下切锥
N15 Z-27                          ;精加工 φ18 外圆槽
N16 X24                           ;精加工 z 向为 27 mm 处端面
N17 Z-32                          ;精加工 φ24 外圆
N18 G02 X32 Z-52 R11.37           ;精加工 R11.37 圆弧
N19 G01 W-10                      ;精加工 φ32 外圆
N20 X40                           ;精加工 z 向为 62 mm 处端面
N21 Z-78                          ;精加工 φ40 外圆
N22 X48                           ;退出已加工表面，精加工轮廓结束
N23 G00 G40 X100 Z100             ;取消半径补偿，返回换刀点位置
N24 M05                           ;主轴停
N25 M00                           ;程序暂停
N26 T0202                         ;设立坐标系，选 2 号刀
N27 M03 S400                      ;主轴以速度 400 r/min 正转
N28 G0 X42 Z-76                   ;刀具到起点位置
N29 G01 X0 F100                   ;切断
N30 G00 X100 Z100 M05             ;回对刀点
N31 M30                           ;主轴停，主程序结束并复位
```

例 4　用闭环车削复合循环编制如图 1-45 所示零件的加工程序。锻造毛坯，要求循环起始点在 $A(48,3)$ 处，x，z 方向粗加工余量分别为 3 mm 和 1 mm；粗加工次数为 3；x，z 方向精加工余量分别为 0.6 mm 和 0.1 mm。T01 为外圆粗车刀，T02 为切断刀（刀宽为 4 mm），T03 为外圆精车刀。

加工程序如下。

```
%3314
N1 T0101                                  ;换 1 号刀,确定其坐标系
N2 M03 S400                               ;主轴以速度 400 r/min 正转
N3 G00 X48 Z3                             ;到循环起点位置
N5 G73 U3 W1 R3 P9 Q22 X0.3 Z0.1 F100     ;有凹槽粗切循环加工
N6 G00 X100 Z100                          ;粗加工后,到换刀点位置
N7 T0303                                  ;精加工起始行,换 3 号刀,确定其坐标系
N8 G00 G42 X48 Z3                         ;加入刀尖圆弧半径补偿
N9 G00 X10                                ;精加工轮廓开始,到倒角延长线处
……                                        ;参照程序 %3313 的 N10~N21
N22 X48                                   ;退出已加工表面,精加工轮廓结束
N23 G00 G40 X100 Z100                     ;取消半径补偿,返回换刀点位置
N24 M05                                   ;主轴停
N25 M00                                   ;程序暂停
N26 T0202                                 ;设立坐标系,选 2 号刀
N27 M03 S400                              ;主轴以速度 400 r/min 正转
N28 G0 X42 Z-76                           ;刀具到起点位置
N29 G01 X0 F100                           ;切断
N30 G00 X100 Z100 M05                     ;回对刀点
N31 M30                                   ;主轴停,主程序结束并复位
```

1.3.2 阶梯孔类工件加工

例 5 用内径粗车复合循环编制如图 1-46 所示零件的加工程序。$\phi16$ 孔已加工,要求循环起始点在 $A(6,5)$处,背吃刀量为 1.5 mm(半径量)。退刀量为 1 mm,x 方向精加工余量为 0.6 mm,z 方向精加工余量为 0.1 mm。T01 为粗镗刀,T02 为精镗刀。

加工程序如下。

```
%3315
N1 T0101                                  ;换 1 号刀,确定其坐标系
N2 M03 S400                               ;主轴以速度 400 r/min 正转
N3 G00X16 Z5                              ;到循环起点位置
N5 G71 U1.5 R1 P11 Q17 X-0.6 Z0.1 F100    ;内径粗切循环加工
N6 G00 Z80                                ;退出工件内孔
N7 X80                                    ;粗切后,到换刀点位置
N8 T0202                                  ;精加工起始行,换 2 号刀,确定其坐标系
N9 M03 S400                               ;主轴以速度 400 r/min 正转
```

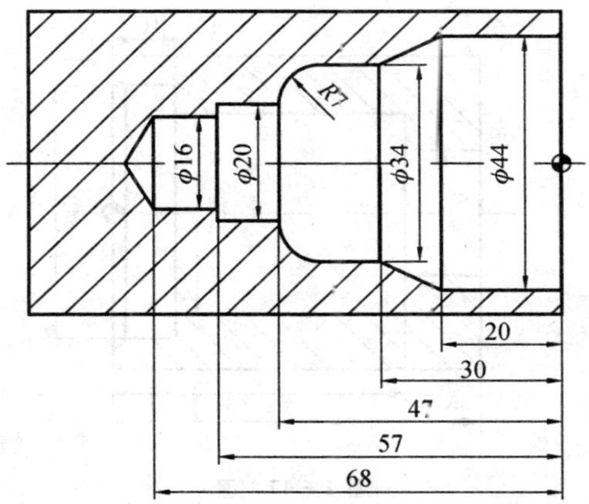

图 1-46　套　轴

```
N10 G00 G41 X16 Z5                 ;加入刀尖圆弧半径补偿
N11 G00 X44                        ;精加工轮廓开始,到 φ44 内孔处
N12 G01 Z-20                       ;精加工 φ44 内孔
N13 U-10 W-10                      ;精加工内孔锥
N14 W-10                           ;精加工 φ34 内孔
N15 G03 X20 W-7 R7                 ;精加工 R7 圆弧
N16 G01 W-10                       ;精加工 φ20 内孔
N17 X14                            ;精加工轮廓结束,退出已加工表面
N18 G00 Z80                        ;退出工件内孔
N19 G40 X80 M05                    ;回程序起点或换刀点位置,取消刀尖圆弧半径补偿
N20 M30                            ;主轴停,主程序结束并复位
```

例 6　用封闭车削复合循环编制如图 1-47 所示零件的加工程序。锻造毛坯,已加工 φ16 孔,要求循环起始点在 $A(6,5)$处,x,z 方向粗加工余量分别为 3 mm 和 1 mm;粗加工次数为 3,精加工余量为 0.3 mm。T01 为粗镗刀,T02 为精镗刀。

加工程序如下。

```
%3316
N1 T0101                           ;换 1 号刀,确定其坐标系
N2 M03 S400                        ;主轴以速度 400 r/min 正转
N3 G00X16 Z5                       ;到循环起点位置
N5 G73 U3 W1 R3 P11 Q18 E-0.3 F100 ;有凹槽粗切循环加工
N6 G00 Z80                         ;退出工件内孔
N7 X80                             ;粗切后,到换刀点位置
N8 T0202                           ;精加工起始行,换 2 号刀,确定其坐标系
```

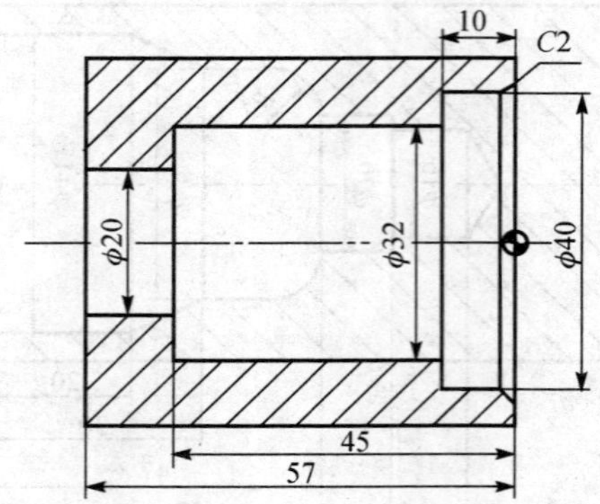

图 1-47 套

```
N9 M03 S400                ;主轴以速度 400 r/min 正转
N10 G00 G41 X16 Z5         ;加入刀尖圆弧半径补偿
N11 G00 X48 Z2             ;精加工轮廓开始,到倒角延长线处
N12 G01 X40 Z-2            ;精加工倒角
N13 Z-10                   ;精加工 φ44 内孔
N14 X32                    ;精加工 z 向为 10 mm 处端面
N15 Z-45                   ;精加工 φ32 内孔
N16 X20                    ;精加工 z 向为 45 mm 处端面
N17 Z-58                   ;精加工 φ20 内孔
N18 X14                    ;精加工轮廓结束,退出已加工表面
N19 G00 Z80                ;退出工件内孔
N20 G40 X80 M05            ;回程序起点或换刀点位置,取消刀尖圆弧半径补偿
N21 M30                    ;主轴停,主程序结束并复位
```

1.3.3 螺纹类工件加工

例 7 用螺纹切削 G82 指令编制如图 1-48 所示零件的加工程序。外形已加工完成,只加工螺纹。要求循环起始点在 $A(35,5)$处。T01 为螺纹刀。编程零点设置在零件右端面的轴心线上。

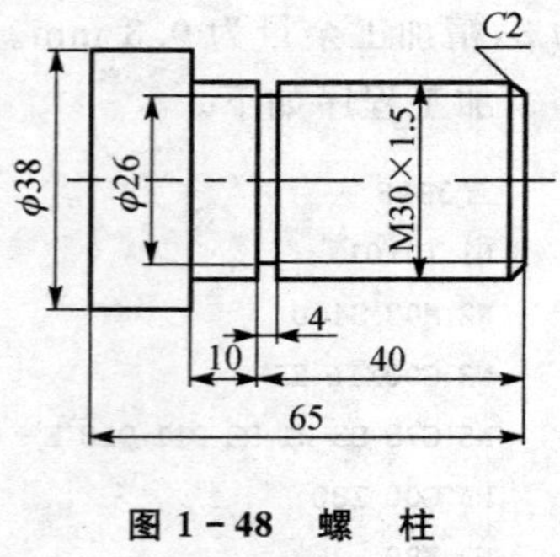

图 1-48 螺 柱

解 螺纹大径=公称直径−0.1P=30 mm−0.1×1.5 mm=29.85 mm,螺纹小径=公称直径−1P=30 mm−1×1.5 mm=28.5 mm。用四次吃刀,每次吃刀量(直径值)分别为0.65 mm,0.4 mm,0.2 mm,0.1 mm,螺纹刀刀尖角为 60°。

加工程序如下。

```
%3317
N1 T0101                    ;换 1 号刀,确定其坐标系
N2 M03 S300                 ;主轴以速度 300 r/min 正转
N3 G00 X40 Z5               ;快速接近工件
N5 G01 X35 F80              ;到循环起始点
N6 G82 X29.2 Z-38 C1 F1.5   ;第一次循环切螺纹,切深 0.65 mm
N7 X28.8                    ;第二次循环切螺纹,切深 0.4 mm
N8 X28.6                    ;第三次循环切螺纹,切深 0.2 mm
N9 X28.5                    ;第四次循环切螺纹,切深 0.1 mm
N10 G00 X100 Z100 M05       ;回对刀点
N11 M30                     ;主轴停,主程序结束并复位
```

例 8　用螺纹切削 G82 指令编制如图 1-49 所示零件的加工程序。内轮廓已加工完成,只加工内螺纹。要求循环起始点在 $A(6,-12)$处。T01 为螺纹刀。编程零点设置在零件右端面的轴心线上。

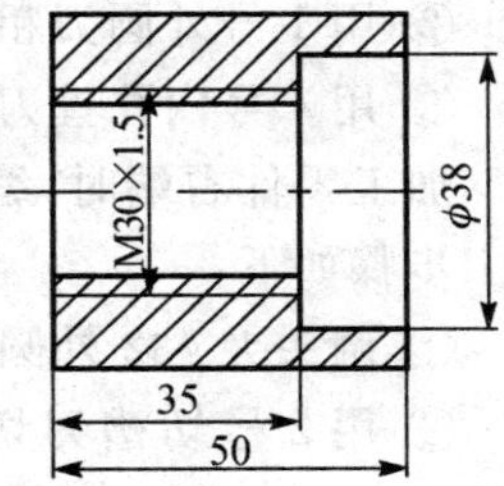

图 1-49　螺　套

解　螺纹大径＝公称直径＝30 mm,螺纹小径＝公称直径－$1P$＝30 mm－1×1.5 mm＝28.5 mm。用五次吃刀,每次吃刀量(直径值)分别为 0.6 mm,0.4 mm,0.3 mm,0.1 mm,0.1 mm,螺纹刀刀尖角为 60°。

加工程序如下。

```
%3318
N1 T0101                    ;换 1 号刀,确定其坐标系
N2 M03 S300                 ;主轴以速度 300 r/min 正转
N3 G00 X27 Z5               ;快速接近工件
N5 G01 Z-12 F80             ;到循环起始点
N6 G82 X29.1 Z-52 C1 F1.5   ;第一次循环切螺纹,切深 0.6 mm
N7 X29.5                    ;第二次循环切螺纹,切深 0.4 mm
N8 X29.8                    ;第三次循环切螺纹,切深 0.3 mm
N9 X29.9                    ;第四次循环切螺纹,切深 0.1 mm
N10 X30                     ;第五次循环切螺纹,切深 0.1 mm
N11 G00 Z100                ;z 向退刀
N12 X100 M05                ;回对刀点
N13 M30                     ;主轴停,主程序结束并复位
```

1.3.4 组合类工件加工

1. 编制轴的加工程序

编制如图 1－50 所示零件的加工程序。

(1) 加工操作步骤

加工该零件时一般先加工零件左端，调头后再加工零件右端。

加工零件左端时，编程零点设置在零件左端面的轴心线上，程序名为%3321。零件左端的加工步骤如下：

① 夹右端，手动车左端面，用 ϕ20 麻花钻钻 ϕ20 底孔。

② 用 1 号外圆刀粗、精车左端 ϕ32 和 ϕ38 外圆。

③ 用 4 号内孔镗刀镗 ϕ22 内孔。

加工零件右端时，编程零点设置在零件右端面的轴心线上，程序名为%3322。零件右端的加工步骤如下：

① 调头夹 ϕ32 外圆，用 1 号外圆刀车右端面，控制零件总长尺寸，粗、精车右端外形轮廓。

② 用 2 号切槽刀切 ϕ26 螺纹退刀槽，并用切槽刀右刀尖加工 M30×1.5 螺纹左端 $C2$ 倒角。

③ 用 3 号螺纹刀及 G82 指令螺纹车削循环加工 M30×1.5 螺纹。

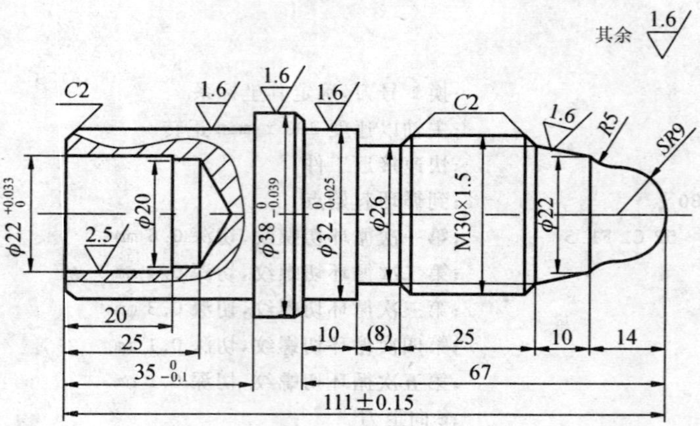

图 1－50 轴

(2) 计 算

螺纹大径＝公称直径－0.1P＝30 mm－0.1×1.5 mm＝29.85 mm，螺纹小径＝公称直径－

1P＝30 mm－1×1.5 mm＝28.5 mm。

(3) 工具、量具、刃具清单

轴零件加工时用到的工具、量具和刃具见表 1-11。

表 1-11　轴加工的工具、量具和刃具清单

序　号	名　称	规　格	数　量	备　注
1	千分尺	0～25 mm	1	
2	千分尺	25～50 mm	1	
3	游标卡尺	0～150 mm	1	
4	螺纹千分尺	25～50 mm	1	
5	R 规	$R1$～$R6.5$	1	
6		$R7$～$R14.5$	1	
7	刃具	内孔镗刀	1	
8		90°外圆车刀	2	
9		60°外螺纹车刀	1	
10		切槽车刀	1	宽 4 mm，长 23 mm
11		ϕ20 麻花钻	1	
12	其他辅具	垫刀片若干及油石等		
13		铜皮(厚 0.2 mm，宽 25 mm，长 60 mm)		
14		其他车工常用辅具		
15	材料	45 钢，ϕ40×110 mm		
16	数控车床	华中数控世纪星 CK6136i		
17	数控系统	华中数控世纪星 FANU 0TD		

(4) 刀　具

T01 为 90°外圆车刀，T02 为切槽刀(刀宽 4 mm)，T03 为 60°外螺纹车刀，T04 为内孔镗刀。

(5) 加工程序

加工程序如下。

```
%3321                                ;左端加工程序
N1 G90 G94
N2 T0101 S600 M03                    ;调 1 号刀，并建立工件坐标系，主轴正转
N3 G00 X45 Z0                        ;快速进给
N5 G01 X18 F80                       ;车端面
```

```
N6 G00 X42 Z2                           ;到循环起点
N7 G71 U2 R1 P10 Q15 X0.5 Z0.1 F100     ;G71 外圆粗车复合循环
N8 G00 X100 Z100                        ;粗车后到换刀点
N9 T0101 S600 M03                       ;调 1 号刀,并建立工件坐标系,主轴正转
N10 G01 G42 X24                         ;精加工起始段,到倒角延长线处
N11 G01 X32 Z-2 F100                    ;加工 C2 倒角
N12 Z-35                                ;粗车 φ38 外圆
N13 X38                                 ;加工 z 向为 35 mm 处端面
N14 Z-48                                ;加工 φ38 外圆
N15 G40 X50                             ;精加工结束并退刀
N16 G00 X100 Z100 M05                   ;回换刀点,主轴停转并取消 1 号刀刀补
N17 M00                                 ;程序暂停
N18 T0404 S600 M03                      ;调 4 号刀,并建立工件坐标系,主轴正转
N19 G00 X20 Z5                          ;到循环起点
N20 G71 U2 R1 P23 Q26 X-0.5 Z0.1 F100   ;G71 内径粗车复合循环
N21 G00 Z100                            ;粗车后到换刀点
N22 T0404 M03 S600                      ;调 4 号刀,并建立工件坐标系,主轴正转
N23 G00 G41 X28 Z2                      ;精加工起始段,到倒角延长线
N24 G01 X22 Z-1 F80                     ;加工 C1 倒角
N25 G01 Z-20                            ;加工 φ22 内腔
N26 G40 G01 X18                         ;精加工结束并退刀
N27 G00 Z100                            ;z 向退刀
N28 X100 M05                            ;回换刀点
N29 M30                                 ;程序结束

%3322                                   ;右端加工程序
N1 G90 G94
N2 T0101 S600 M03                       ;调 1 号刀,并建立工件坐标系,主轴正转
N3 X45 Z0                               ;快速进给
N5 G01 X0 F100                          ;车端面
N6 G00 X45 Z2                           ;到循环起点
N7 G71 U1.5 R1 P10 Q20 X0.25 Z0.1 F100  ;G71 外径粗加工循环
N8 G00 X100 Z100                        ;粗车后到换刀点
N9 S1200 M03                            ;调 1 号刀,并建立工件坐标系,主轴正转
N10 G42 G00 X0                          ;精加工起始段
N11 G01 Z0 F100                         ;到 SR9 球心
N12 G03 X18 Z-9 R9                      ;加工 SR9
N13 G02 X22 Z-13 R5                     ;加工 R5 圆弧
N14 G01 X26 Z-23                        ;加工外锥面
```

```
N15 G01 X29.85 Z-25            ;加工 C2 倒角
N16 G01 Z-57                   ;加工外螺纹大径
N17 G01 X32                    ;加工 z 向为 57 mm 处端面
N18 Z-66                       ;加工 φ32 外圆
N19 G01 X42 Z-69               ;加工 C1 倒角,从倒角延长线切出
N20 G01 G40 X50                ;精加工结束,退刀
N21 G00 X100 Z100 M05          ;回换刀点,三轴停转
N22 M00                        ;程序暂停
N23 T0202 S420 M03             ;调 2 号刀,并建立工件坐标系,主轴正转
N24 G00 X40 Z-57               ;定位到切槽处
N25 G01 X26 F30                ;切槽
N26 G04 P4                     ;暂停 4 秒
N27 G00 X40                    ;快速退刀
N28 Z-54                       ;定位切槽
N29 G01 X26 F30                ;切槽
N30 G04 P4                     ;暂停 4 秒
N31 G00 X32                    ;快速退刀
N32 Z-46                       ;定位
N33 G01 X26 Z-49 F30           ;加工 M30 螺纹左端 C2 倒角
N34 G00 X40                    ;快速退刀
N35 G00 X100 Z100              ;回换刀点
N36 T0303 S600 M03             ;调 3 号刀,并建立工件坐标系,主轴正转
N37 G00 X32 Z-20               ;到循环起点
N38 G82 X29.1 Z-52 C1 F1.5     ;第一次循环切螺纹,切深 0.6 mm
N39 X29.5                      ;第二次循环切螺纹,切深 0.4 mm
N40 X29.8                      ;第三次循环切螺纹,切深 0.3 mm
N41 X29.9                      ;第四次循环切螺纹,切深 0.1 mm
N42 X30                        ;第五次循环切螺纹,切深 0.1 mm
N43 G00 Z100 X100 M05          ;回换刀点
N44 M30                        ;主轴停,主程序结束并复位
```

2. 编制螺纹套的加工程序

编制如图 1-51 所示零件的加工程序。

(1) 加工操作步骤

加工步骤如下:

① 夹左端,手动车右端面,用 φ20 麻花钻钻 φ20 底孔。

② 加工零件 φ46 外圆、φ32 内孔及螺纹底孔,编程原点设置在零件右端面的轴心线上,程

序名为%3323。

③ 切断，保证长度 46 mm。

④ 调头校正，倒角并加工 M27×1.5 内螺纹，编程原点设置在零件左端面的轴心线上，程序名为%3324。

（2）计　算

螺纹大径＝公称直径＝27 mm，螺纹小径＝公称直径－1P＝27 mm－1.5 mm＝25.5 mm。

（3）工具、量具、刃具清单

螺纹套零件加工时用到的工具、量具和刃具见表 1－12。

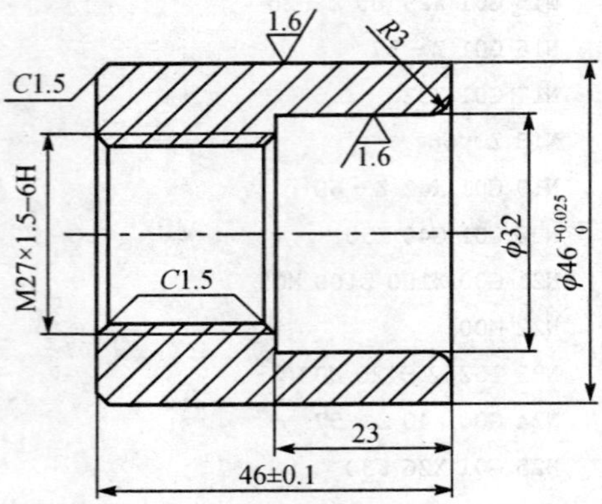

图 1－51　螺纹套

表 1－12　螺纹套加工的工具、量具和刃具清单

序　号	名　称	规　格	数　量	备　注
1	千分尺	25～50mm	1	
2	游标卡尺	0～150mm	1	
3	螺纹塞规		1	
4	刀具	90°外圆车刀	1	
5		切槽刀	1	刀宽 4 mm
6		内孔镗刀	1	
7		60°内螺纹车刀	1	
8		ϕ20 麻花钻	1	
9	其他辅具	垫刀片及油石等	若干	
10		铜皮		厚 0.2 mm，宽 25 mm，长 60 mm
11	材料	45 钢		ϕ50×70 mm
12	数控车床	华中数控世纪星 CK6136i		

（4）刀　具

T01 为 90°外圆车刀，T02 为切槽刀（刀宽 4 mm），T03 为 60°内螺纹车刀，T04 为内孔镗刀。

（5）加工程序

加工程序如下。

```
%3323                    ;右端加工程序
```

```
N1 G90 G94
N2 M03 S800 T0101                            ;换 1 号刀
N3 G00 X55 Z0                                ;快速进给
N5 G01 X18 F80                               ;车端面
N6 G00 X50 Z2                                ;到外径粗车循环起刀点
N7 G71 U1.5 R1 P11 Q13 X0.5 Z0.1 F150        ;G71 外径粗车循环
N8 G00 X100 Z100                             ;粗车后回换刀点
N9 M03 S1500 T0101 F80                       ;换 1 号刀
N10 G00 X50 Z2                               ;到外径粗车循环起刀点
N11 G01 G42 X46                              ;精加工起始段
N12 Z-52                                     ;精加工 φ46 外圆
N13 G00 G40 X50                              ;精加工结束
N14 G00 X100 Z100                            ;回换刀点
N15 M05                                      ;主轴停转
N16 M00                                      ;程序暂停
N17 M03 S800 T0404                           ;换 4 号内孔镗刀
N18 G00 X20 Z5                               ;快进到内径粗车循环起刀点
N19 G71 U1 R0.5 P24 Q31 X-0.5 Z0.1 F120      ;G71 内径粗车循环
N20 G00 Z100                                 ;退刀
N21 X100                                     ;回换刀点
N22 M03 S1200 T0404 F80                      ;换 4 号刀
N23 G00 X20 Z5                               ;进给
N24 G01 G41 X38                              ;精加工起始段
N25 Z0                                       ;R3 圆弧起点
N26 G02 X32 Z-3 R3                           ;精加工 R3 圆弧
N27 G01 Z-23                                 ;精加工 φ32 内孔
N28 X28.5                                    ;精加工 z 向为 23 mm 处端面
N29 X25.5 Z-24.5                             ;加工螺纹右倒角 C1.5
N30 Z-50                                     ;精加工螺纹小径
N31 G40 X18                                  ;精加工结束
N32 G00 Z100                                 ;退刀
N33 X100                                     ;回换刀点
N34 M05                                      ;主轴停转
N35 M00                                      ;程序暂停
N36 M03 S600 T0202 F25                       ;换 2 号切槽刀
N37 G00 X50 Z-50                             ;定位到切槽处
N38 G01 X42                                  ;切槽
N39 G00 X46                                  ;退刀
N40 Z-48.5                                   ;进给到倒角起点
```

```
N41 X43 Z-50                    ;倒角
N42 X25                         ;切断
N43 G00 X100 Z100               ;回换刀点
N44 M05                         ;主轴停转
N45 M30                         ;程序停止
%3324                           ;左端加工程序
N1 G90 G94
N2 M03 S800 T0404 F80           ;换4号内孔镗刀
N3 G00 X30.5 Z1                 ;快进到倒角起点
N5 G01 X25.5 Z-1.5              ;倒角
N6 X24                          ;退刀
N7 G00 Z100
N8 X100                         ;回换刀点
N9 M05                          ;主轴停转
N10 M00                         ;程序暂停
N11 M03 S1000 T0303             ;换3号刀
N12 G00 X20 Z5                  ;到内螺纹复合循环起刀点
N13 G82 X26.1 Z-25 C1 F1.5      ;第一次循环切螺纹,切深0.6 mm
N14 X26.5                       ;第二次循环切螺纹,切深0.4 mm
N15 X26.8                       ;第三次循环切螺纹,切深0.3 mm
N16 X27                         ;第四次循环切螺纹,切深0.2 mm
N17 G00 Z100                    ;退刀
N18 X100                        ;回换刀点
N19 M05                         ;主轴停转
N20 M30                         ;程序停止
```

第 2 章　数控铣床操作

2.1　数控铣床操作的基本知识

2.1.1　数控铣床的基本知识

数控铣削是一种常用的加工工艺方法，主要包括平面铣削和轮廓铣削，还可以对零件进行钻、扩、铰、镗、锪加工及攻螺纹等。数控铣床在复杂零件的加工中应用广泛，学习和掌握数控铣床使用的基本知识十分重要。数控铣床在配置了刀具自动交换装置后即成为加工中心，因此它也是学习加工中心程序编制和操作的重要基础。

1. 数控铣床的组成结构

数控铣床按照布局形式可分为立式数控铣床、卧式数控铣床和龙门式数控铣床。中小型数控铣床一般采用立式或卧式布局，大型数控铣床则采用龙门式布局。数控铣床的工作台一般可实现左右、前后运动，由主轴箱做上下运动，也有采用工作台手动升降的结构以扩大上下运动的范围。数控铣床一般由主轴箱、进给伺服系统、数控装置、机床基础件、冷却润滑系统等几大部分组成，如图 2－1 所示。

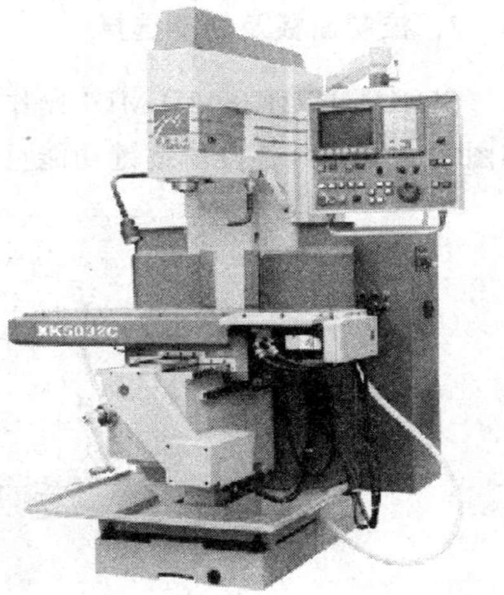

图 2－1　XK5032C 型数控立式升降台铣床

2. 数控铣床的技术参数

数控铣床的技术参数反映了数控铣床的性能及加工范围。XK5032C 型数控立式升降台铣床的主要技术参数见表 2－1。

表 2－1　XK5032C 型数控立式升降台铣床的主要技术参数

名　称	参　数	名　称	参　数
机床型号	XK5032C	主轴电动机容量	7.5 kW
数控系统	SINUMERIK 802D	主轴转速范围（伺服调速）	50～6 000 r/min

续表 2-1

名 称	参 数	名 称	参 数
工作台面积(长×宽)	320 mm× 1 295 mm	进给速度范围	2.5～5 000 mm/min
工作台纵向行程	750 mm	定位移动速度	5 m/min
工作台横向行程	370 mm	脉冲当量	0.001 mm
主轴套筒行程	150 mm	定位精度	0.013 mm/300 mm
升降台垂向行程(手动)	450mm	重复定位精度	0.003 mm

2.1.2 数控铣床的基本操作方法

由于数控铣床生产厂家的不同和数控系统选配上的差异，数控铣床的操作也存在一定的差异，但基本操作方法大同小异，现以 XK5032C 数控铣床(数控系统配德国西门子的 SINUMERIK 802D)为例介绍数控铣床的基本操作方法。

1. 控制面板及功能选择

SINUMERIK 802D MDI 操作面板如图 2-2 所示，其按键定义见表 2-2。机床控制面板如图 2-3 所示，各操作按键功能见表 2-3。

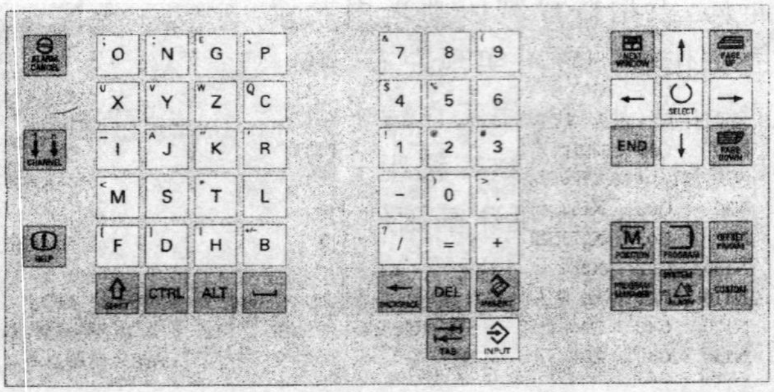

图 2-2 SINUMERIK 802D MDI 操作面板

表 2-2 SINUMERIK 802D MDI 操作面板按键定义

按 键	定 义	按 键	定 义
	报警应答键		程序操作区域键
	通道转换键		参数操作区域键

续表 2-2

按　键	定　义	按　键	定　义
HELP	信息键	PROGRAM MANAGER	程序管理操作区域键
SHIFT	上档键	SYSTEM ALARM	报警/系统操作区域键
CTRL	控制键	CUSTOM	未使用
ALT	改变键	NEXT WINDOW	未使用
␣	空格键	PAGE UP　PAGE DOWN	翻页键
BACKSPACE	删除键	↑ ← → ↓	光标移动键
DEL	删除键		
INSERT	插入键		
TAB	制表键	SELECT	选择/转换键
END	结束键	0 ～ 9	数字键 上档键转换对应字符
INPUT	回车/输入键		
POSITION	加工操作区域键	J ～ Z	字母键 上档键转换对应字符

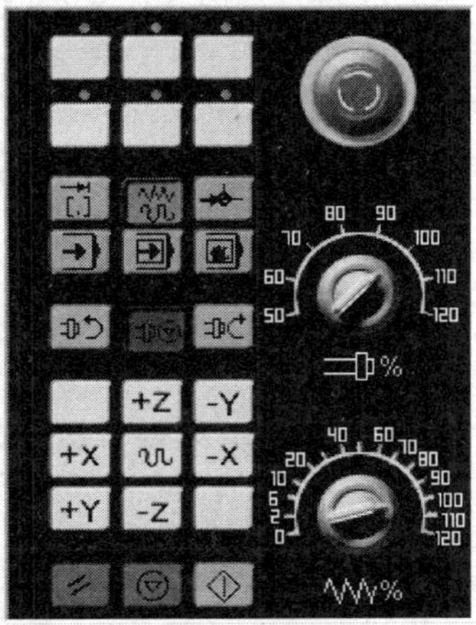

图 2-3　机床控制面板

表 2-3　机床控制面板按键功能

按　键	功　能	按　键	功　能
	紧急停止		快速按钮
	增量选择按钮	+Z -Z +Y -Y +X -X	移动按钮
	手动方式(JOG)		
	回零方式		复位
	自动方式(AUTO)		进给保持
	单段方式		运行开始
	手动数据输入(MDA)		主轴倍率修调
	主轴正转		进给倍率修调
	主轴停止		
	主轴反转		使能(左上第一个)

SINUMERIK 802D 控制器中的基本功能可以划分为如表 2-4 所列的几个操作区域，通过按相应的键可以转换到其他操作区域，不同的操作区将显示不同的画面。

表 2-4 SINUMERIK 802D 控制器的操作区定义

按 键	操作区名称	功 能
M POSITION	加工	机床加工
OFFSET PARAM	偏移量/参数	输入补偿值和设定参数值
PROGRAM	程序	生成零件程序
PROGRAM MANAGER	程序管理	显示零件程序目录
SHIFT + SYSTEM ALARM	系统	诊断和调试
SYSTEM ALARM	报警	显示报警信息和信息表

2. 开机和关机

(1) 开 机

开机的过程如下：

① 首先检查机床的初始状态，如控制柜的门是否关好，“急停”按钮是否按下。

② 接通机床电气控制柜侧面的电源开关，控制柜侧面的电源指示灯亮，确认风扇电动机转动正常。

③ 接通数控系统电源，数控系统启动，启动完成后屏幕显示 30000 报警(急停报警)，松开“急停”按钮，按下复位键，急停报警消除。

④ 按下使能键，使能灯亮，开机结束。

(2) 关 机

关机过程如下：

① 把 x 轴移动到左右对称位置，y 轴移动到靠立柱位置，z 轴移动到机床坐标 −20～−30 mm 范围。

② 按“急停”按钮，断开数控系统电源。

③ 切断机床电气控制柜侧面的电源开关，关机结束。

3. 操作方式

各种操作方式都是在加工操作区中进行的。在选择操作方式时，首先按下 M POSITION 键，进入加工操作区。

(1) 回参考点方式

SINUMERIK 802D 系统的机床通电以后，各轴必须回参考点，否则机床无法正常运行。当机床启动后，系统即自动进入加工操作区"回参考点"方式，在机床运行中也可按"回参考点"键进入"回参考点"方式。分别按+X、+Y、+Z键可使机床回参考点，如果选择了错误的回参考点方向，则机床不会产生运动。三轴可以同时回参考点，当某轴到达参考点后，其机械坐标前显示。选择另一种运行方式(如 MDA，AUTO 或 JOG)可以结束"回参考点"功能。

(2) JOG 操作方式

选择 JOG 操作方式的步骤如下：

① 通过按机床控制面板上的手动运行方式键，选择 JOG 手动运行方式。

② 按+Z、+Y、+X其中一个键，机床沿相应轴的正方向移动；按-Z、-Y、-X其中一个键，机床沿相应轴的负方向移动。只要一直按着相应的键，坐标轴就一直连续不断地以设定的进给速度运行。如果设定数据中进给速度值为"零"，则按照机床参数数据中存储的数值运行。松开按键，坐标轴即停止运行。

③ 需要时可以通过倍率开关调节进给速度。

④ 如果同时按下某坐标轴键和快进键，则坐标轴以快进速度运行。

⑤ 按下增量选择键以步进增量方式运行时，坐标轴以选择的步进增量运行，步进量的大小在屏幕上显示。再按一次某轴点动键即可去除步进增量方式，恢复手动连续运行方式。

(3) 手轮操作方式

选择手轮操作方式的步骤如下：

① 在 JOG 运行方式下，打开手轮上的手轮开关旋钮，手轮上的指示灯亮，则进入"手轮"操作方式。

② 选择手摇脉冲发生器需要移动的轴。

③ 选择手轮倍率(1，10 或 100)。

④ 转动手摇脉冲发生器手轮，实现手轮手动进给。顺时针摇动手轮，进给轴正向移动；逆时针摇动手轮，进给轴反向移动。移动速度由手轮摇动转速决定。

(4) MDA 手动输入方式

在 MDA 运行方式下可以编制一段零件程序并执行，步骤如下：

① 按下机床控制面板上的 MDA 键选择 MDA 运行方式。

② 通过 MDI 操作面板输入程序段。

③ 按运行开始键执行输入的程序段。在程序执行时不能再对程序段进行编辑。执行

完毕后，输入区的内容仍保留，这样该程序段可以通过按数控启动键再次重新运行。

(5) AUTO运行方式

在AUTO运行方式下可以执行预先录入或编辑好的程序，步骤如下：

① 预先录入或编辑好要加工的程序。

② 选择要运行的程序。

③ 按下机床控制面板上的AUTO键，选择"自动"运行方式。

④ 按运行开始键，开始自动运行。

4. 加工程序编辑

(1) 程序管理

按下键打开"程序管理"区，区内以列表形式显示零件程序及目录，程序管理窗口如图2-4所示，在程序目录中用光标键选择零件程序。为了更快地查找到程序，输入程序名的第一个字母，控制系统会自动把光标定位到含有该字母的程序前。窗口内各菜单软键含义见表2-5。

表2-5 程序管理窗口菜单软键功能

菜单软键	功能
程序	显示零件程序目录
执行	选择待执行的零件程序，按数控启动键时启动执行该程序
新程序	输入新的程序
复制	把所选择的程序复制到另一个程序中
打开	打开待执行的程序
删除	删除光标所定位的程序，并提示对该选择进行确认。按菜单软键[确认]执行清除功能；按菜单软键[返回]取消并返回
重命名	操作此软键出现一窗口，在此窗口内可以更改光标所定位的程序名称。输入新的程序名后按菜单软键[确认]完成名称更改；按菜单软键[返回]取消此功能
读出	通过RS232接口，把零件程序送到计算机中保存
读入	通过RS232接口装载零件程序。接口的设定请参照"系统"操作区域。零件程序必须以文本的形式进行传送
循环	显示标准循环目录。只有当用户具有确定的权限时才可以使用此软键

(2) 程序的编辑

按下键打开"程序管理"区，按下菜单软键[新程序]出现一对话窗口，输入新的主程序或子程序名称，系统进入"程序"操作区；也可按下键，系统直接进入"程序"操作区，对当前程序进行编辑，如图 2－5 所示。窗口内各菜单软键含义见表 2－6。

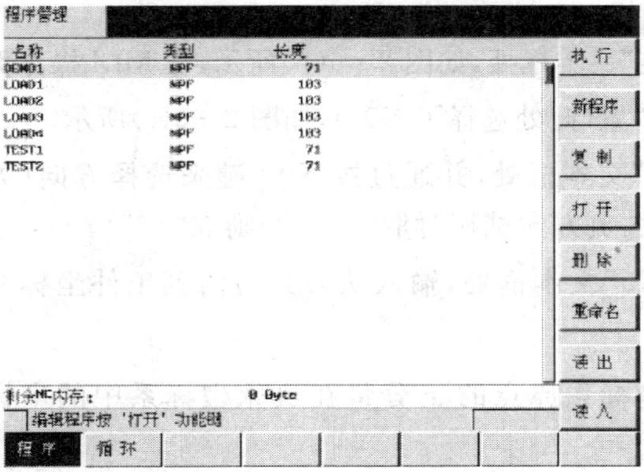

图 2－4　程序管理窗口

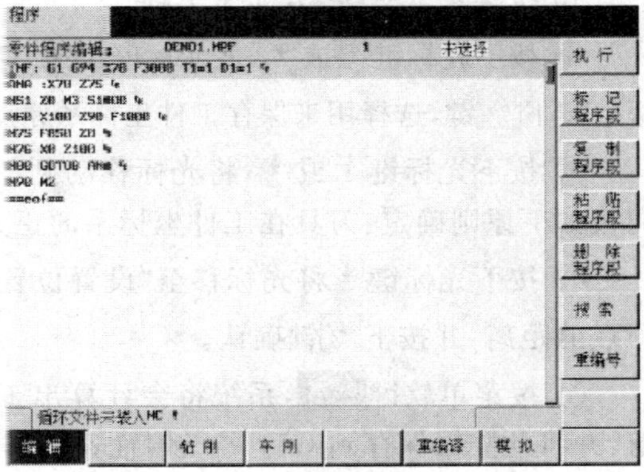

图 2－5　程序编辑窗口

表 2－6　程序编辑窗口菜单软键功能

菜单软键	功　能
编辑	程序编辑器
执行	执行所选择的文件
标记程序段	选择一个文本程序段直至当前光标位置
复制程序段	复制一个程序段到剪贴板
粘贴程序段	把剪贴板上的文本粘贴到当前光标位置
删除程序段	删除所选择的文本程序段
搜索	在所显示的程序中查找一字符串。在输入窗口中键入所搜索的字符，按菜单软键[确认]启动搜索过程；按菜单软键[返回]则不进行搜索，退出窗口；用“搜索”键和“搜索下一个”键继续搜索所要查询的字符串
重编号	使用该功能，替换从当前光标位置到程序结束处之间的程序段号

5. 数控铣床的对刀操作

数控程序一般按工件坐标系编程，对刀的过程就是建立工件坐标系与机床坐标系之间关系的过程。数控铣床对刀时，常用刚性靠棒和寻边器对刀。当加工余量较大，且对刀面仍需加工时，也可采用试切法对刀。试切法对刀说明如下：

① 使主轴低速旋转，在 JOG 操作方式及手轮操作方式下，在 x 轴方向对工件边缘进行试切，当出现切屑时停止主轴。

② 按下 M 键，进入加工操作区，按菜单软键 测量工件，进入“工件测量”界面，如图 2－6(a)

所示。

③ 按菜单软键 x ,选择 x 轴。

④ 按下光标键↑或↓,使光标停留在“存储在”文本框处,如图 2-6(b)所示,在 MDI 操作面板上按下◡键,选择用来保存工件坐标系原点的位置(此处选择了 G54),如图 2-6(c)所示。

⑤ 按下光标键↑或↓,将光标移动到“方向”文本框处,并通过按下◡键来选择方向(方向按如下原则确定:刀具在工件坐标系的正方向往负方向试切时取“+”,否则取“-”)。

⑥ 按下光标键↓将光标移至“设置位置到 X0”文本框处,输入从刀具边沿到工件坐标系原点的距离,并按下⇨键确认。

⑦ 按菜单软键 计算 ,系统将会计算出工件坐标系原点的 x 分量在机床坐标系中的坐标值,并将此数据保存到 G54 零点偏置表中。

y 和 z 方向的对刀采用同样的方法。

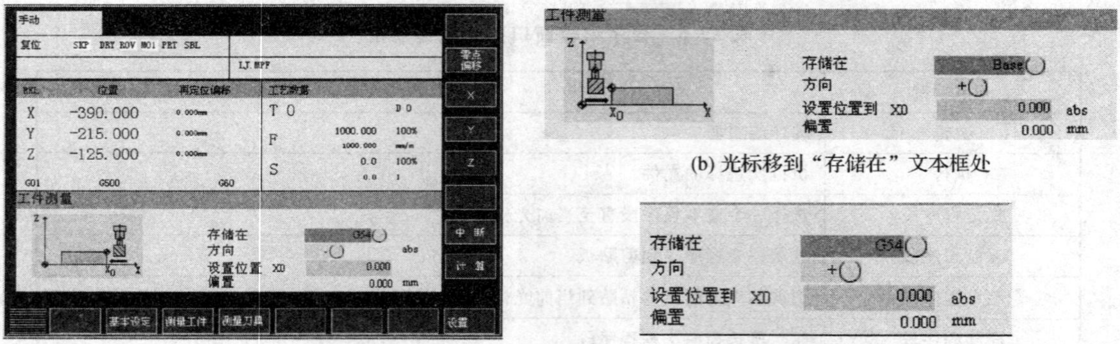

(a) 工件测量界面

(b) 光标移到“存储在”文本框处

(c) 选择G54来保存工作坐标系原点

图 2-6 试切法对刀

6. 刀具补偿值的设定

(1) 建立新刀具

① 若当前不在参数操作区,则按下 OFFSET PARAM 键切换到参数操作区。

② 按菜单软键[刀具表]切换到刀具表界面,如图 2-7 所示。

③ 按菜单软键[新刀具]切换到新刀具界面,如图 2-8 所示。

④ 按菜单软键[铣刀]或[钻削]选择要新建的刀具类型,系统弹出新刀具窗口,如图 2-9 所示,在窗口中输入要创建的新刀具的刀具号。

⑤ 确认后则创建对应刀具,按中断则返回新刀具界面,不创建任何刀具。

(2) 手动编辑刀具数据

① 若当前不在参数操作区,则按下 OFFSET PARAM 键切换到参数操作区。

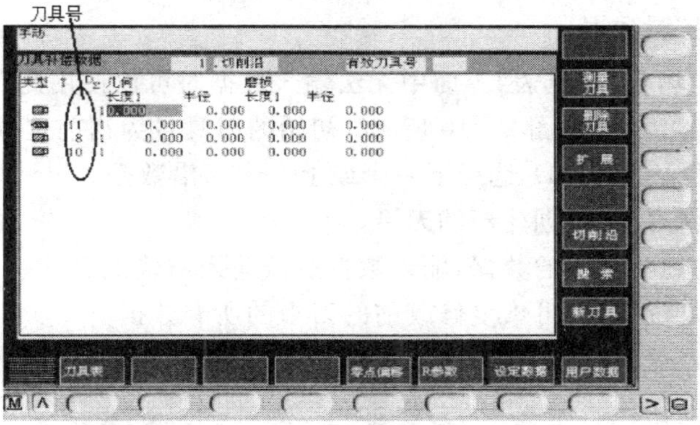

图 2-7　刀具表界面

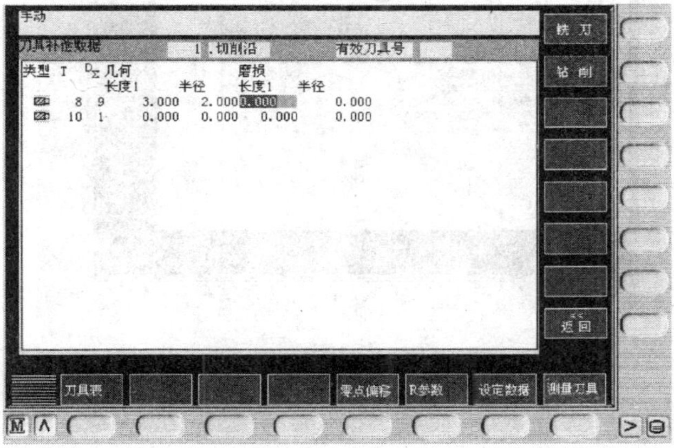

图 2-8　新刀具界面

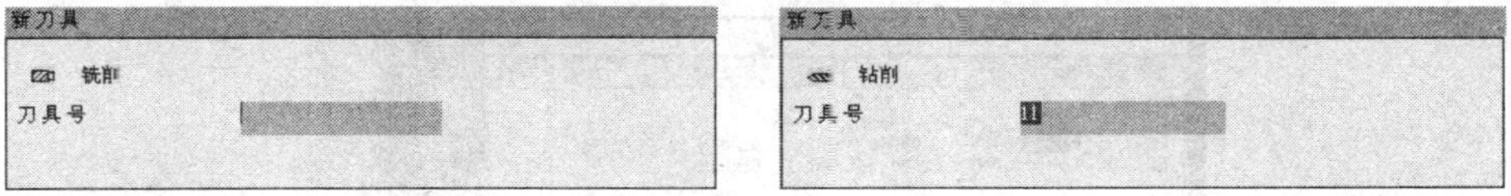

(a) 创建铣刀　　(b) 创建钻头

图 2-9　创建刀具

② 按菜单软键[刀具表]切换到刀具表界面，如图 2-7 所示。

③ 用光标键定位到要修改的数据，若刀具数据多于一页，可用“上一页”和“下一页”翻页键翻页。

④ 输入数值。

⑤ 按输入键(INPUT)确认，或移动光标，数据将自动保存。在自动运行程序时也可以更改刀具数据。

(3) 显示和编辑扩展数据

对于一些特殊刀具,在"刀具表"界面中无法输入数据时可以使用此功能。按菜单软键[扩展],进入扩展刀具数据界面,如图 2-10 所示 ,初始的刀具号为当前选中的刀具。

① 用菜单软键[D〉〉]和[〈〈D]选择下一个或上一个刀沿数据。

② 用菜单软键[新刀沿]可创建新的刀沿。

③ 用光标键移动到要修改的数据,输入数据后按输入键确认。

④ 按菜单软键[复位刀沿]可恢复修改前的刀沿的所有数据。

⑤ 按菜单软键[〈〈返回]可退回到上一界面。

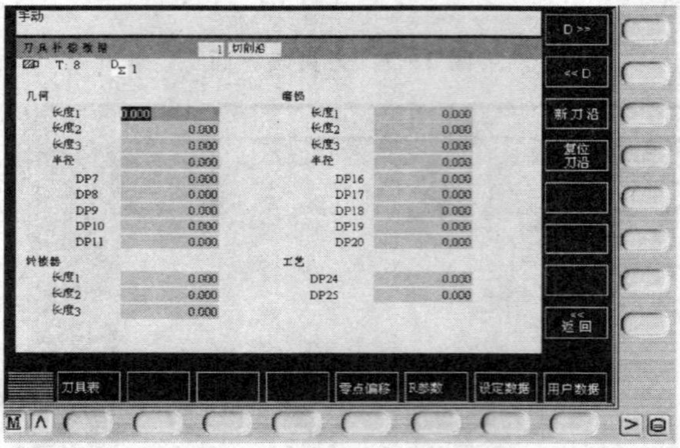

图 2-10 显示和编辑扩展数据

(4) 创建新刀沿

① 切换到刀具表界面,按菜单软键[切削沿]切换到如图 2-11 所示界面。

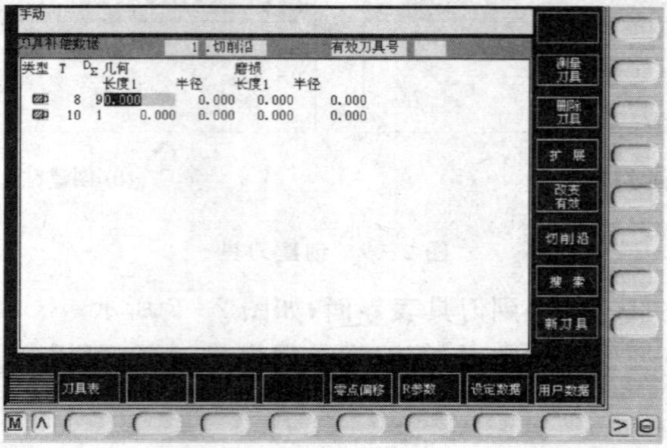

图 2-11 新建刀沿

② 按菜单软键[切削沿]为当前刀具创建一个新的刀沿数据，且当前刀沿号变为新的刀沿号(刀沿号不得超过 9 个)。

③ 按菜单软键[返回] ∧ ，返回到刀具表界面。

7. 零件程序的调试

(1) 模拟加工

① 选择好待加工的程序，进入加工操作区，操作方式选择自动方式。

② 按菜单软键[程序控制]，屏幕显示如图 2－12 所示，分别按菜单软键[程序测试]和菜单软键[空运行进给]。再按菜单软键[返回] ∧ 。

③ 按菜单软键[模拟]，屏幕显示如图 2－13 所示，各菜单软键含义见表 2－7。

表 2－7　模拟加工窗口菜单软键功能

软　键	功　能
自动缩放	自动缩放所记录的刀具轨迹
到原点	恢复到图形的基本设定
显示	显示整个工件
缩放＋	放大显示图形
缩放－	缩小显示图形
删除画面	擦除显示的图形
光标粗/细	调整光标的步距大小

④ 按运行开始键 ◇ ，模拟所选择程序的刀具轨迹。

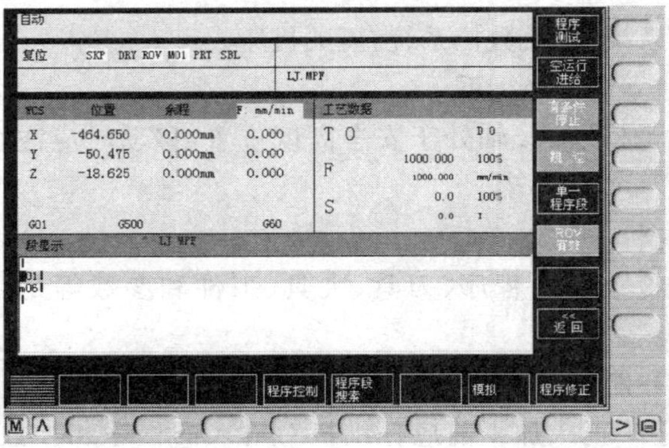

图 2－12　程序控制界面

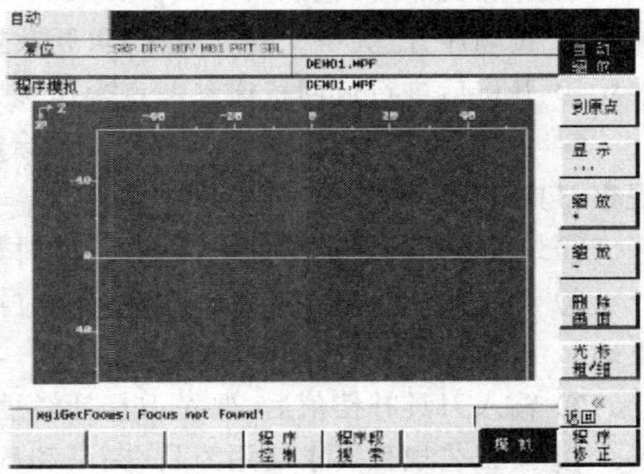

图 2－13　模拟初始状态

(2) 程序调试

在程序模拟过程中，若出现报警，此时不要按复位键，而应让程序继续运行直到停止，按下菜单软键[程序修正](图 2－13)，操作界面直接跳至程序编辑界面，光标停留在出错的程序行前，此时即可对程序进行修改。修改完后再按运行开始键，程序继续运行。重复此过程，直至程序运行结束。

8. 加工前的注意事项

① 检查机床是否回零，若未回零，先将机床回零。

② 检查是否为当前加工的程序，并检验程序的正确性。

③ 检查刀具表中各数据，刀具补偿数据输入得是否正确。

④ 检查零点偏置表中各数据是否正确，尤其要注意基本偏置中数据是否正确。

⑤ 检查程序控制界面中的菜单软键[程序测试]及菜单软键[空运行进给]是否被按下，若按下应松开。

⑥ 选择合理的主轴倍率及进给倍率。

⑦ 将刀具抬高至离工件上表面 30 mm 以上，在 x，y 轴方向移开至夹具外。

2.1.3 数控铣床的安全操作规程

数控铣床安全操作规程如下：

① 操作人员应熟悉所用数控铣床的组成、结构以及规定的使用环境，并严格按照机床操作手册的要求正确操作，尽量避免因操作不当而引起的故障。

② 操作机床时，应按要求正确着装。

③ 按顺序开、关机。先开机床，再开数控系统；先关数控系统，再关机床。

④ 开机后进行返回机床参考点操作，以建立机床坐标系。

⑤ 手动操作沿 x，y 轴方向移动工作台时，必须使 z 轴处于安全高度位置，移动时应注意观察刀具移动是否正常。

⑥ 正确对刀，确定工件坐标系，并核对数据。

⑦ 程序调试好后，在正式切削加工前再检查一次程序、刀具、夹具、工件和参数等是否正确。

⑧ 输入刀具补偿值后，要对刀具补偿号、补偿值、正负号和小数点进行认真核对。

⑨ 按工艺规程要求使用刀具、夹具和程序。正式加工前应仔细核对输入的程序和参数，并进行程序试运行，以防止加工中刀具与工件碰撞，损坏机床和刀具。

⑩ 装夹工件时，要检查夹具是否妨碍刀具运动。

⑪ 试切进给时，进给倍率开关必须打到低挡。在刀具运行至离工件表面 30～50 mm 处，必须在进给保持下验证 z 轴剩余坐标值和 x，y 轴坐标值与加工程序数据是否一致。

⑫ 刃磨刀具和更换刀具后要重新测量刀具长度，并修改刀具补偿值和刀具补偿号。

⑬ 程序修改后，对修改部分要仔细计算和认真核对。

⑭ 进行手动连续进给操作时，必须检查各种开关所选择的位置是否正确，并确定正负方向，然后再进行操作。

⑮ 开机后让机床空运转 15 min 以上，以使机床达到热平衡状态。

⑯ 加工完毕后，将 x，y，z 轴移动到行程的中间位置，并将主轴速度和进给速度倍率开关都拨至低挡位，防止因误操作而使机床产生错误的动作。

⑰ 机床运行中一旦发现异常情况，应立即按下红色“急停”按钮，终止机床的所有运动和操作。待故障排除后，方可重新操作机床及执行程序。

⑱ 卸刀时应先用手握住刀柄，再按换刀开关；装刀时应在确认刀柄完全到位后再松手。换刀过程中禁止运转主轴。

⑲ 注意润滑情况及气动系统压力。

⑳ 出现机床报警时，应根据报警号查明原因，及时排除。

㉑ 发生故障时按“急停”按钮，迅速停止机床运行。

2.1.4　数控铣床的维护

(1) 保持良好的润滑状态

定期检查、清洗自动润滑系统，添加或更换油脂、油液，使丝杠、导轨等各运动部件始终保持良好的润滑状态，以降低机械磨损速度。

(2) 精度的检查调整

定期进行机床水平和机床精度的检查，必要时进行调整。

(3) 清洁防锈、防潮防尘

油水过滤器和空气过滤器等若太脏，就会发生压力不够、散热不好等现象，从而造成故障，因此必须定期进行清理。下班前，应清扫铁屑，擦净导轨部位的冷却液，以防止导轨生锈。

(4) 定期开机

数控铣床工作不饱满或较长时间不用时，应定期开机让机床运行一段时间。

2.2 数控铣床加工的基本知识

2.2.1 数控铣床编程知识

数控加工程序是由各种功能字按规定的格式组成。目前数控铣床种类较多，系统类型也各不相同，但编程指令基本相同，只是个别指令有所差异，关键是对编程指令的理解。本节对 SINUMERIK 802D 系统的编程指令进行介绍。

1. 数控铣床的坐标系

(1) 坐标系方向的确定

数控铣床的坐标系采用右手笛卡儿坐标系，如图 2-14 所示。

(2) 机床坐标系(MCS)

机床中坐标系的建立与机床的类型有关，对于立式铣床坐标系的确定如图 2-15 所示。坐标系的原点定在机床零点，它也是所有坐标轴的基准位置，该点仅作为参考点，由机床生产厂家确定。机床开机后必须回机床原点，机床坐标轴可以在坐标系负值区域内运行。

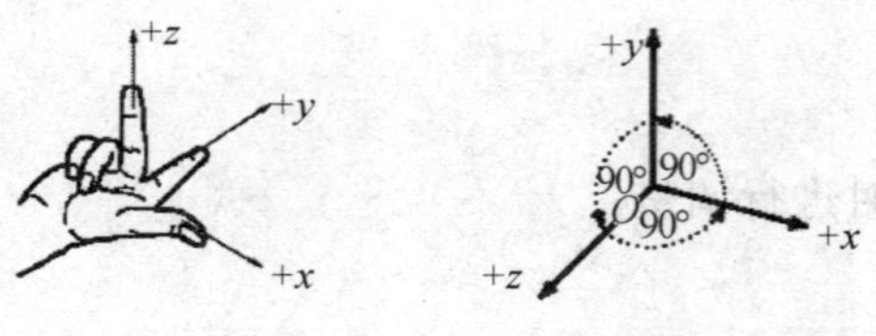

图 2-14 笛卡儿坐标系中坐标方向的规定

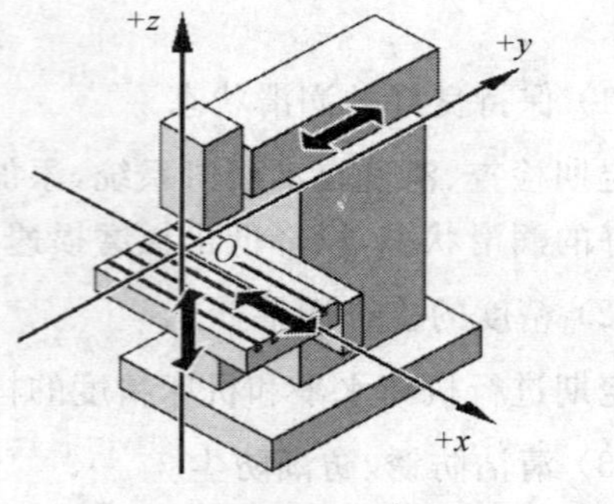

图 2-15 铣床坐标系/坐标轴的确定

(3) 工件坐标系(WCS)

工件零点由编程人员确定，工件坐标系的确定始终以工件静止而刀具运动来定义，编程员无须了解机床上的实际结构，也就是说不用了解到底是工件运动还是刀具运动，如图 2-16 所示。

(4) 工件坐标系与机床坐标系的关系

加工工件时，工件必须校正、夹紧在机床上。为了保证工件坐标系的坐标轴平行于机床坐标轴，由此在坐标轴上产生机床零点与工件零点的坐标偏移量，该值作为可设定的零点偏移量输入到零点偏置数据区。当 NC 程序运行时，此值即可用一条编程指令 G54～G59 进行零点设置，如图 2－17 所示。

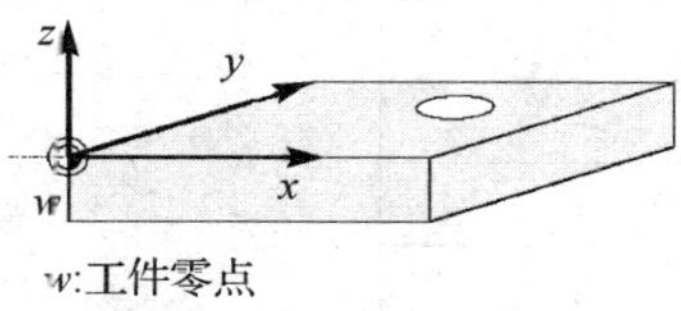

图 2－16　工件坐标系

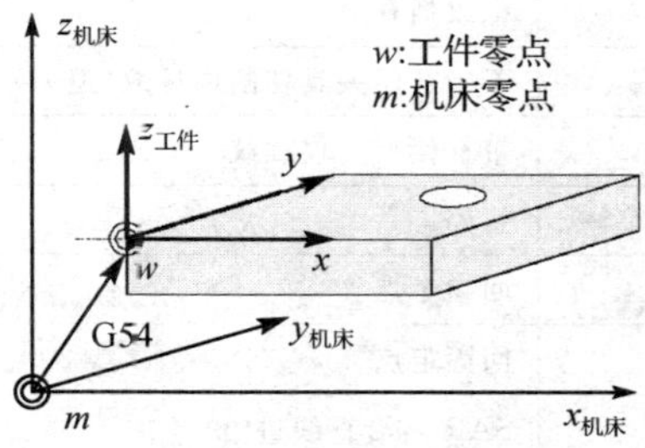

图 2－17　工件在机床上的位置

(5) 工件坐标系原点的选择

选择工件零点的位置时应注意以下几点：

① 工件零点应选择在零件图的尺寸基准上，这样便于坐标值的计算并减少错误。

② 工件零点尽量选择在精度较高的加工表面，以提高被加工零件的加工精度。

③ 对于对称零件，工件零点应设置在对称中心平面上。

④ 对于一般工件的零点，通常应设置在零件外轮廓的某一角上。

⑤ z 轴方向上的工件零点，一般设置在零件表面。

2. 数控铣床常用指令

(1) 准备功能指令

准备功能指令的主要作用是控制机床的主要动作，如进给、移动、刀具补偿等。德国西门子(SIEMENS)公司的 SINUMERIK 802D 系统的常用准备功能指令见表 2－8。

表 2－8　常用准备功能指令

准备功能代码	功　能	说　明
G0	快速点定位	1：运动指令，插补方式，模态有效
G1	直线插补	
G2	顺时针圆弧插补	
G3	逆时针圆弧插补	
CIP	中间点圆弧插补	
CT	带切线过渡的圆弧插补	

续表 2－8

准备功能代码	功　能	说　明
G33	恒螺距的螺纹切削	1:运动指令,插补方式,模态有效
G331	螺纹插补	
G332	不带补偿夹具切削内螺纹(退刀)	
G63	带补偿夹具攻螺纹	
G4	暂停	2:特殊运行,程序段方式有效
G74	回参考点	
G75	回固定点	
G147	SAR*:沿直线进给	
G148	SAR:沿直线返回	
G247	SAR:沿 1/4 圆弧进给	
G248	SAR:沿 1/4 圆弧返回	
G347	SAR:沿半圆进给	
G348	SAR:沿半圆返回	
TRANS	可编程偏置	3:写存储器,程序段方式有效
ROT	可编程旋转	
SCALE	可编程比例系数	
MIRROR	可编程镜像	
ATRANS	附加的可编程偏置	
AROT	附加的可编程旋转	
ASCALE	附加的可编程比例系数	
AMIRROR	附加的可编程镜像	
G25	主轴转速下限或工作区域下限	
G26	主轴转速上限或工作区域上限	
G110	极坐标尺寸,相对于前程序段编程的设定位置	
G111	极坐标尺寸,相对于当前工件坐标系的零点	
G112	极坐标尺寸,相对于前程序段有效的极点	
G17	xy 平面选择	6:平面选择,模态有效
G18	zx 平面选择	
G19	yz 平面选择	

续表 2-8

<table>
<tr><th>准备功能代码</th><th>功 能</th><th>说 明</th></tr>
<tr><td>G40</td><td>取消径向刀具补偿</td><td rowspan="3">7:刀具半径补偿,模态有效</td></tr>
<tr><td>G41</td><td>刀具左偏径向补偿</td></tr>
<tr><td>G42</td><td>刀具右偏径向补偿</td></tr>
<tr><td>G500</td><td>取消可设定零点偏置</td><td rowspan="7">8:设置工件坐标系,可设定零点偏置,模态有效</td></tr>
<tr><td>G54</td><td>第一可设定零点偏置</td></tr>
<tr><td>G55</td><td>第二可设定零点偏置</td></tr>
<tr><td>G56</td><td>第三可设定零点偏置</td></tr>
<tr><td>G57</td><td>第四可设定零点偏置</td></tr>
<tr><td>G58</td><td>第五可设定零点偏置</td></tr>
<tr><td>G59</td><td>第六可设定零点偏置</td></tr>
<tr><td>G53</td><td>按程序段方式取消可设定零点偏置(机床坐标系)</td><td rowspan="2">9:取消可设定零点偏置,程序段方式有效</td></tr>
<tr><td>G153</td><td>按程序段方式取消可设定零点偏置,包括基本偏置</td></tr>
<tr><td>G60</td><td>准确定位</td><td rowspan="2">10:定位性能,模态有效</td></tr>
<tr><td>G64</td><td>连续路径方式</td></tr>
<tr><td>G9</td><td>准确定位,单程序段方式有效</td><td>11:程序段方式准停,程序段方式有效</td></tr>
<tr><td>G601</td><td>在 G60 和 G9 方式下精准确定位</td><td rowspan="2">12:准停窗口,模态有效</td></tr>
<tr><td>G602</td><td>在 G60 和 G9 方式下粗准确定位</td></tr>
<tr><td>G70</td><td>英制尺寸</td><td rowspan="4">13:英制/公制尺寸,模态有效</td></tr>
<tr><td>G71</td><td>公制尺寸</td></tr>
<tr><td>G700</td><td>英制尺寸,也可用于进给速度 f</td></tr>
<tr><td>G710</td><td>公制尺寸,也可用于进给速度 f</td></tr>
<tr><td>G90</td><td>绝对坐标</td><td rowspan="2">14:绝对/增量坐标,模态有效</td></tr>
<tr><td>G91</td><td>相对(增量)坐标</td></tr>
<tr><td>G94</td><td>进给速度设置(mm/min)</td><td rowspan="2">15:进给单位,模态有效</td></tr>
<tr><td>G95</td><td>进给速度设置(mm/r)</td></tr>
<tr><td>CFC</td><td>圆弧加工时打开进给率修调</td><td rowspan="2">16:进给率修调,模态有效</td></tr>
<tr><td>CFTCP</td><td>圆弧加工时关闭进给率修调</td></tr>
<tr><td>G450</td><td>圆弧过渡</td><td rowspan="2">18:刀具半径补偿时拐角特性,模态有效</td></tr>
<tr><td>G451</td><td>等距线的交点,刀具在工件转角处不切削</td></tr>
</table>

续表 2-8

准备功能代码	功　能	说　明
G290	西门子方式	47:其他 NC 语言,模态有效
G291	其他方式	

*:SAR 指平滑进给和返回。

(2) 辅助功能指令

辅助功能指令的主要功能指控制机床的辅助功能,如主轴旋转、停止、冷却液开关等。德国西门子的 SINUMERIK 802D 系统的常用辅助功能指令见表 2-9。

表 2-9　常用辅助功能指令

辅助功能代码	功　能	指令执行类别
M0	程序停止	后指令代码
M1	程序选择停止	后指令代码
M2	程序结束	后指令代码
M3	主轴正转	前指令代码
M4	主轴反转	前指令代码
M5	主轴停止	后指令代码
M6	更换刀具	后指令代码
M8	冷却液开	前指令代码
M9	冷却液关	后指令代码

注:① 前指令代码指在程序段的动作执行前,先执行该指令动作。
② 后指令代码指在程序段的动作执行完成后,再执行该指令动作。

(3) 其他功能指令

除了准备功能指令和辅助功能指令外,还有 F,S 和 T 功能指令及函数计算、加工循环、程序跳转、倒角等功能指令,SINUMERIK 802D 系统的其他常用功能指令见表 2-10。

3. 坐标系的设置与变换功能

(1) 设置工件坐标系

工件坐标系是根据工件的加工要求,为编制程序需要而设定在工件上的坐标系。其原点在工件上或在夹具的某一点上,由编程人员设定,其位置随工件和夹具在机床工作台上的安装位置而定,所以又叫浮动原点或编程原点,一般在程序开头设置。G54～G59 是工件坐标系设置指令,如图 2-18 所示。例如:

```
N10 G54 G90 G0 X __ Y __
```

表 2-10　其他功能指令

指令代码	功　能	指令代码	功　能
IF	有条件程序跳转	GOTOF	向前跳转
COS()	余弦	MCALL	模态子程序调用
SIN()	正弦	CYCLE81	钻孔、钻中心孔
TAN()	正切	CYCLE82	钻孔、钻中心孔(孔底停留)
SQRT()	平方根	CYCLE83	深孔钻削固定循环
POT()	平方值	CYCLE84	刚性攻螺纹固定循环
ABS()	绝对值	CYCLE85	铰孔 1(镗孔 1)
TRUNC()	取整数	CYCLE86	镗孔(镗孔 2)
RET	子程序结束	CYCLE87	铰孔 2(镗孔 3)
D	刀具补偿号	CYCLE88	钻孔时停留 1(镗孔 4)
F	进给速度	CYCLE89	钻孔时停留 2(镗孔 5)
S	主轴转速	HOLES1	钻削直线排列的孔
T	刀具号	HOLES2	钻削圆弧排列的孔
AC	绝对坐标	CYCLE90	螺纹铣削
ANG	在轮廓中定义直线的角度	CYCLE71	端面铣削
AP	极坐标	CYCLE72	轮廓铣削
AR	圆弧插补张角	SLOT1	铣削圆周径向槽
CHF	倒角(一般使用)	SLOT2	铣削圆弧槽
CHR	倒角(轮廓连线)	POCKET3	铣削矩形槽
RND	倒圆	POCKET4	铣削圆形槽
CR	圆弧插补半径	LONGHOLE	铣削加长孔
GOTOB	向后跳转		

(2) 坐标系移动

TRANS 和 ATRANS 指令是坐标系原点平移指令，如图 2-19 所示。例如：

```
N10 TRANS X100 Y100
```

该程序段是把坐标系原点平移到(100,100)的位置。用 ATRANS 指令具有同样功能，但其是相对于当前坐标系原点的移动。若 TRANS 后不带数值，则取消坐标系平移。

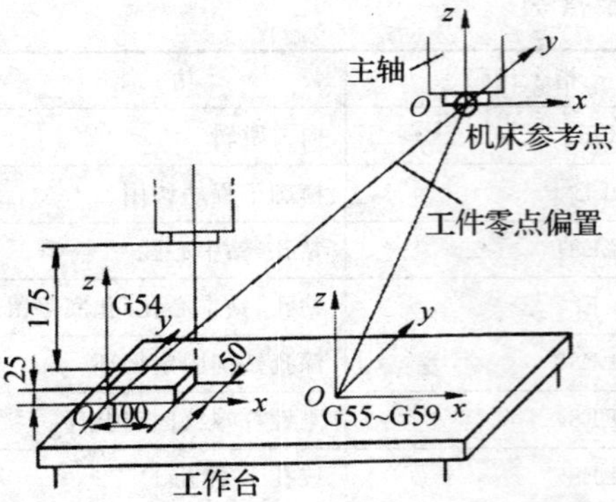

图 2-18 工件坐标系设置

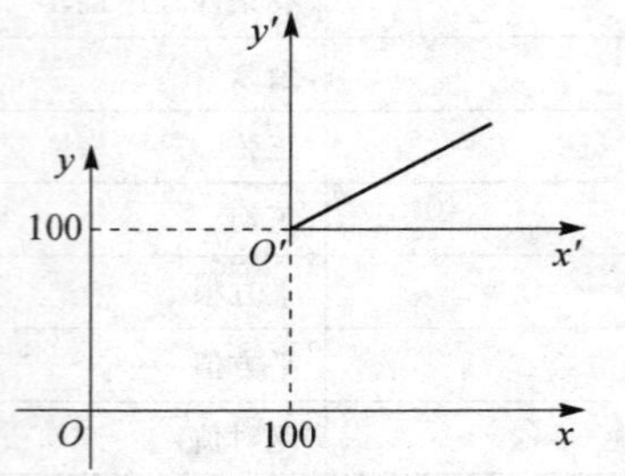

图 2-19 TRANS 移动工件坐标系

(3) 坐标系旋转

ROT 和 AROT 指令是坐标系旋转指令。ROT RPL=××表示在当前的平面执行旋转，值为 RPL=××，单位为度，如图 2-20 所示。

AROT 指令具有同样功能，但其是相对于当前坐标系原点旋转。例如：

```
N10 TRANS X100 Y100
N20 AROT RPL = 30
```

该程序段是把坐标系原点平移到(100,100)的位置，再逆时针旋转 30°，如图 2-21 所示。

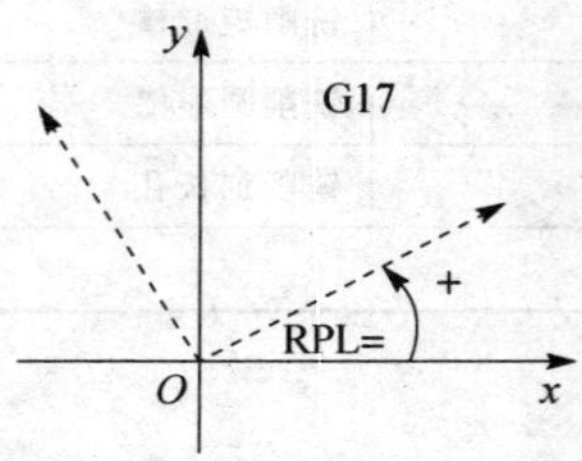

图 2-20 ROT 旋转工件坐标系

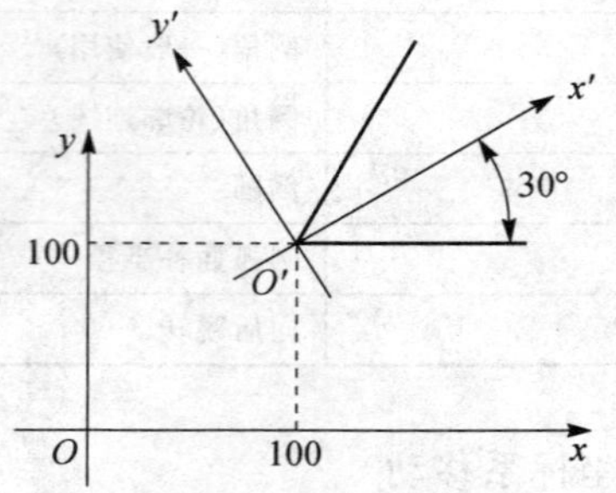

图 2-21 AROT 旋转工件坐标系

(4) 绝对尺寸指令和增量尺寸指令

在绝对尺寸方式(G90)下，程序段中的尺寸为绝对坐标值。

在增量尺寸方式(G91)下，程序段中的尺寸为增量坐标值，即相对于前一工作点的增量值。

4. 刀具运动指令

(1) 快速点定位指令 G0

G0 指令虽不是插补指令，其速度是快速进给速度，但它与 G1～G3 指令是同一组模态指令，可以互相取消。最快进给速度为系统默认，由系统参数调整。

(2) 直线插补指令 G1

G1 指令是直线进给指令，进给速度按工作进给的速度，刀具运动轨迹为两点间的直线。

(3) 圆弧插补指令 G2 和 G3

G2 和 G3 是顺、逆时针圆弧插补指令。其程序格式为：

```
N5 G2(G3) X __ Y __ CR = __ F100
```

其中，x 和 y 为终点坐标，CR 为半径，如图 2-22 所示。当圆弧圆心角小于等于 180°（劣弧）时，CR 为正值。当圆弧圆心角大于等于 180°（优弧）时，CR 为负值。但用 CR 不能铣整圆，否则刀具不动。

如图 2-23 所示，用 I，J，(K)确定圆心位置。I，J，(K)为圆弧起点到圆心的相对（增量）坐标，I，J，(K)可用于劣弧、优弧和整圆的加工。其程序格式为：

```
N5 G2(G3) X __ Y __ I __ J __ F100
```

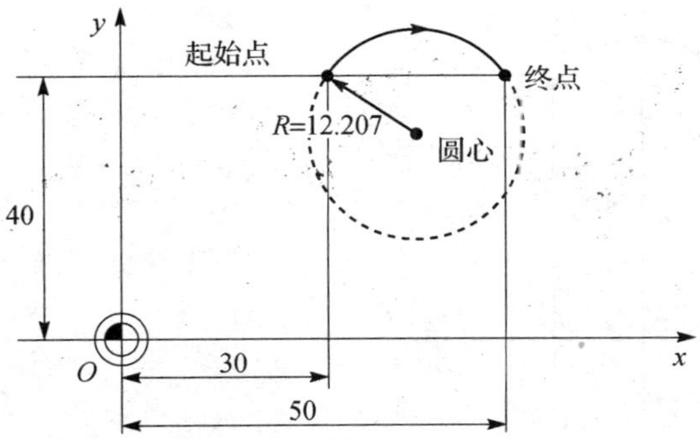

图 2-22　终点和半径的定义

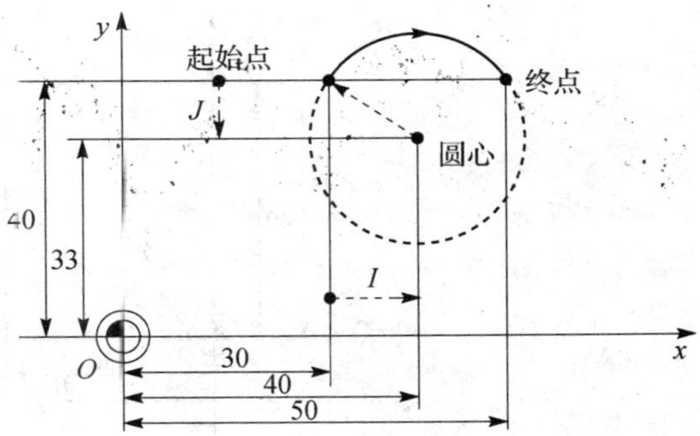

图 2-23　圆心和终点坐标定义

如图 2-24 所示，用终点和张角定义圆弧。x，y 表示终点坐标，AR 表示圆心张角。其程序格式为：

```
N10 G2 X50 Y40 AR = 105 F100
```

如图 2-25 所示，用圆心和张角定义圆弧。I，J 为圆弧起点到圆心的相对（增量）坐标，AR 表示圆心张角。其程序格式为：

```
N10 G2 I10 J-7 AR=105 F100
```

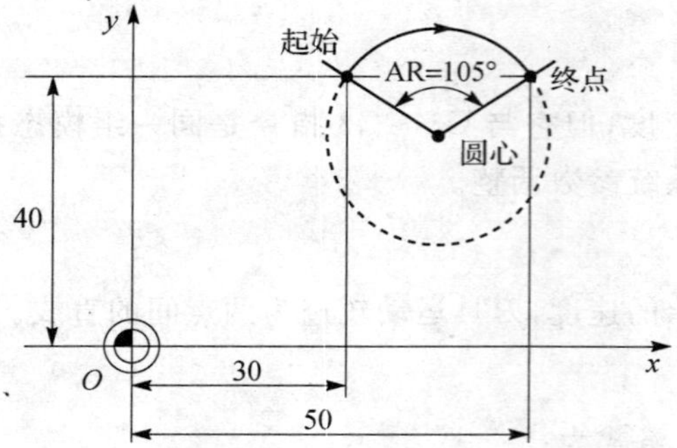

图 2-24 终点和张角定义圆弧

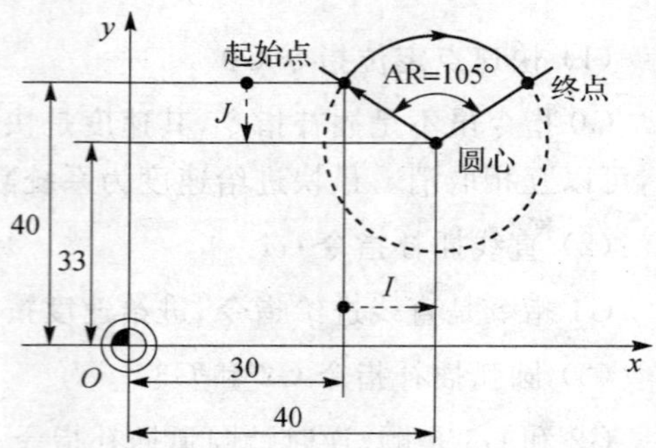

图 2-25 圆心和张角定义圆弧

(4) 中间点圆弧插补指令 CIP

如果已经知道圆弧轮廓上 3 个点，则使用指令 CIP 进行圆弧插补，如图 2-26 所示。圆弧方向由中间点的位置确定，中间点坐标 I1 用于 x 轴，J1 用于 y 轴，K1 用于 z 轴。其程序格式为：

```
N5  G90  X30  Y40
N10  CIP X50  Y40  I1=40  J1=45
```

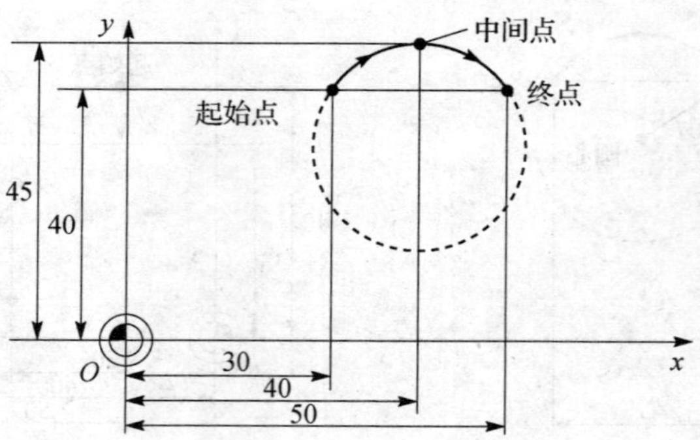

图 2-26 用 CIP 进行圆弧插补

5. 轮廓定义编程

在一个轮廓拐角处可以进行倒角或倒圆，指令 CHF=__或者 RND=__与加工拐角的运动轴指令一起写入程序段中。在下列情况下，不可以进行倒角或倒圆：

① 在连续编程超过 3 段的程序段中没有运行指令。

② 需要更换平面。

(1) 倒角指令 CHF

在直线轮廓之间、圆弧轮廓之间以及直线轮廓与圆弧轮廓之间需要倒去棱角，这时可选用 CHF=__指令。如图 2-27 所示。其程序格式为：

```
N10 G1 X __ CHF = 5                    ;倒角 5 mm
N20 X __ Y __
```

(2) 倒圆指令 RND

在直线轮廓之间、圆弧轮廓之间以及直线轮廓与圆弧轮廓之间需要倒一圆弧，圆弧与轮廓进行切线过渡，这时可选用 RND=__指令，如图 2-28 所示。其程序格式为：

```
N10 G1 X __ RND = 8                    ;倒圆，半径为 8 mm
N20 X __ Y __
N50 G1 X __ RND = 7.3                  ;倒圆，半径为 7.3 mm
N60 G3 X __ Y __ CR = __
```

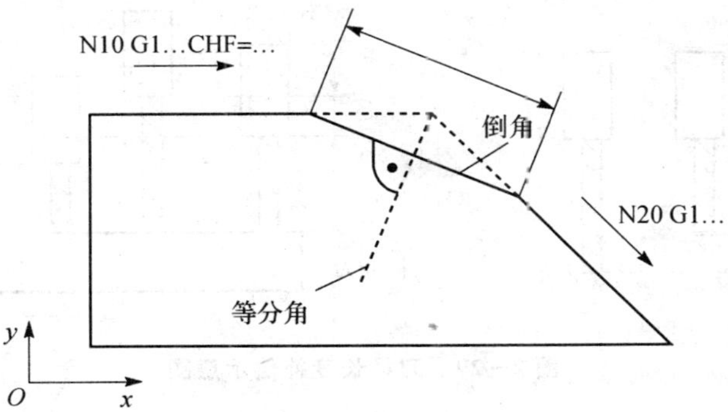

图 2-27　倒角指令

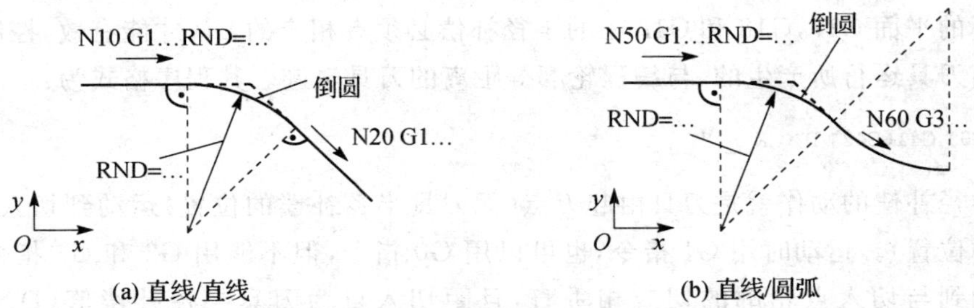

图 2-28　倒圆指令

6. 刀具补偿

(1) 刀具长度补偿

用D及其相应序号可以实现一个刀具长度补偿的功能，如D×为建立刀具长度补偿，D0为取消刀具长度补偿。其程序格式为：

```
N5 G90 G0 G17 D1 Z10
…
N60 D0 Z10
```

其中，D×是长度补偿指令，其作用是当机床进行 z 向动作时，机床的实际 z 值为程序上的 z 值加上刀具补偿号中输入的刀具补偿值，即 $z=z\times+(D\times)$，如图 2-29 所示。刀具补偿号中的刀具补偿值，由操作人员在控制面板上输入。例如：

```
N10 Z100 D1
```

此程序表示，若 D1＝－50，则实际上 $z=100+(-50)=50$。

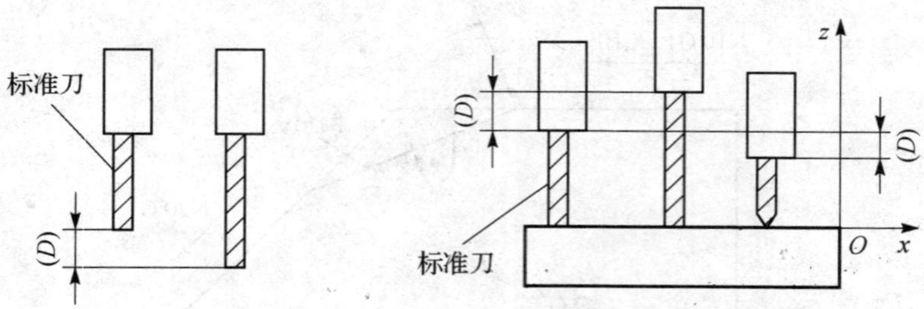

图 2-29 刀具长度补偿示意图

(2) 刀具半径补偿

G41为刀具左偏的半径补偿，G42为刀具右偏的半径补偿，G40为取消刀具半径补偿。刀具在所选择的平面G17，G18和G19中的半径补偿必须有相应的D×才能有效，控制器会自动计算出当前刀具运行所产生的、与编程轮廓等距离的刀具轨迹。其程序格式为：

```
N5 G1(G0) G41(G42) D× X__ Y__
```

刀具半径补偿的动作就是刀具由起刀点(无刀具半径补偿的位置)运动到切入点(有刀具半径补偿的位置)。运动时用G1指令，也可以用G0指令，但不能用G2和G3指令。刀具从起刀点运动到与切入点轮廓的切线相垂直，且距切入点为刀具半径补偿值(D×)的位置，如图 2-30 所示。

用G40取消刀具半径补偿(此状态也是编程开始时所处的状态)。其程序格式为：

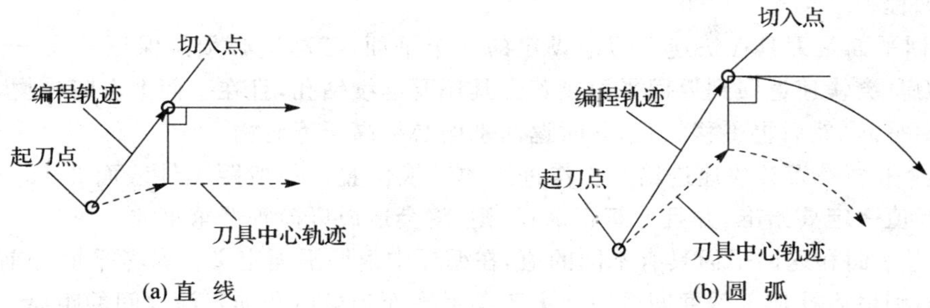

图 2-30　建立刀具半径补偿

```
N40 G1(G0) G40 X __   Y __
```

取消刀具半径补偿的动作就是刀具由切出点（有刀具半径补偿的位置）运动到退刀点（无刀具半径补偿的位置）。同样运动时用 G1 指令，也可以用 G0 指令，但不能用 G2 和 G3 指令。刀具从与切出点轮廓的切线相垂直，且距切出点为刀具半径补偿值（D×）的位置运动到退刀点，如图 2-31 所示。

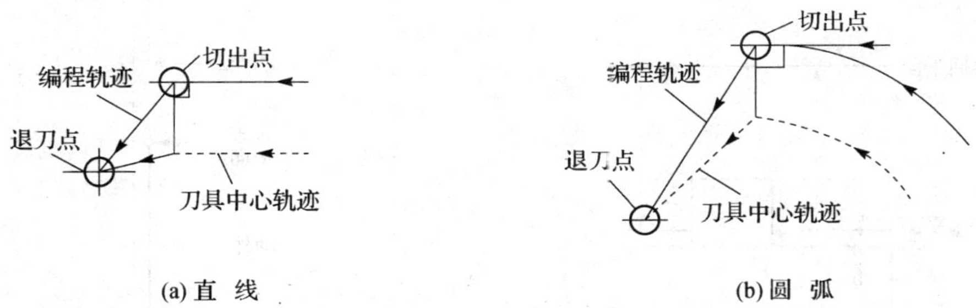

图 2-31　取消刀具半径补偿

7. 固定循环功能

固定循环指用于特定加工如钻孔、铣槽切削或螺纹切削等过程的工艺子程序。当固定循环用于各种具体加工过程时，只要改变参数即可。编辑程序时在面板上调用相应的固定循环指令，然后根据图形显示修改参数即可。按确认键，需要的参数即传入程序中。

（1）孔加工循环

孔加工循环指令参数分为几何参数和加工参数，用于所有孔加工循环、孔加工样式循环、铣削循环的几何参数都是一样的，它们定义参考平面和返回平面以及安全间隙和绝对或相对的最后孔加工深度。孔加工循环的动作有返回平面、安全平面、参考平面和 z 平面这几个位置，如图 2-32 所示。加工参数在各个循环中具有不同的含义和作用，因此它们在每个循环中必须单独编程。

① 返回平面是刀具在快速下刀前设定的一个平面，其高度必须是保证刀具安全的高度，钻完孔后刀具会快速返回到返回平面。若刀具还要继续钻孔，且在平面上有障碍物，则必须先返回到返回平面，然后再平移钻孔，此时返回平面必须高于障碍物。

② 安全平面是刀具快速进给与工作进给的转换位置。一般距工件表面 2～5 mm。安全平面的坐标值一定要给准，并且计算正确；否则，将会造成碰撞等严重事故。

③ 参考平面和返回平面具有不同的值，在循环中返回平面定义在参考平面之前。这说明从返回平面到最后孔加工深度间的距离大于参考平面到最后孔加工深度间的距离。安全间隙（安全平面到参考平面之间的距离）作用于参考平面，参考平面由安全间隙产生。

④ Z 平面为孔底位置，在加工盲孔时为孔的深度；在加工通孔时为孔深加上附加长度，如钻尖的长度，螺纹刀具长度的 1/3，镗孔时为 2～3 mm 等，以保证整个孔都加工到径向尺寸。

孔加工循环动作如图 2－33 所示，孔加工循环一般有如下几个动作：

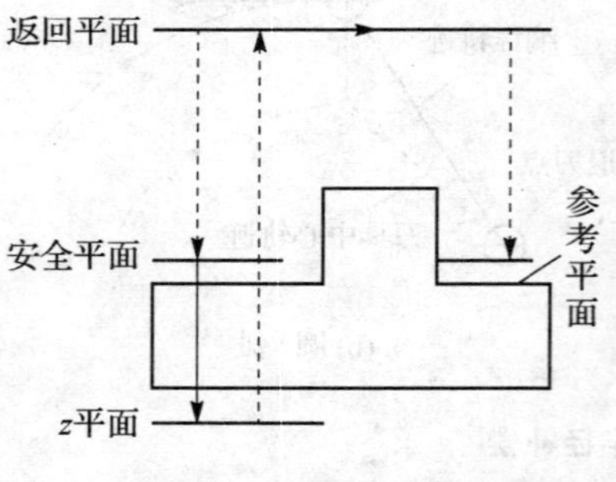

图 2－32　孔加工循环动作的位置

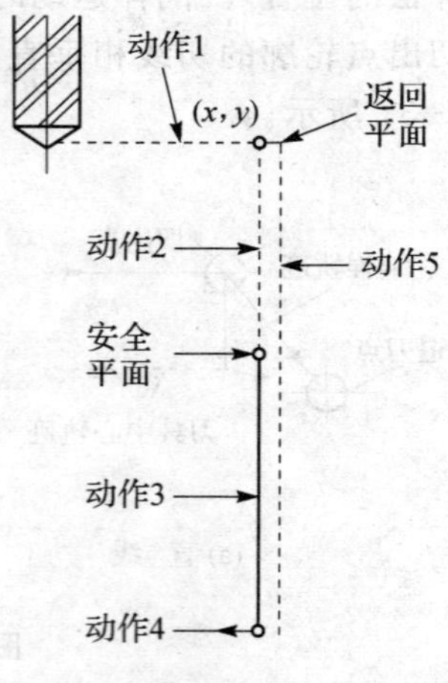

图 2－33　孔加工固定循环动作

① 动作 1　x, y, z 轴快速移动定位，使刀具中心移到孔中心上方返回平面位置。

② 动作 2　快速进给至安全平面，刀具从返回平面位置快速进给到安全平面位置后转换为工作进给。

③ 动作 3　刀具以工作进给速度进给到 z 平面，深孔加工时可多次抬刀。

④ 动作 4　孔底动作，锪孔、镗孔时用。包括暂停、主轴准停和刀具移动等动作。

⑤ 动作 5　快速返回到返回平面。

（2）钻孔、钻中心孔指令 CYCLE81

CYCLE81 指令的编程格式为 CYCLE81(RTP，RFP，SDIS，DP，DPR)，如图 2－34 所示。各参数含义如下：

- RTP　返回平面(绝对值);
- RFP　参考平面(绝对值);
- SDIS　安全间隙(无符号输入);
- DP　最终钻孔深度(绝对值);
- DPR　相对参考平面的最终钻孔深度(无符号输入)。如果同时输入 DP 和 DPR,则钻孔深度由 DPR 决定;但如果参考平面与返回平面的值相同,则不能用 DPR 来定义深度。

例如,以加工图 2-35 的 3 个 $\phi8$ 的孔为例,其加工程序如下:

```
N10 G0 G17 G90 F120 S600 M3
N20 T1 D1 Z110
N30 X40 Y120
N40 CYCLE81(110,100,2,35)
N50 Y30
N60 CYCLE81(110,102,2,35)
N70 G0 G90 F180 S300 M03
N80 X90
N90 CYCLE81(110,100,2,,65)
N100 M2
```

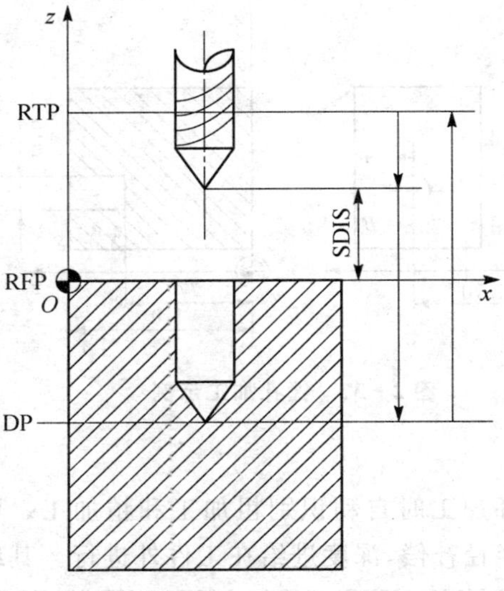

图 2-34　钻孔固定循环动作

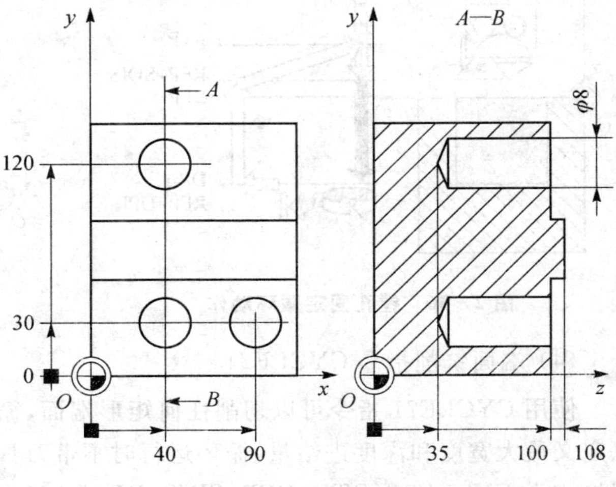

图 2-35　钻孔加工示例

(3) 镗孔指令 CYCLE86

CYCLE86 指令的编程格式为 CYCLE86(RTP,RFP,SDIS,DP,DPR,DTB,SDIR,RPA,

RPO,RPAP,POSS),如图 2-36 所示。各参数含义如下:

- RTP,RFP,SDIS,DP,DPR　同 CYCLE81 指令;
- DTB　到达最终钻孔深度处的停顿时间(断屑);
- SDIR　旋转方向,等于 3 时用于 M3 指令,等于 4 时用于 M4 指令;
- RPA　平面中第一轴上的返回路径(增量,带符号输入);
- RPO　平面中第二轴上的返回路径(增量,带符号输入);
- RPAP　镗孔轴上的返回路径(增量,带符号输入);
- POSS　循环中定位主轴停止的位置(以度为单位)。

例如,以加工图 2-37 的 $\phi16$ 的孔为例,其加工程序如下:

```
N10 G0 G17 G90 F200 S1600 M3
N20 T1 D1 Z112
N30 X70 Y50
N40 CYCLE86 (112,110,,77,0,2,3,-1,-1,1,45)
N50 M2
```

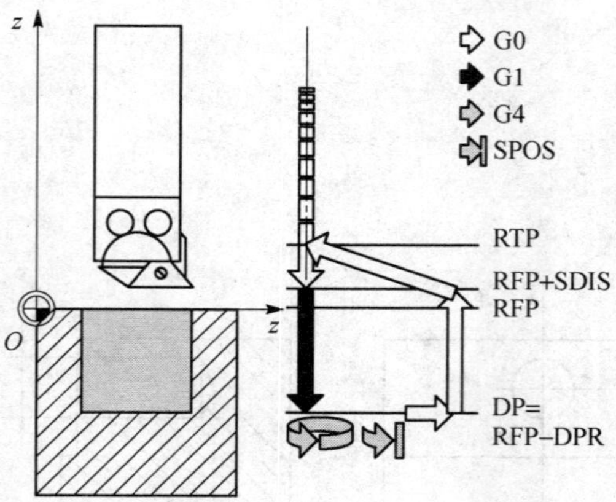

图 2-36　镗孔固定循环动作

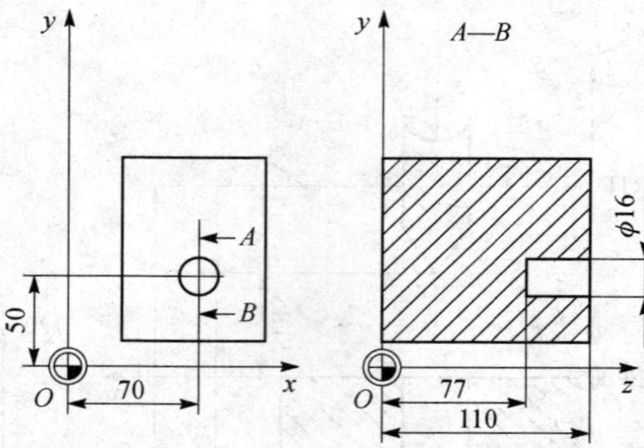

图 2-37　镗孔加工示例

(4) 端面铣削指令 CYCLE71

使用 CYCLE71 指令可以切削任何矩形端面,循环加工时自动识别粗加工和精加工。可以定义最大宽度和深度进给量,循环运行时不带刀具半径补偿,深度进给在工件外进行。其编程格式为 CYCLE71(RTP,RFP,SDIS,DP,PA,PO,LENG,WID,STA,MID,MIDA,FDP,FALD,FFP1,VARI,FDP1)。各参数含义如下:

- RTP,RFP,SDIS,DP　同 CYCLE81 指令。
- PA　起始点坐标(绝对值),平面的第一轴。

- PO　起始点坐标(绝对值),平面的第二轴。
- LENG　第一轴上的矩形长度,增量,尺寸的起始角由符号产生。
- WID　第二轴上的矩形长度,增量,尺寸的起始角由符号产生。
- STA　纵向轴和平面第一轴间的角度(无符号输入),范围值为 0°≤STA<180°。
- MID　最大进给深度(无符号输入)。
- MIDA　平面中连续加工时作为数值的最大进给宽度(无符号输入)。
- FDP　精加工方向上的返回行程(增量,无符号输入)。
- FALD　深度的精加工大小(增量,无符号输入)。
- FFP1　端面加工进给率。
- VARI　加工类型(无符号输入)。包括:
  - ■ UNIT DIGIT 值　1 为粗加工,2 为精加工。
  - ■ TENS DIGIT 值　1 为在一个方向平行于平面的第一轴;2 为在一个方向平行于平面的第二轴;3 为平行于平面的第一轴;4 为平行于平面的第二轴,方向可交替。
- FDP1　在平面的进给方向上越程(增量,无符号输入)。

例如,以加工图 2-38 所示的平面为例,铣刀直径为 ϕ20,其加工程序如下:

```
N10 T2 D2
N20 G17 G0 G90 G54 G94 F200 X0 Y0 Z20
N30 CYCLE71 (10,0,2,-11,50,50,100,80,10,6,10.5,0,400,31,2)
N40 G0 G90 X0 Y0
N50 M2
```

(5) 铣削圆形槽指令 POCKET4

使用 POCKET4 指令可以加工平面中的圆形槽。精加工时,须使用带端面齿的铣刀。深度进给始终从槽中心点开始垂直执行,这样可以在此位置适当地进行预钻孔。其编程格式为 POCKET4(RTP,RFP,SDIS,DP,PRAD,PA,PO,MID,FAL,FALD,FFP1,FFD,CDIR,VARI,MIDA,AP1,AD,RAD1,DP1)。各参数含义如下:

- RTP,RFP,SDIS,DP　同 CYCLE81 指令。
- PRAD　槽半径。
- PA　槽中心点坐标(绝对值),平面的第一轴。
- PO　槽中心点坐标(绝对值),平面的第二轴。
- MID　最大进给深度(无符号输入)。
- FAL　槽边缘的精加工余量(无符号输入)。
- FALD　槽底的精加工余量(无符号输入)。
- FFP1　端面加工进给率。

- FFD 深度进给进给率。
- CDIR 铣削方向(无符号输入),值为:
  - ■ 0 顺铣(主轴方向);
  - ■ 1 逆铣;
  - ■ 2 用于 G2 指令(独立于主轴方向);
  - ■ 3 用于 G3 指令。
- VARI 加工类型。包括:
  - ■ UNITS DIGIT 值 1 为粗加工,2 为精加工。
  - ■ TENS DIGIT 值 0 为使用 G0 指令垂直于槽中心,1 为使用 G1 指令垂直于槽中心,2 为沿螺旋状。
- MIDA 在平面连续加工中作为数值的最大进给宽度。
- AP1 槽半径的空白尺寸。
- AD 距离参考平面的空白槽深尺寸。
- RAD1 插入时螺旋路径的半径(相当于刀具中心点路径)。
- DP1 沿螺旋路径插入时每转(360°)的插入深度。

例如,以加工图 2-39 所示的 $\phi50$ 圆形槽为例,铣刀直径为 $\phi20$,其加工程序如下:

```
N10 G17 G90 G0 S650 M3 T1 D1
N20 X50 Y50
N30 POCKET4(8,2,0,-20,25,50,60,6,0,0,200,100,1,21,0,,,4,3)
N40 M2
```

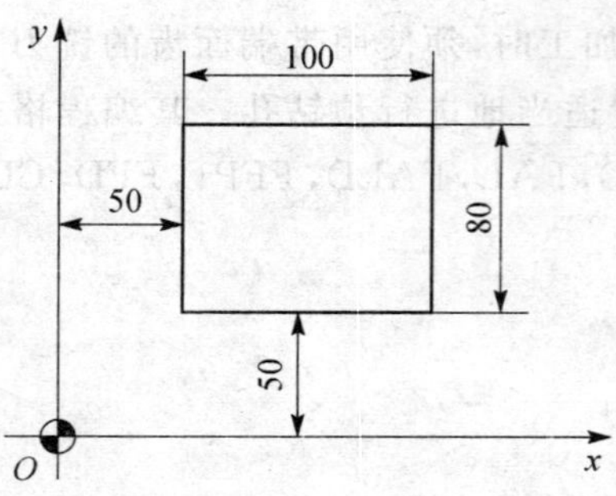

图 2-38 端面铣削加工示例

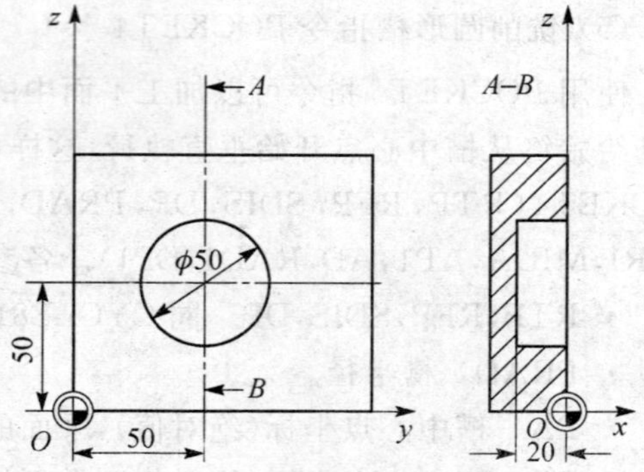

图 2-39 圆形槽铣削加工示例

8. 子程序的应用

在数控加工中,有许多需多次重复的动作或进给路线,若按一般方法编写程序,则要重复编写程序的内容，程序将非常烦琐。因此，若要简化程序，就要使用子程序，它可以多次调用。

（1）子程序调用格式

L×××× P××××，其中 L××××为子程序名，L 后的数字可以有 7 位整数。P××××为调用次数（可取范围 1～9999 次），若只调用一次，则 P××××可以省略。另外，子程序名与主程序名的命名方法一样，如 FRAME7。子程序返回主程序的指令为 M2 或 RET。

（2）子程序嵌套

子程序的嵌套就是子程序可以再调用子程序，SINUMERIK 802D 系统规定，最大嵌套深度为 7 级。

（3）模态调用子程序

在有 MCALL 指令的程序段中调用子程序，如果其后的程序段中含有轨迹运行，则子程序会被自动调用。该调用一直有效，直至遇到下一个 MCALL 程序段。用 MCALL 指令模态调用子程序的程序段，以及模态调用结束指令均需要一个独立的程序段。可以使用 MCALL 指令方便地加工各种排列形状的孔。例如排孔钻削的程序格式如下：

```
N10 MCALL CYCLE82(…)    ;钻削循环 82
N20 HOLES1(…)           ;排孔循环，在每次到达孔位置后，使用传送参数执行 CYCLE82(…)循环
N30 MCALL               ;结束 CYCLE82(…)的模态调用
```

9. 比例缩放与镜像加工

（1）比例缩放

SCALE 和 ASCALE 是比例缩放指令，用来设定所有坐标轴编程缩放的比例系数，按此比例系数可使给定轴的尺寸放大或缩小，而当前设定的坐标系则用做比例缩放的参照标准。

SCALE 和 ASCALE 指令要求编制成一个独立的程序段，当图形为圆时，两个轴的比例系数必须一致。如果在 SCALE 和 ASCALE 有效时编程 ATRANS，则偏移量也同样按比例缩放。如图 2－40 所示，其加工程序为：

```
N10 G17                 ;x/y 平面
N20 L10                 ;编程的轮廓(原尺寸)
N30 SCALE X2 Y2
N40 L10                 ;x 轴和 y 轴方向的轮廓放大 2 倍
N50 ATRANS X2.5 X18     ;偏移值也按比例放大
N60 L10                 ;轮廓放大和偏移
```

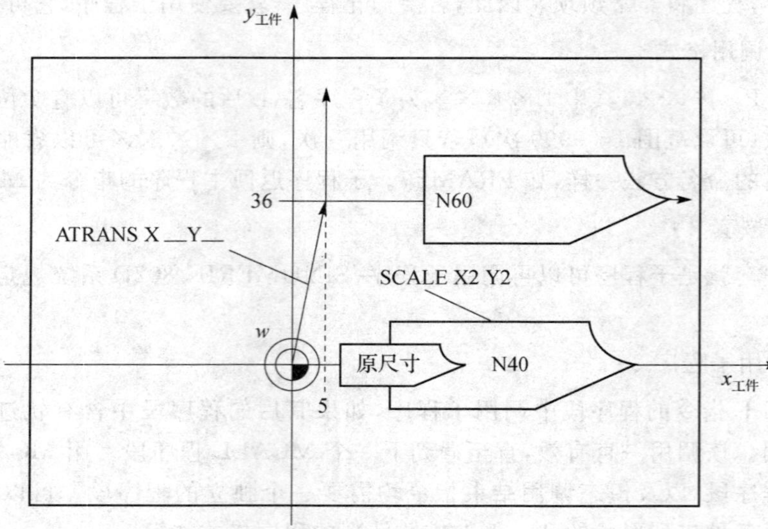

图 2－40 比例缩放指令

（2）镜像加工

MIRROR 和 AMIRROR 是镜像加工指令，可以以坐标轴来镜像工件的几何尺寸。已编制程序的镜像功能坐标轴，其所有运动都以反向运行。MIRROR 和 AMIRROR 指令要求编制成一个独立的程序段，坐标轴的数值没有影响，但必须要定义一个数值。在镜像功能有效时已经使用的刀具半径补偿（G41/G42）自动反向，旋转方向（G2/G3）也自动反向。如图 2－41 所示，其加工程序为：

```
…
N10 G17              ;x/y 平面,z 垂直于该平面
N20 L10              ;编程的轮廓,带 G41 指令
N30 MIRROR X0        ;在 x 轴改变方向
N40 L10              ;镜像的轮廓
N50 MIRROR Y0        ;在 y 轴改变方向
N60 L10
N70 AMIRROR X0       ;再次镜像,又回到 x 方向
N80 L10              ;轮廓镜像两次
N90 MIRROR           ;取消镜像功能
…
```

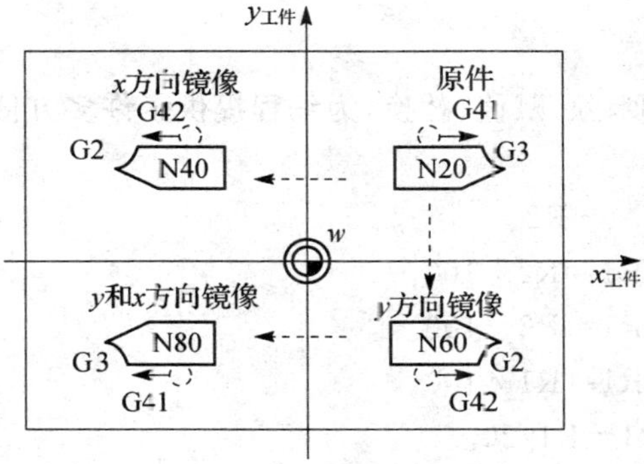

图 2-41　镜像加工指令

2.2.2　变量编程方法

SINUMERIK 802D 系统可以使用变量编程，从而使程序简化。变量名格式为 R×××，其中×××的范围为 0～299。变量在程序中的作用，一是可以赋值，二是可以计算。

1. 变量赋值

一个程序段中可以有多个赋值语句，也可以用计算表达式赋值。例如下面程序：

```
N5 R1 = 100 R2 = R1 + 200 R3 = 50          ;给 R1,R2,R3 赋值
N10 G1 X = R1 Y = R2 F = R3                ;以 R3 速度直线进给到(R1,R2)点
```

等效于

```
G1 X100 Y300 F50
```

又例如：

```
;主程序                      子程序
N5 R1 = -5 R2 = 1            L2022
N10 L2022                    N5 G1 Z = R1 F100
N15 R1 = -10                 N20 G1 G41 X10 Y0 D = R2
N20 L2022                    N30 G3 X10 Y0 I - 10 J0
N25 R2 = 2                   N40 G1 G40 X0
N30 L2022                    N50 RET
```

该段程序就是调用三次子程序，分别是粗铣内圆二次，每次背吃刀量为 5 mm；最后，再精铣一次（精铣径向刀具补偿号为 D2，粗铣为 D1）。

2. 变量计算

变量可以进行加、减、乘、除、赋值、替换，为编程提供了许多方便：

① 赋值　R1＝100。

② 替换　R1＝R2，R1＝－R2。

③ 加　R1＝R1＋R2，R1＝R2＋100。

④ 减　R1＝R1－R2，R1＝R2－100。

⑤ 乘　R1＝R1 * R2，R1＝R1 * 100。

⑥ 除　R1＝R1/R2，R1＝R1/20。

⑦ 混合运算　R1＝R2＋R4－R4 * R5/R6。

变量计算时也遵循通常的数学运算规则，即括号内的运算优先进行，乘法和除法运算优先于加法和减法运算，角度计算单位为度。

3. 程序转移

标记符或程序段号用于标记程序中所转移的目标程序段，用转移功能可以改变程序加工的顺序。标记符可以自由选取，但必须由 2～8 个字母或数字组成，其中开始两个符号必须是字母或下划线。转移目标程序段中标记符后面必须为冒号，标记符位于程序段段首。如果程序段有段号，则标记符紧跟着段号。在一个程序段中，标记符不能含有其他意义。

(1) 绝对转移

程序在运行时可以通过插入程序转移指令来改变执行顺序。转移目标只能是有标记符的程序段，此程序段必须位于该程序之内。GOTOF 和 GOTOB 是绝对转移指令，必须占用一个独立的程序段。GOTOF 为向前转移(向程序结束的方向转移)，GOTOB 为向后转移(向程序开始的方向转移)，其指令格式如图 2－42 所示。

(2) 有条件转移

IF 条件语句表示有条件转移，如果满足转移条件(也就是值不等于零)则进行转移，使用了条件转移后会使程序得到简化。转移目标只能是有标记符的程序段，该程序段必须在此程序之内。有条件转移指令要求编制成一个独立的程序段，在一个程序段中可以有多条条件转移指令。其指令格式为：

```
IF 条件 GOTOF Label ;向前转移
```

其中，“IF”为转移条件导入符；“条件”是计算表达式，作为条件的计算参数；“Label”为所选的字符串，用于标记符或程序段号。

```
IF 条件 GOTOB Label ;向后转移
```

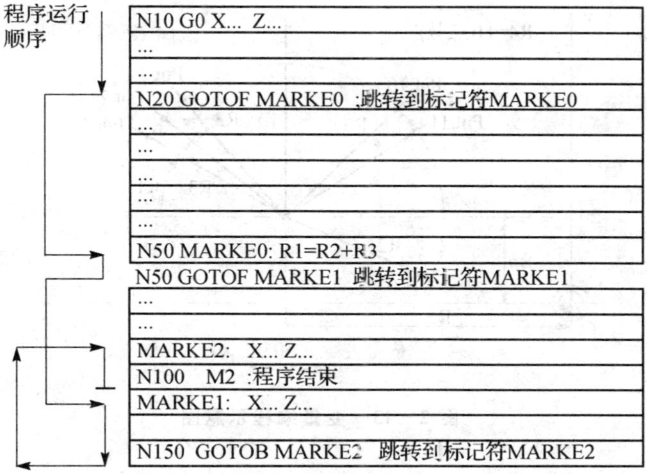

图 2-42　绝对转移指令

计算表达式也可用比较运算来表示转移条件。比较运算的结果有两种：一种为"满足"，另一种为"不满足"。"不满足"时，该运算结果值为零。例如：

```
N10 IF R1 GOTOF MARKE1                 ;R1 不等于零时,转移到 MARKE1 程序段
...
N100 IF R1>1 GOTOF MARKE2              ;R1 大于 1 时,转移到 MARKE2 程序段
...
N1000 IF R45 == R7 + 1 GOTOB MARKE3    ;R45 等于 R7 加 1 时,转移到 MARKE3 程序段
...
```

4. 变量编程举例

如图 2-43 所示圆弧上点的定位，已知起始角为 30°，用 R1 表示；圆弧半径为 32 mm，用 R2 表示；位置间隔为 10°，用 R3 表示；共 11 个点，用 R4 表示；圆心坐标 z 轴方向为 50 mm，用 R5 表示；圆心坐标 x 轴方向为 20 mm，用 R6 表示。其加工程序为：

```
N10 R1 = 30 R2 = 32 R3 = 10 R4 = 11 R5 = 50 R6 = 20          ;赋初始值
N20 MA1:G0 Z = R2 * COS(R1) + R5 X = R2 * SIN(R1) + R6    ;坐标轴地址的计算及赋值
N30 R1 = R1 + R3 R4 = R4 - 1                                ;R1 增加 R3 角度;R4 减小 1
N40 IF R4>0 GOTOB MA1                                       ;如果 R4>0,则重新执行 N20,否则运行 N50
N50 M2
```

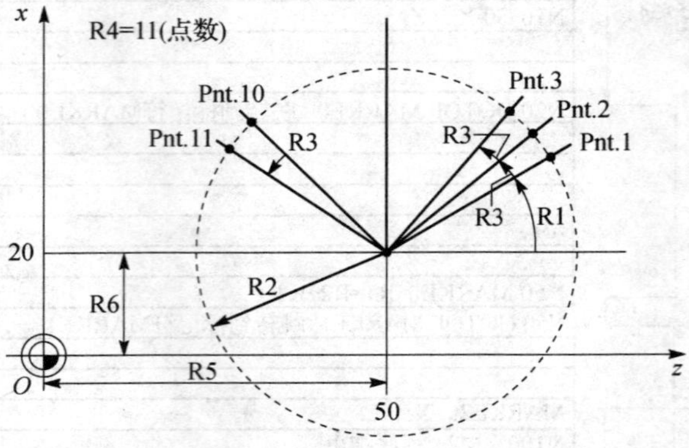

图 2-43 变量编程示意图

2.2.3 数控铣削加工工艺

1. 工件装夹方式

(1) 通用夹具装夹

1) 机用平口钳安装工件

铣削形状比较规则的零件时常用平口钳装夹,方便灵活,适应性广。机用平口钳是一种通用夹具,一般有非旋转式和旋转式两种,前者刚性较好,后者底座上有一刻度盘,能够把平口钳转成任意角度。当加工一般精度要求和夹紧力要求的零件时,常用机械式平口钳;当加工精度要求较高,需要较大的夹紧力时,可采用较高精度的液压式平口钳。

使用机用平口钳安装工件时须注意:

① 在工作台上安装机用平口钳时,要保证机用平口钳的正确位置。当机用平口钳底面没有定位键时,应该使用百分表找正固定钳口面。

② 夹持工件时的位置要适当,不应该装夹在机用平口钳的一端。

③ 安装工件时要考虑铣削时的稳定性。

④ 铣削长形工件时,可使用两个夹具把工件夹紧。

2) 螺柱压板安装工件

利用 T 形螺柱和压板将工件固定在机床工作台上。装夹工件时,须根据工件装夹精度要求,用百分表等找正工件,如图 2-44 所示。图 2-44(a)所示装夹方法不能进行贯通的挖槽或钻孔加工等;可在工件下面垫上厚度适当且要求较高的等高垫块后再将其压紧,如图 2-44(b)所示,这种装夹方法可进行贯通的挖槽或钻孔加工。

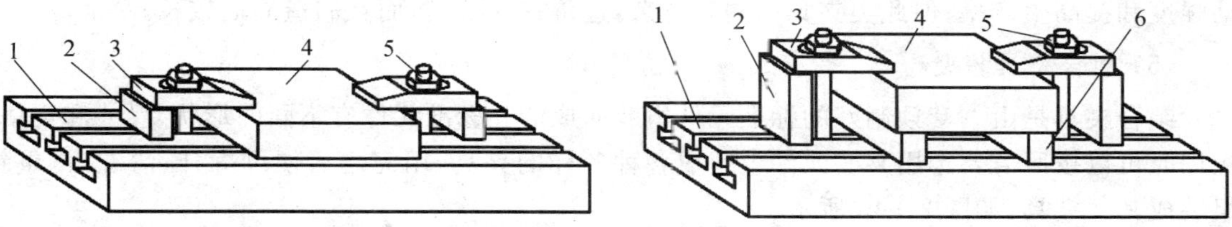

(a) 不能进行贯通挖槽或钻孔加工　　(b) 可进行贯通挖槽或钻孔加工

1—工作台；2—支承块；3—压板；4—工件；5—T 形螺柱；6—等高垫块

图 2-44　螺钉压板安装工件的方法

使用螺柱压板安装工件时应注意以下几点：

① 必须将工作台面和工件底面擦干净，不能拖拉粗糙的铸件、锻件等，以免划伤工作台面。在工件的光洁表面或材料硬度较低的表面与压板之间，必须安置垫片（如铜片或厚纸片），这样可以避免工件表面因受压力而损伤。

② 压板位置要安排妥当，要压在工件刚性最好的地方，不得与刀具发生干涉，夹紧力的大小也要适当，不然会产生变形。

③ 支撑压板的支承块高度要与工件相同或略高于工件，压板螺柱必须尽量靠近工件，并且螺柱到工件的距离应小于螺柱到支承块的距离，以便增大压紧力。螺母必须拧紧，否则会因压力不够而使工件移动，以致损坏工件、机床和刀具，甚至发生意外事故。

3）卡盘安装工件

当需要在数控铣床上加工回转体零件时，可以采用三爪卡盘装夹，对于非回转零件可采用四爪卡盘装夹。铣床用卡盘的使用方法与车床卡盘相似，使用 T 形螺柱将卡盘固定在机床工作台上即可。

（2）专用夹具装夹

这是特别为某一项或类似的几项工件设计制造的夹具，一般在产量较大或研制需要时采用。其结构固定，仅用于一个具体零件的具体工序，这类夹具的设计应力求简化，以使制造时间尽量缩短。

（3）多工位夹具装夹

多工位夹具具有较高的平面度、平行度及表面质量，工件或模具可通过尺寸大小选择不同的型号或系列，如图 2-45 所示。当有些工件或大型模具在装夹后必须同时完成整个表面、外形、型腔及孔的加工才能保证其精度要求时，可采用多工位夹具安装，利用组合压板将工件装夹在多工位夹具上，然后再将多工位夹具安装在工作台面上。这类夹具还适用于零件尺寸较小时的多件一次性装夹加工。

（4）气动或液压夹具装夹

此类夹具适合生产批量较大，且采用其他夹具又特别费工、费力的场合，它能减轻工人劳动强度和提高生产率;但此类夹具结构较复杂,造价往往很高,而且制造周期较长。

(5) 组合夹具装夹

组合夹具是由一套预制好的标准元件组装而成的。标准元件有不同的形状、尺寸和规格,应用时可以按照需要选用某些元件组装成各种各样的夹具,用完之后便可拆开、清洗,再重新组装成其他夹具,如图 2-46 所示。

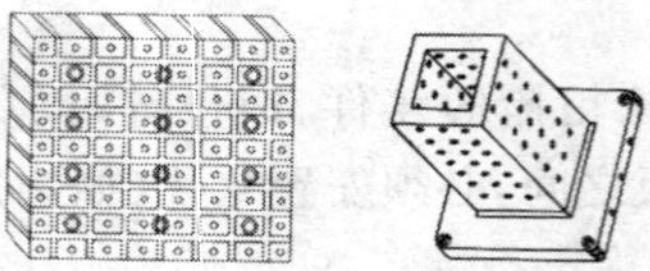

图 2-45 多工位夹具

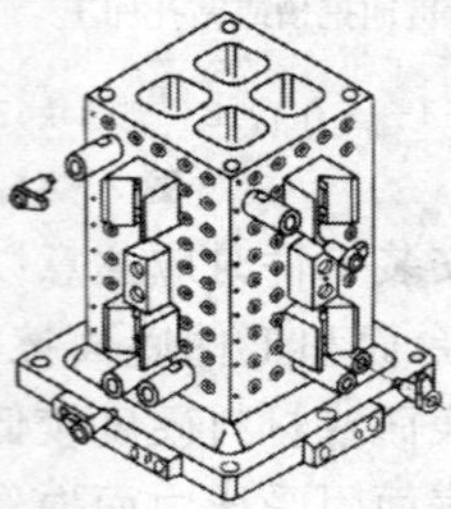

图 2-46 组合夹具

2. 数控铣床附件的使用

(1) 回转工作台

为了扩大数控机床的工艺范围,数控机床除了沿 x,y,z 三个坐标轴做直线进给外,往往还需要有绕 y 或 z 轴的圆周进给运动。数控机床的圆周进给运动一般由回转工作台来实现,加工中心回转工作台已成为一个不可缺少的部件。

数控机床中常用的回转工作台有分度工作台和数控回转工作台。

1) 分度工作台

分度工作台只能完成分度运动,不能实现圆周进给。分度时也可以采用手动分度。分度工作台一般只能回转规定的角度(如 90°,60°和 45°等)。

2) 数控回转工作台

数控回转工作台的主要作用是根据数控装置发出的指令脉冲信号,完成圆周进给运动,进行各种圆弧加工或曲面加工。它也可以进行分度工作。

数控回转工作台可以使数控铣床增加一个或两个回转坐标,通过数控系统实现四坐标或五坐标联动,可有效地扩大工艺范围,加工更为复杂的工件。

数控卧式铣床一般采用方形回转工作台,实现 A,B 或 C 坐标运动;但圆形回转工作台占据的机床运动空间也较大,如图 2-47 所示。

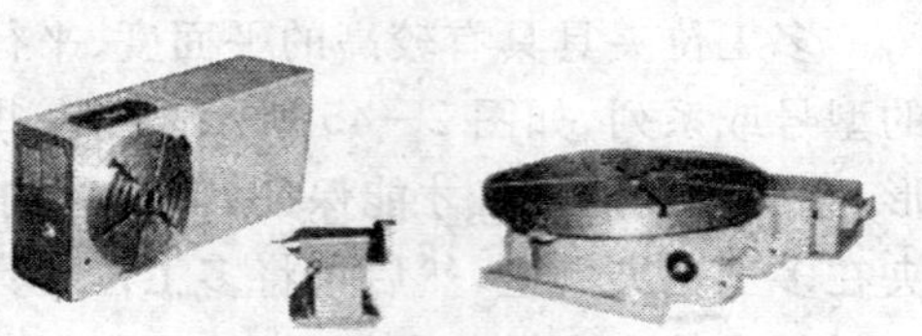

图 2-47 数控回转工作台

(2) z 轴设定器

z 轴设定器主要用于确定工件坐标系原点在机床坐标系的 z 轴坐标，或者说是确定刀具在机床坐标系中的高度。z 轴设定器有光电式和指针式等类型，通过光电指示或指针来判断刀具与对刀器是否接触，对刀精度一般可达0.005 mm。z 轴设定器带有磁性表座，可以牢固地附着在工件或夹具上。z 轴设定器高度一般为 50 mm 或 100 mm，如图 2-48 所示。

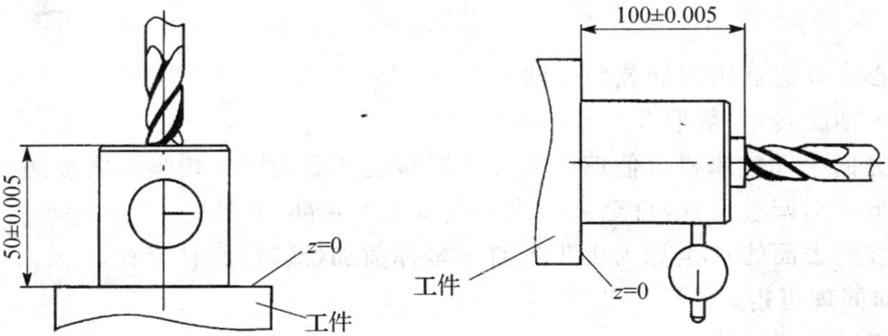

(a) 立式对刀　(b) 卧式对刀

图 2-48　z 轴设定器

z 轴设定器的使用方法如下：

① 将刀具装在主轴上，将 z 轴设定器附着在已经装夹好的工件或夹具平面上。

② 快速移动工作台和主轴，使刀具端面靠近 z 轴设定器上表面。

③ 改用微调操作，使刀具端面慢慢接触到 z 轴设定器上表面，直到 z 轴设定器发光或指针指示到零位。

④ 记下此时机床坐标系中的 z 值。

⑤ 在当前刀具情况下，工件或夹具平面在机床坐标系中的 z 坐标为此值再减去 z 轴设定器的高度。

⑥ 若工件坐标系 z 坐标零点设定在工件或夹具的对刀平面上，则此值即为工件坐标系 z 坐标零点在机床坐标系中的位置，也就是 z 坐标零偏值，应输入到机床相应工件坐标系的存储地址中。如果对刀精度要求不高，也可以用固定高度的对刀块来设定 z 坐标。

(3) 寻边器

寻边器主要用于确定工件坐标系原点在机床坐标系中的 x，y 值，也可以测量工件的简单尺寸。寻边器有偏心式和光电式等类型，如图 2-49 所示。

1) 偏心式寻边器的使用方法

偏心式寻边器是利用可偏心旋转的两部分圆柱进行工作的，当这两部分圆柱在旋转时调整到同心，此时机床主轴中心距被测表面的距离为测量圆柱的半径值。偏心式寻边器的使用

(a) 偏心式寻边器　　(b) 光电式寻边器

图 2-49　寻边器

方法如下：

① 将偏心式寻边器用刀柄装到主轴上。

② 启动主轴旋转，一般取 500 r/min。

③ 在 x 方向手动控制机床使偏心式寻边器靠近被测表面并缓慢与之接触。

④ 进一步仔细调整位置，直至偏心式寻边器上下两部分同轴。

⑤ 此时被测表面的 x 坐标为机床当前 x 坐标值加（或减）圆柱半径。

⑥ y 方向同理可得。

2）光电式寻边器的使用方法

光电式寻边器的测头一般为 10 mm 的钢球，用弹簧拉紧于光电式寻边器的测杆上，碰到工件时可以退让，并将电路导通，发出光信号。通过光电式寻边器的指示和机床坐标位置可得到被测表面的坐标位置。利用测头的对称性，还可测量一些简单的尺寸。如图 2-50 所示为一矩形零件，其几何中心为工件坐标系原点，现须测出工件的长度和工件坐标系在机械坐标系中的位置。具体测量方法如下：

① 将工件通过夹具装在机床工作台上，装夹时，工件的四个侧面都应留出寻边器的测量位置。

② 快速移动主轴，让寻边器测头靠近工件的左侧，改用微调操作，让测头慢慢接触到工件左侧，直到寻边器发光。记下此时测头在机床坐标系中的 x 坐标值，如 -358.300。

③ 抬起测头至工件上表面之上，快速移动主轴，使测头靠近工件右侧，改用微调操作，让测头慢慢接触到工件右侧，直到寻边器发光。记下此时测头在机床坐标系中的 x 坐标值，如 -248.300。

④ 两者差值再减去测头直径，即为工件长度。测头直径一般为 10 mm，则工件长度为 $l=-248.300-(-358.300)-10=100$ mm。

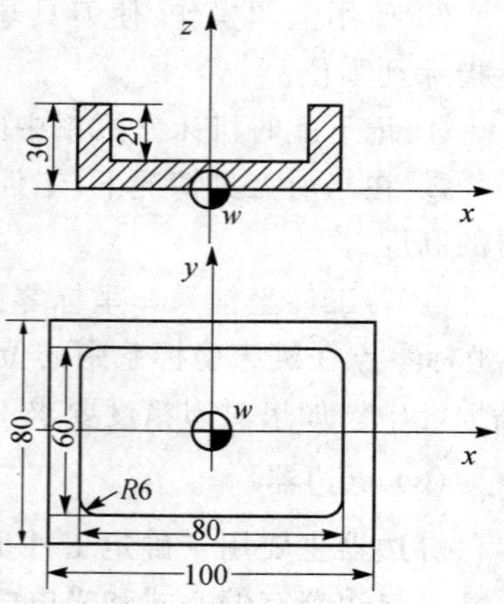

图 2-50　零件图

⑤ 工件坐标系原点在机床坐标系中的 x 坐标为 $x=-358.3+100/2+5=-303.3$，将此值输入到工件坐标系中（如 G54）的 x 即可。

⑥ 同样，工件坐标系原点在机床坐标系中的 y 坐标也按上述步骤测定。

3. 加工工艺方法的确定

(1) 孔加工

1) 孔加工刀具

常用的孔加工刀具有中心钻、麻花钻(直柄、锥柄)、扩孔钻、锪孔钻、铰刀、镗刀、丝锥等，如图 2-51 所示。

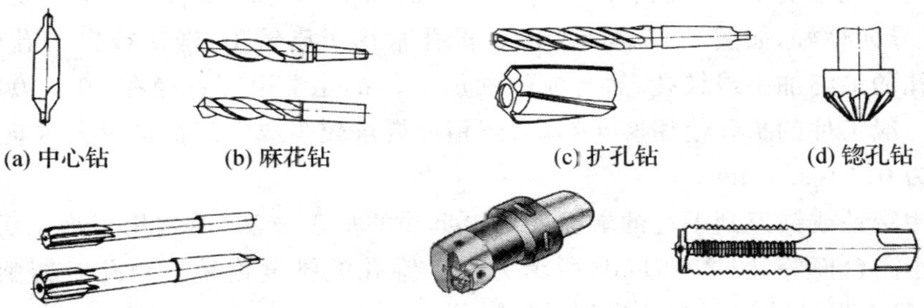

(a) 中心钻　(b) 麻花钻　(c) 扩孔钻　(d) 锪孔钻

(e) 铰 刀　(f) 镗 刀　(g) 丝 锥

图 2-51　常用孔加工刀具

2) 孔加工方法

根据孔的尺寸精度、位置精度及表面质量等要求，一般有点孔、钻孔、扩孔、锪孔、铰孔、镗孔及铣孔等加工方法。根据孔的技术要求必须合理选择加工方法和加工步骤，孔的加工方法和一般所能达到的精度等级、表面粗糙度 R_a 值以及合理的加工顺序见表 2-11。

表 2-11　孔的加工方法与加工步骤的选择

序　号	加工方案	精度等级	表面粗糙度 R_a	适用范围
1	钻	11～13	50～12.5	加工未淬火钢及铸铁的实心毛坯，也可用于加工有色金属(但表面质量较差)，孔径小于 15～20 mm
2	钻—铰	9	3.2～1.6	
3	钻—粗铰—精铰	7～8	1.6～0.8	
4	钻—扩	11	6.3～3.2	同上，但孔径大于 15～20 mm
5	钻—扩—铰	8～9	1.6～0.8	
6	钻—扩—粗铰—精铰	7	0.8～0.4	
7	粗镗(扩孔)	11～13	6.3～3.2	除淬火钢外的各种材料，毛坯有铸出孔或锻出孔
8	粗镗(扩孔)—半精镗(精扩)	8～9	3.2～1.6	
9	粗镗(扩)—半精镗(精扩)—精镗	6～7	1.6～0.8	

点孔用于钻孔加工之前，由中心钻来完成，中心钻外形如图 2－51(a)所示。由于麻花钻的横刃具有一定长度，引钻时不易定心，加工时钻头旋转轴线不稳定，因此利用中心钻在平面上先预钻一个凹坑，便于钻头钻入时定心。由于中心钻的直径较小，加工时主轴转速应不得低于 1 000 r/min。

钻孔是用钻头在工件实体材料上加工孔的方法。麻花钻是钻孔最常用的刀具，一般用高速钢制造，外形如图 2－51(b)所示。钻孔直径范围为 0.1～100 mm，钻孔深度变化范围也很大，广泛应用于孔的粗加工，也可作为不重要孔的最终加工。

扩孔是用扩孔钻对工件上已有的孔进行扩大的加工，扩孔钻有 3～4 个主切削刃，没有横刃，其刚性及导向性好，如图 2－51(c)所示。扩孔常用于已铸出、锻出或钻出孔的扩大，可作为要求不高孔的最终加工或铰孔、磨孔前的预加工。扩孔常用于直径在 10～100 mm 范围内的孔加工。一般工件的扩孔使用麻花钻，对于精度要求较高或生产批量较大时应用扩孔钻，扩孔加工余量为 0.4～0.5 mm。

锪孔是用锪钻或锪刀刮平孔的端面或切出沉孔的加工方法，通常用于加工沉头螺钉的沉头孔、锥孔、小凸台面等，图 2－51(d)所示为加工锥孔的锥度锪钻。锪孔时切削速度不宜过高，以免产生径向振纹或出现多棱形等质量问题。

铰孔是利用铰刀从工件孔壁上切除微量金属层，以提高其尺寸精度和表面粗糙度值的方法，适用于孔的半精加工及精加工。铰刀是定尺寸刀具，有 6～12 个切削刃，刚性和导向性比扩孔钻更好，适合加工中小直径孔，如图 2－51(e)所示。铰孔之前，工件应经过钻孔、扩孔等加工。铰孔的加工余量见表 2－12，供参考。

表 2－12 铰孔余量(直径值)

mm

孔的直径	<φ8	φ8～φ20	φ21～φ32	φ33～φ50	φ51～φ70
铰孔余量	0.1～0.2	0.15～0.25	0.2～0.3	0.25～0.35	0.25～0.35

镗孔是利用镗刀对工件上已有尺寸较大孔的加工，特别适合于加工分布在同一或不同表面上的孔距和位置精度要求较高的孔系，应用于高精度加工场合，镗刀如图 2－51(f)所示。精镗孔的余量一般单边小于 0.4 mm。镗刀的种类很多，图 2－52 为单刃镗刀结构示意图，图 2－53 为微调镗刀结构示意图。

在加工单件产品或模具上某些孔径不常出现的孔时，为节约定型刀具成本，可利用铣刀进行铣削加工。铣孔也适合于加工尺寸较大孔，对于高精度数控铣床，铣孔可以代替铰削或镗削。

3）孔加工切削用量的选择

孔加工是定尺寸加工，切削用量的选择应在机床允许范围之内选择，查阅手册并结合经验确定。选择方法是：

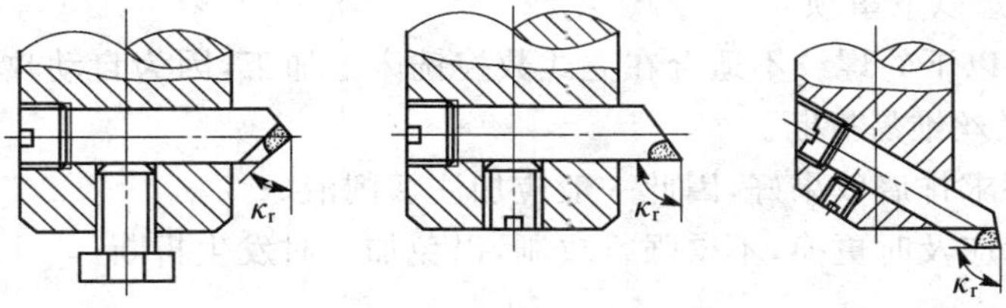

(a) 通孔镗刀　(b) 阶梯孔镗刀　(c) 盲孔镗刀

图 2-52　单刃镗刀

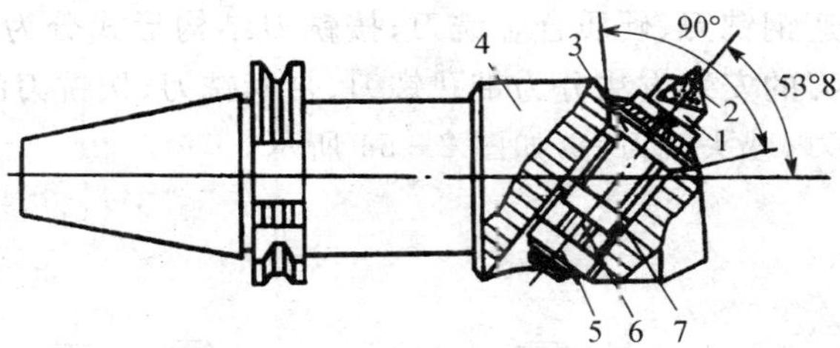

1—刀体；2—刀片；3—调整螺母；4—刀杆 5—螺母；6—拉紧螺钉；7—导向键

图 2-53　微调镗刀

① 孔加工时的主轴转速 n(r/min)可根据选定的切削速度 v_c(m/min)和加工直径或刀具直径计算，计算公式为 $n=\frac{1\,000v_c}{\pi d}$。

② 孔加工进给速度 v_f 可根据选择的进给量 f 和主轴转速 n 计算，计算公式为 $v_f=fn$。

③ 攻螺纹时进给量的选择决定于螺纹的导程，由于使用了带有浮动功能的攻螺纹夹头，攻螺纹时进给速度 v_f(mm/min)可略小于理论计算值，即 $v_f \leqslant Pn$(P 为导程)。

4）螺纹底孔直径的确定

螺纹加工前应加工出螺纹的底孔，底孔的直径尺寸可根据螺纹的螺距查阅手册或按经验公式确定。

加工钢件或塑性材料时

$$D \approx d-P$$

加工铸铁或脆性材料时

$$D \approx d-(1.05\sim1.1)P$$

式中：D 为底孔直径(mm)，d 为螺纹公称直径(mm)，P 为螺距(mm)。

攻盲孔工件时，由于丝锥切削部分不能攻到孔底，所以孔的深度要大于螺纹长度，孔深的计算公式为

$$L=l+0.7d$$

式中：L 为孔的深度(mm)，l 为螺纹长度(mm)，d 为螺纹公称直径(mm)。

螺纹加工时注意以下事项：

① 直径在 M6 以下的螺纹不适合在立式数控铣床上加工，因为自动攻螺纹不能随机控制加工状态，且小直径丝锥易折断。

② 攻螺纹时要求排屑效果好，因此一般应加注切削液。

③ 丝锥用钝后应及时更换，不得强行攻制，以免加工时发生折断。

（2）铣削加工

1）铣削加工刀具

铣刀是刀齿分布在旋转表面或端面上的多刃刀具，其几何形状较复杂，种类较多。按铣刀切削部分的材料分为高速钢铣刀、硬质合金铣刀；按铣刀结构形式分为整体式铣刀、镶齿式铣刀、可转位式铣刀；按铣刀的安装方法分为带孔铣刀、带柄铣刀；按铣刀的形状和用途又可分为面铣刀、立铣刀、键槽铣刀、球头铣刀等，如图 2－54 所示。

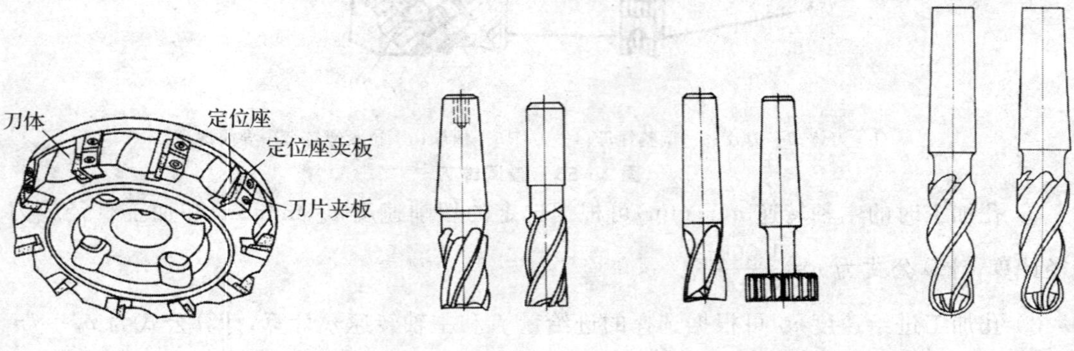

(a) 面铣刀　(b) 立铣刀　(c) 键槽铣刀　(d) 球头铣刀

图 2－54　常用切削刀具

2）顺铣和逆铣的确定

铣削有顺铣和逆铣两种方式，如图 2－55 所示。为便于记忆，可把顺铣和逆铣归纳为：切削工件外轮廓时，绕工件外轮廓顺时针进给即为顺铣，绕工件外轮廓逆时针进给即为逆铣；切削工件内轮廓时，绕工件内轮廓逆时针进给即为顺铣，绕工件内轮廓顺时针进给即为逆铣。

3）平面铣削方法

在铣床上获得平面的方法有两种，即周铣和端铣。以立式数控铣床为例，用分布于铣刀圆柱面上的刀齿进行的铣削称为周铣（即铣削垂直面），如图 2－56(a)所示；用分布于铣刀端面上的刀齿进行的铣削称为端铣，如图 2－56(b)所示。

用圆柱铣刀铣削时有顺铣和逆铣两种方式，当工件表面无硬皮，机床进给机构无间隙时，应选用顺铣，并按照顺铣安排进给路线。因为采用顺铣加工后，零件已加工表面质量好，刀齿磨损小。精铣时，应尽量采用顺铣。当工件表面有硬皮，机床的进给机构有间隙时，应选用逆

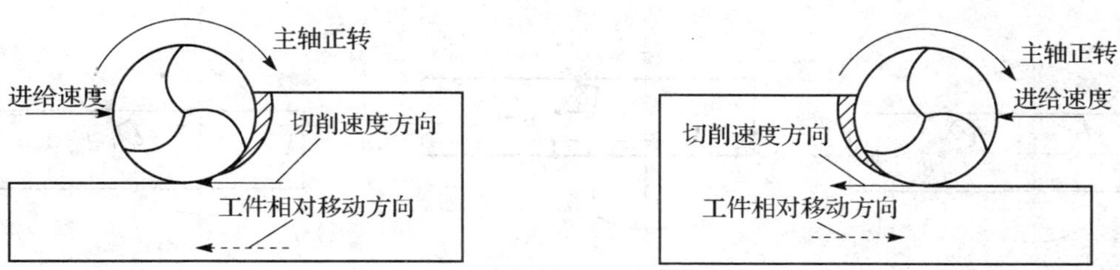

(a) 顺 铣　　(b) 逆 铣

图 2－55　顺铣与逆铣

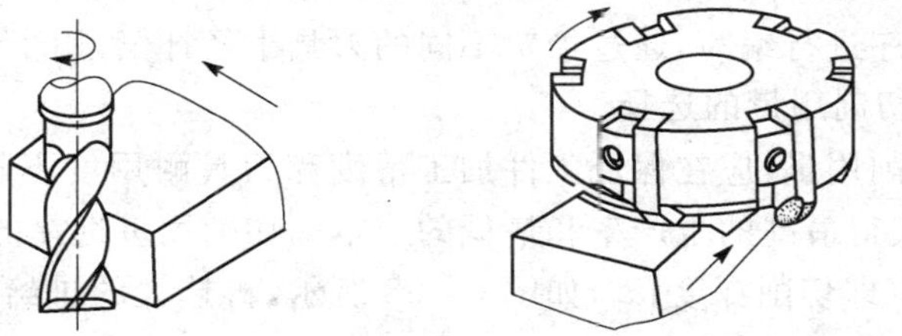

(a) 周 铣　　(b) 端 铣

图 2－56　平面铣削方式

铣，并按照逆铣安排进给路线。因为逆铣时，刀齿是从已加工表面切入，不会崩刀，机床进给机构的间隙不会引起振动和爬行。

用端铣刀铣削时一般有对称铣削和不对称铣削。对称铣削是铣刀中心位于工件铣削宽度中心的铣削方式，如图 2－57(a)所示。对称铣削适用于加工短而宽或厚的工件，不宜加工狭长或较薄的工件。不对称铣削是铣刀中心偏离工件铣削宽度中心的铣削方式。不对称铣削时，按铣刀偏向工件的位置，在工件上可分为进刀部分与出刀部分。图 2－57 所示 AB 为进刀部分，BC 为出刀部分。按照顺铣与逆铣的定义，显然进刀部分为逆铣，出刀部分为顺铣。对于不对称端铣削，当进刀部分大于出刀部分时，称为逆铣，如图 2－57(b)所示；反之称为顺铣，如图 2－57(c)所示。不对称端铣通常采用逆铣方式。

4）内外轮廓面铣削

数控铣床上加工的内外轮廓面一般是具有直线、圆弧或曲线的二维轮廓表面，尺寸精度较高，形状也较为复杂。其铣削方式与用圆柱铣刀铣削平面类似。选择刀具时，刀具半径不得大于轮廓上凹圆弧的最小曲率半径 R_{min}，一般取 $R=(0.8\sim0.9)R_{min}$。为保证轮廓的加工精度和生产效率，要求粗加工时尽量选择直径较大的铣刀进行铣削，以便于多余材料的快速去除；精加工时则选择相对较小直径的铣刀，从而保证轮廓的尺寸精度及表面质量。编写程序时，须考

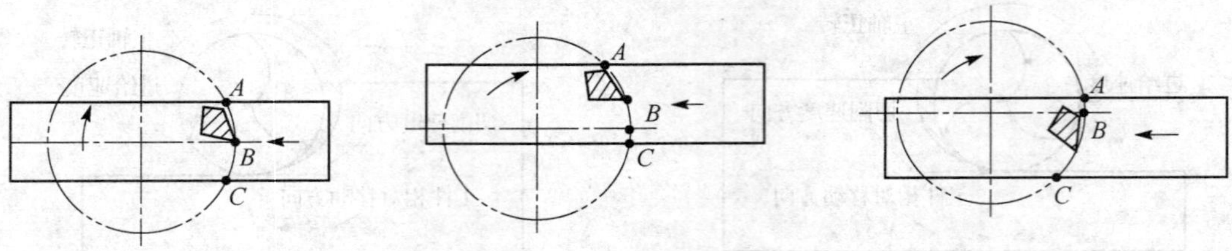

(a) 对称铣削　(b) 不对称铣削(逆铣)　(c) 不对称铣削(顺铣)

图 2-57　端铣铣削方式

虑铣刀进刀与退刀的位置，尽量选在轮廓的节点处或沿着轮廓的切向进行；为简化程序，将轮廓铣削程序作为子程序进行编写，通过给定不同的刀具半径补偿，用于粗、精加工中。

5）面、轮廓加工切削用量的选择

铣削时采用的切削用量，应在保证工件加工精度和刀具耐用度不超过数控铣床允许的动力和转矩的前提下，获得最高的生产率和最低的成本。切削用量选择的次序是：根据侧吃刀量 a_e 先选大的背吃刀量(即切削深度)a_p，如图 2-58 所示，再选大的进给速度 v_f，最后选大的铣削速度 v_c(最终转换为主轴转速 n)：

① 背吃刀量 a_p 的选择　当 $a_e<d/2$(d 为铣刀直径)时，取 $a_p=(1/3\sim1/2)d$；当 $d/2\leqslant a_e<d$ 时，取 $a_p=(1/4\sim1/3)d$；当 $a_e=d$(即满刀切削)时，取 $a_p=(1/5\sim1/4)d$。当机床的刚性较好，且刀具直径较大时，a_p 可取得更大。

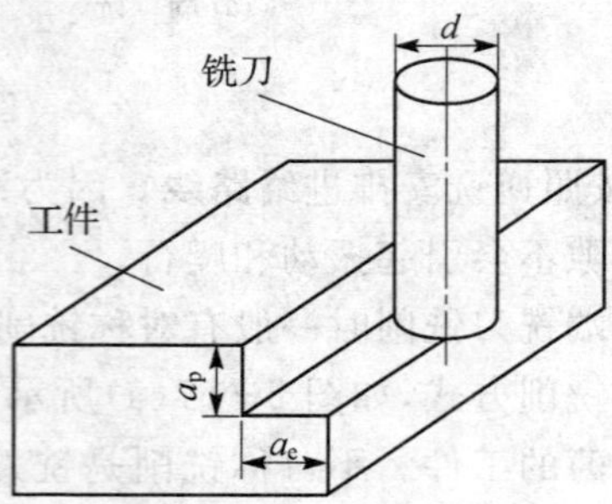

图 2-58　立铣刀的背吃刀量与侧吃刀量

②进给量 f 的选择　粗铣时铣削力大，进给量的提高主要受刀具强度、机床、夹具等工艺系统刚性的限制，根据刀具形状、材料以及被加工工件材质的不同，在强度、刚度许可的条件下，进给量应尽量取大；精铣时限制进给量的主要因素是加工表面的粗糙度，为了减小工艺系统的弹性变形，减小已加工表面的粗糙度，一般采用较小的进给量。进给速度 v_f 与铣刀每齿进给量 f_z、铣刀齿数 z 及主轴转速 n(r/min)的关系为 $f=f_z z$(mm/r)或 $v_f=nf_z z$(mm/min)。铣刀每齿进给量 f_z 的推荐值见表 2-13。

表 2-13　铣刀每齿进给量 f_z 的推荐值

mm/z

工件材料	工件材料硬度(HB)	硬质合金		高速钢	
		端铣刀	立铣刀	端铣刀	立铣刀
低碳钢	150～200	0.2～0.35	0.07～0.12	0.15～0.3	0.03～0.18

续表 2－13

工件材料	工件材料硬度(HB)	硬质合金		高速钢	
		端铣刀	立铣刀	端铣刀	立铣刀
中、高碳钢	220～300	0.12～0.25	0.07～0.1	0.1～0.2	0.03～0.15
灰铸铁	180～220	0.2～0.4	0.1～0.16	0.15～0.3	0.05～0.15
可锻铸铁	240～280	0.1～0.3	0.06～0.09	0.1～0.2	0.02～0.08
合金钢	220～280	0.1～0.3	0.05～0.08	0.12～0.2	0.03～0.08
工具钢	HRC36	0.12～0.25	0.04～0.08	0.07～0.12	0.03～0.08
镁合金铝	95～100	0.15～0.38	0.08～0.14	0.2～0.3	0.05～0.15

③ 铣削速度 v_c 的选择　在背吃刀量和进给量选好后，应在保证合理的刀具耐用度、机床功率等因素的前提下确定铣削速度，具体参见表 2－14。

表 2－14　铣刀的铣削速度 v_c　m/min

工件材料	铣刀材料					
	碳素钢	高速钢	超高速钢	合金钢	碳化钛	碳化钨
铝合金	75～150	180～300	—	240～460	—	300～600
镁合金	—	180～270	—	—	—	150～600
钼合金	—	45～100	—	—	—	120～190
黄铜(软)	12～25	20～25	—	45～75	—	100～180
黄铜	10～20	20～40	—	30～50	—	60～130
灰铸铁(硬)	—	10～15	10～20	18～28	—	45～60
冷硬铸铁	—	—	10～15	12～18	—	30～60
可锻铸铁	10～15	20～30	25～40	35～45	—	75～110
钢(低碳)	10～14	18～28	20～30	—	45～70	—
钢(中碳)	10～15	15～25	18～28	—	40～60	—
钢(高碳)	—	10～15	12～20	—	30～45	—
合金钢	—	—	—	—	35～80	—
合金钢(硬)	—	—	—	—	30～60	—
高速钢	—	—	12～25	—	45～70	—

2.3 典型零件的加工实例

2.3.1 孔加工

例 如图 2－59 所示钻模板，工件外形尺寸与表面粗糙度已达到图样要求，材料为 45＃钢，试完成不同要求孔的加工。

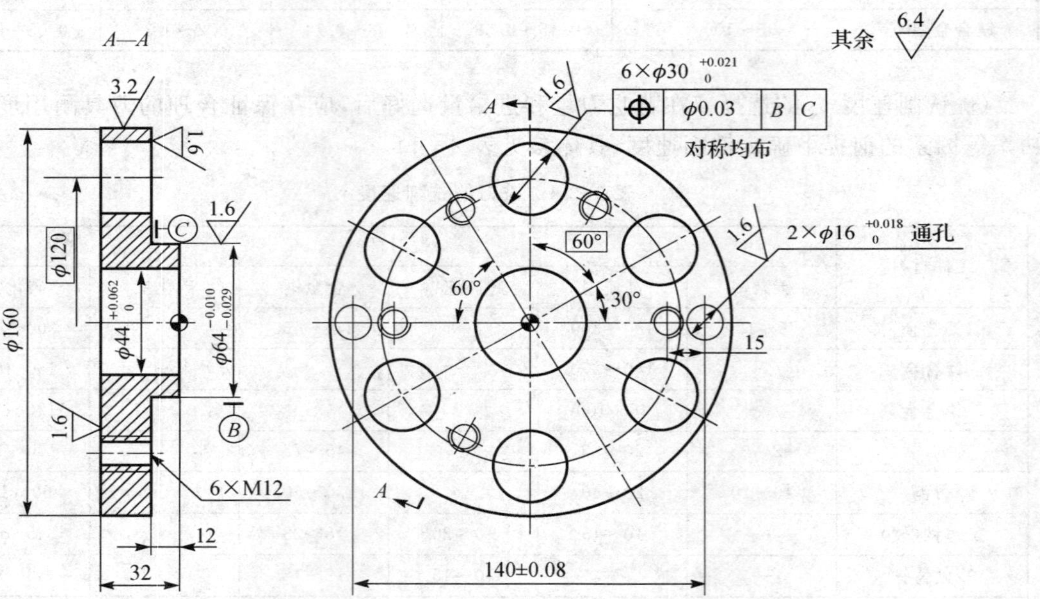

图 2－59 钻模板

1. 加工准备

工件采用螺钉压板装夹，校正 C 面与工作台平行，利用光电式寻边器以 B 面为基准找正工件 x，y 轴零点（位于工件上表面的中心位置），设定工件 z 轴零点与机床坐标系原点重合（图 2－59）。由于立式数控铣床无刀库，在使用多把刀具加工时，须进行手动换刀，程序中应使用刀具长度补偿功能，刀具长度补偿利用 z 轴设定器来设定，工件上表面为执行刀具长度补偿后的 z 轴零点表面。

2. 加 工

根据图 2－59 所示各孔尺寸精度、位置精度及表面粗糙度要求，各孔采用不同的加工方法，加工方法与刀具选择见表 2－15，各刀具的切削参数及长度补偿见表 2－16。

表 2－15　孔加工方案

加工内容	加工方法	选用刀具
ϕ44 孔	点孔—钻孔—扩孔—铣孔	ϕ3 中心钻，ϕ10 麻花钻，ϕ26 麻花钻，ϕ20 立铣刀
2×ϕ16 孔	点孔—钻孔—扩孔—铰孔	ϕ3 中心钻，ϕ10 麻花钻，ϕ15.8 麻花钻，ϕ16 机铰刀
6×ϕ30 孔	钻孔—扩孔—粗镗—精镗	ϕ10、ϕ26 麻花钻，ϕ29.5 粗镗刀，ϕ30 精镗刀
6×M12 螺纹孔	点孔—钻孔—攻螺纹	ϕ3 中心钻，ϕ10.3 麻花钻，M12 机用丝锥

表 2－16　刀具切削参数与长度补偿选用表

刀具 / 参数	ϕ3 中心钻	ϕ10 麻花钻	ϕ26 麻花钻	ϕ20 立铣刀	ϕ15.8 麻花钻	ϕ16 机铰刀	ϕ29.5 粗镗刀	ϕ30 精镗刀	ϕ10.3 麻花钻	M12 机用丝锥
主轴转速/ (r·min^{-1})	1 200	650	350	600	400	250	850	1 000	550	100
进给率/ (mm·min^{-1})	120	100	50	80	50	30	80	40	80	175
刀具长度补偿	T1D1	T2D1	T3D1	T4D1	T5D1	T6D1	T7D1	T8D1	T9D1	T10D1

3. 程序编写

```
%_N_KJG_MPF                          ;程序名
;$PATH=/_N_MPF_DIR
N1 G54G90G17G71G94G40                ;建立工件坐标系，绝对编程，xy 平面，公制编程，每分钟进给
                                     ;取消刀具补偿(在启动程序前，主轴上装入 φ3 中心钻)
N2 M03S1200F120                      ;主轴正转，转速 1 200 r/min，进给率 120 mm/min
N3 G00Z50T1D1                        ;z 轴快速定位，调用 1 号刀具 1 号长度补偿
N4 X0Y0                              ;点孔加工 φ44 孔定位
N5 CYCLE81(10,0,2,-2,2)              ;点孔加工 φ44 孔
N6 MCALL CYCLE81(10,-12,2,-14,)      ;模态调用点孔固定循环
N7 HOLSE2(0,0,70,0,180,2)            ;点孔加工 2×φ16 孔
N8 HOLSE2(0,0,60,30,60,6)            ;点孔加工 6×φ30 孔
N9 HOLSE2(0,0,55,0,60,6)             ;点孔加工 6×M12 螺纹孔
N10 MCALL                            ;取消模态调用
N11G00Z50                            ;z 轴抬刀
N12 M05                              ;主轴停转
N13 M00                              ;程序暂停(手动换刀，换上 φ10 麻花钻)
N14 M03S650F100                      ;主轴正转，转速 650 r/min，进给率 100 mm/min
```

```
N15 G00Z100T2D1M08                              ;z 轴快速定位,调用 2 号刀具 1 号长度补偿,切削液开
N16 X0Y0                                        ;钻孔加工 φ44 孔定位
N17 CYCLE83(10,0,2,-30,,-5,,0,0,1,1,1)          ;钻孔加工 φ44 孔
N17 MCALL CYCLE83(10,-12,2,-30,,-5,,0,0,1,1,1)  ;模态调用钻孔固定循环
N18 HOLSE2(0,0,70,0,180,2)                      ;钻孔加工 2×φ16 孔
N19 HOLSE2(0,0,60,30,60,6)                      ;钻孔加工 6×φ30 孔
N20 MCALL                                       ;取消模态调用
N21 G00Z50M09                                   ;z 轴快速定位,切削液关
N22 M05                                         ;主轴停转
N23 M00                                         ;程序暂停(手动换刀,换上 φ26 麻花钻)
N24 M03S350F50                                  ;主轴正转,转速 350 r/min,进给率 50 mm/min
N25 T3D1M08                                     ;调用 3 号刀具 1 号长度补偿,切削液开
N26 X0Y0                                        ;扩孔加工 φ44 孔定位
N27 CYCLE83(10,0,2,-30,,-5,,0,0,1,1,1)          ;扩孔加工 φ44 孔
N28 MCALL CYCLE83(10,-12,2,-30,,-5,,0,0,1,1,1)  ;模态调用钻孔固定循环
N29 HOLSE2(0,0,60,30,60,6)                      ;钻孔加工 6×φ30 孔
N30 MCALL                                       ;取消模态调用
N31 G00Z50M09                                   ;z 轴快速定位,切削液关
N32 M05                                         ;主轴停转
N33 M00                                         ;程序暂停(手动换刀,换上 φ20 立铣刀)
N34 M03S600F80                                  ;主轴正转,转速 600 r/min,进给率 800 mm/min
N35 T4D1M08X0Y0                                 ;定位孔上方调用 4 号刀具 1 号长度补偿,切削液开
N36 POCKET4(10,0,2,-30,22,0,0,12,0.3,,50,100,0,1,18,13,32,,)
                                                ;圆形孔粗铣,单边留 0.3 mm 余量
N37 M09 M05                                     ;切削液关,主轴停转
N38 M00                                         ;程序暂停,测量孔尺寸,修改刀具补偿参数,改变进给倍率和主轴倍率
N39 M03M08                                      ;切削液开,主轴正转
N40 POCKET4(10,0,2,-30,22,0,0,12,0,,80,100,0,1,18,21,32,,)  ;圆形孔精铣至尺寸
N41G00Z50M09                                    ;z 轴快速定位,切削液关
N42 M05                                         ;主轴停转
N43 M00                                         ;程序暂停(手动换刀,换上 φ15.8 麻花钻)
N44 M03S400F50                                  ;主轴正转,转速 400 r/min,进给率 50 mm/min
N45 T5D1M08                                     ;调用 5 号刀具 1 号长度补偿,切削液开
N46 MCALL CYCLE83(10,-12,2,-30,,-5,,0,0,1,1,1)  ;模态调用钻孔固定循环
N47 HOLSE2(0,0,70,0,180,2)                      ;扩孔加工 2×φ16
N48 MCALL                                       ;取消模态调用
N49 G00Z50M09                                   ;z 轴快速定位,切削液关
N50 M05                                         ;主轴停转
N51 M00                                         ;程序暂停(手动换刀,换上 φ16 机用铰刀)
```

```
N52 M03S250F30                                    ;主轴正转,转速 250 r/min,进给率 30 mm/min
N53 G00Z100T6D1M08                                ;z 轴快速定位,调用 6 号刀具 1 号长度补偿,切削液开
N54 MCALL CYCLE85(10,-12,2,-30,,0,30,50)          ;模态调用铰孔固定循环
N55 HOLSE2(0,0,70,0,180,2)                        ;铰孔加工 2×φ16
N56 MCALL                                         ;取消模态调用
N57 G00Z50M09                                     ;z 轴快速定位,切削液关
N58 M05                                           ;主轴停转
N59 M00                                           ;程序暂停(手动换刀,换上 φ29.5 粗镗刀)
N60 M03S850F80                                    ;主轴正转,转速 850 r/min,进给率 80 mm/min
N61 T7D1M08                                       ;调用 7 号刀具 1 号长度补偿,切削液开
N62 MCALL CYCLE85(10,-12,2,-30,,0,80,150)         ;模态调用镗孔固定循环
N63 HOLSE2(0,0,60,30,60,6)                        ;粗镗加工 6×φ30 孔
N64 MCALL                                         ;取消模态调用
N65 G00Z50M09                                     ;z 轴快速定位,切削液关
N66 M05                                           ;主轴停转
N67 M00                                           ;程序暂停(手动换刀,换上 φ30 精镗刀)
N68 M03S1000F40                                   ;主轴正转,转速 1 000 r/min,进给率 40 mm/min
N69 T8D1M08                                       ;z 轴快速定位,调用 8 号刀具 1 号长度补偿,切削液开
N70 MCALL CYCLE85(10,-12,2,-30,,0,40,150)         ;模态调用镗孔固定循环
N71 HOLSE2(0,0,60,30,60,6)                        ;精镗加工 6×φ30 孔
N72 MCALL                                         ;取消模态调用
N73 G00Z50M09                                     ;z 轴快速定位,切削液关
N74 M05                                           ;主轴停转
N75 M00                                           ;程序暂停(手动换刀,换上 φ10.3 麻花钻)
N76 M03S550F80                                    ;主轴正转,转速 550 r/min,进给率 80 mm/min
N77 T9D1M08                                       ;调用 9 号刀具 1 号长度补偿,切削液开
N78 MCALL CYCLE83(10,-12,2,-30,,-5,,0,0,1,1,1)    ;模态调用钻孔固定循环
N79 HOLSE2(0,0,55,0,60,6)                         ;钻孔加工 6×M12 螺纹孔
N80 MCALL                                         ;取消模态调用
N81 G00Z150M09                                    ;z 轴快速定位,切削液关
N82 M05                                           ;主轴停转
N83 M00                                           ;程序暂停(手动换刀,换上 φ12 机用丝锥)
N84 M03S100F175                                   ;主轴正转,转速 100 r/min,进给率 175 mm/min
N85 T8D1M08                                       ;调用 10 号刀具 1 号长度补偿,切削液开
N86 MCALL CYCLE840(10,-12,2,-30,0,0,4,4,1,0,1.75) ;模态调用攻螺纹固定循环
N87 HOLSE2(0,0,55,0,60,6)                         ;攻 6×M12 螺纹孔
N88 MCALL                                         ;取消模态调用
N89 G00Z-10D0M09                                  ;取消固定循环,取消刀具长度补偿,z 轴快速定位,切削液关
N90 M05                                           ;主轴停转
N91 M02                                           ;程序结束
```

2.3.2 平面加工

例 对图 2-60 所示工件进行上平面与台阶面的加工，工件除上表面留有 2 mm 加工余量外，其他五个表面的形位尺寸要求均已符合图样规定，材料为 45＃钢。

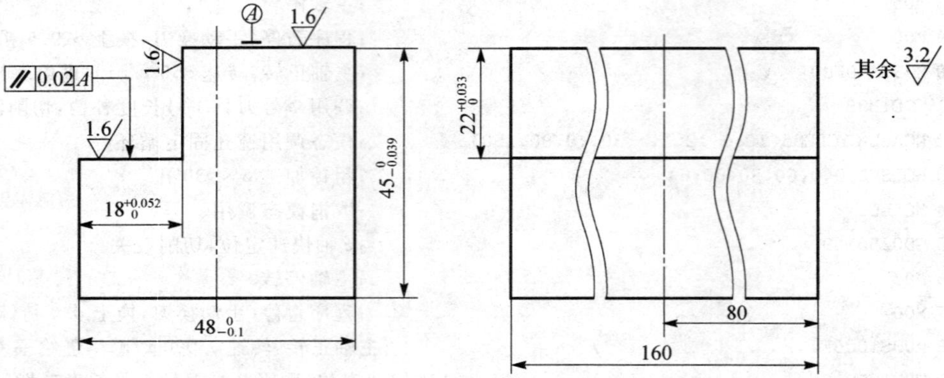

图 2-60 平面铣削加工

1. 加工准备

选择机用平口钳装夹工件，校正平口钳固定钳口的平行度，在工件下表面与平口钳之间放入一扁长的平行垫块(能伸出工件侧面，并能安放 z 轴设定器)，利用木榧或紫铜棒敲击工件，直至平行垫块不能移动后夹紧工件。利用偏心式寻边器找正工件 x 和 y 轴零点(位于工件上表面的中心位置)，设定 z 轴零点与机床坐标系原点重合，刀具长度补偿利用 z 轴设定器来设定(补偿值为:刀具的机床坐标值－50＋45)。图 2-60 所示上表面为执行刀具长度补偿后的零点表面。

2. 加　工

平面铣削的编程简单，加工时除保证平面的平面度和粗糙度外，还须注意平行度、垂直度等要求，因此选择合理的刀具及切削参数尤为重要。根据图样的形位尺寸及表面粗糙度要求，选择 $\phi50$ 的可转位硬质合金端铣刀(K_r＝75°)粗、精加工工件上表面，利用 $\phi20$ 粗齿、细齿高速钢立铣刀对台阶面分别进行粗、精加工，加工时的切削参数及刀具补偿见表 2-17。加工步骤是：

① 粗铣上表面，留 0.3 mm 余量。

② 用厚度千分尺测量不同位置厚度的尺寸，调整刀具参数，改变进给倍率和主轴倍率，精

铣上平面至要求尺寸。

③ 换 ϕ20 粗齿铣刀，粗铣台阶表面，侧边与底边各留 0.5 mm 余量。

④ 换 ϕ20 细齿铣刀，设定刀具参数，半精铣台阶面，侧边与底边各留 0.1 mm 余量。

⑤ 用深度千分尺测量台阶面宽度和深度，调整刀具参数，改变进给倍率和主轴倍率，精铣台阶面至要求尺寸。

表 2-17　平面铣削的切削参数及刀具补偿

加工方法		选用刀具	主轴转速/(r·min^{-1})	进给率/(mm·min^{-1})	刀具补偿	程序名
上平面铣削	粗加工	ϕ50 端铣刀(5 个刀片)	500	300	T1D1	XBM
	精加工		800	150		
台阶面铣削	粗加工	ϕ20 粗齿(三刃立铣刀)	350	85	T1D1	CXTJ
	精加工	ϕ20 细齿(四刃立铣刀)	450	50	T2D1	JXTJ

3. 程序编写

```
%_N_XBM_MPF                          ;程序名
;$PATH=/_N_MPF_DIR
N1 G54G90G17G71G94G40                ;建立工件坐标系,绝对编程,xy 平面,公制编程,每分钟进给
                                     ;取消刀具补偿(在启动程序前,主轴上装入 φ50 端铣刀)
N2 M03S1000M08F300                   ;主轴正转,转速 1 000 r/min,切削液关,进给率 300 mm/min
N3 G00Z50T1D1                        ;z 轴快速定位,调用 1 号刀具 1 号长度补偿
N4 X108Y0                            ;下刀定位
N5 Z0                                ;下刀
N6 X-108Y0                           ;铣平面
N7 G00Z-10D0M09                      ;取消刀具长度补偿,z 轴快速定位,切削液关
N8 M05                               ;主轴停转
N9 M02                               ;程序结束

%_N_XTJ_MPF                          ;程序名
;$PATH=/_N_MPF_DIR
N1 G54G90G17G71G94G40
N2 M03S350M08F85
N3 G00Z50T1D1                        ;z 轴快速定位,调用 1 号刀具 1 号刀具补偿
N4 CYCLE71(10,0,2,-20,-80,-24,17.5,10,19,2,0,85,31,0)     ;留 0.5 mm 铣削深度余量
N5 G00Z50M09                         ;z 轴快速退刀,切削液关
N6 M05                               ;主轴停转
N7 M00                               ;程序暂停(手动换刀,换上 φ20 细齿立铣刀)
```

```
N8 M03S450                  ;主轴正转,转速 400 r/min
N9 G00Z50T2D1               ;z 轴快速定位,调用 2 号刀 1 号刀具补偿
N10 X-95Y-20M07             ;x 和 y 轴快速定位,切削液开
N11 Z-20                    ;z 轴进刀至精加工深度
N12 G01G42Y-6F50
N13 X-95F50                 ;精加工台阶面
N14 G00GZ-10 D0             ;取消刀具长度补偿,z 轴快速定位
N15 G40X180Y50              ;快速定位
N16 M02                     ;程序结束
```

2.3.3 内、外轮廓加工

例 对图 2-61 所示零件进行内、外轮廓铣削练习,要求加工图中所示各项尺寸。工件六个表面及内孔已经加工,外形尺寸为 90 mm×90 mm×22 mm,表面粗糙度 R_a 为 3.2 μm,材料为 45#钢。

1. 加工准备

选择机用平口钳装夹工件,校正平口钳固定钳口的平行度以及工件上表面的平行度后夹紧工件。利用偏心式寻边器找正工件 x 和 y 轴零点位于工件上表面的中心位置,z 轴采用 z 轴设定器对刀,以工件上表面为工件坐标系 z 轴原点。

2. 加 工

根据图样的形位尺寸及表面粗糙度要求,选择 ϕ20 粗齿、细齿高速钢立铣刀对外轮廓及椭圆轮廓分别进行粗、精加工,选择 ϕ12 粗齿、细齿高速钢立铣刀对键槽分别进行粗、精加工。

(1) 铣外轮廓和椭圆轮廓

加工步骤是:

① 安装 ϕ20 粗齿三刃立铣刀并对 z 轴进行对刀,建立工件坐标系,设定刀具参数。

② 粗铣外轮廓,粗铣椭圆轮廓,单边留 0.2 mm 余量。

③ 安装 ϕ20 细齿四刃立铣刀并对 z 轴进行对刀,建立工件坐标系。

④ 测量椭圆尺寸和外轮廓尺寸,调整刀具参数,精铣椭圆轮廓及外轮廓至要求尺寸。

(2) 铣键槽

加工步骤是:

① 安装 ϕ12 粗立铣刀并对刀,设定刀具参数,选择程序,粗铣键槽,留 0.5 mm 单边余量。

② 安装 ϕ12 精立铣刀并对刀,设定刀具参数,半精铣键槽,留 0.10 mm 单边余量。

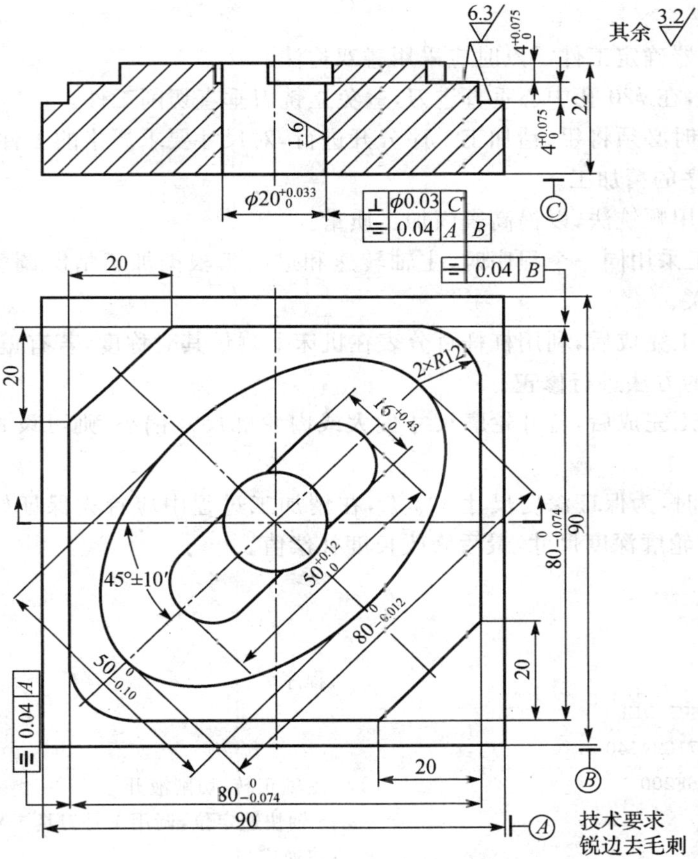

图 2-61　平面内、外轮廓铣削加工

③ 测量键槽尺寸，调整刀具参数，精铣键槽至要求尺寸。

各刀具切削参数及刀具补偿见表 2-18。

表 2-18　平面内、外轮廓铣削的切削参数及刀具补偿

加工方法	选用刀具	主轴转速/(r·min^{-1})	进给率/(mm·min^{-1})	刀具补偿	程序名
粗加工	ϕ20 粗齿三刃立铣刀	400	100	T1D1/T1D2	XLK
精加工	ϕ20 细齿四刃立铣刀	600	60		
粗加工	ϕ12 粗齿三刃立铣刀	600	120	T2D1	XJC
精加工	ϕ12 细齿四刃立铣刀	800	80		

(3) 注意事项

① 使用寻边器确定工件零点时应采用碰双边法。

② 铣键槽时,在 $\phi20$ 孔中心垂直进刀,避免立铣刀垂直切削工件。

③ 工件加工时必须将粗、精加工工序分开进行,对尺寸要求严格的工件,在所有粗加工完成后再进行各工序的精加工。

④ 精铣时采用顺铣法,以提高表面加工质量。

⑤ 粗、精加工采用同一个程序时,主轴转速和进给率根据加工情况调整进给倍率开关和主轴转速倍率开关。

⑥ 轮廓粗加工完成后,利用杠杆百分表在机床上测量其对称度,若有偏差,则应通过修改工件原点坐标系的方法进行修正。

⑦ 铣削精加工完成后,若外轮廓尺寸偏大或内轮廓尺寸偏小,则可设置刀具磨损或改变刀具半径补偿值。

⑧ 铣外轮廓时,为保证深度尺寸 $4^{+0.075}_{0}$,在精加工过程中应首先保证好椭圆轮廓的深度尺寸,然后实测外轮廓深度尺寸,最后修改长度补偿值。

3. 程序编写

```
%_N_XJC_MPF                              ;程序名
;$PATH=/_N_MPF_DIR
N1 G54G90G17G71G94G40
N2 M03S1000M08F200                       ;主轴正转,切削液开
N3 G00Z50T1D1                            ;z 轴快速定位,调用 1 号刀具 1 号补偿
N4 X-35Y-60                              ;快速定位
N5 Z-4                                   ;下刀
N6 ROT RPL=45                            ;坐标系旋转 45°
N8 G01X-40Y-10 G41                       ;建立刀具补偿
N9 Y0                                    ;切入工件
N10 R1=0                                 ;设置初始角度为 0°
N11 MM:R1=R1+1                           ;角度增加 1°
N12 G64X=40*COS(R1)Y=25*SIN(R1)          ;连续方式加工椭圆
N13 IF R1<360 GOTOB MM                   ;终点判别
N14 Y10                                  ;切出工件
N15 ROT                                  ;取消坐标系旋转
N16 G91G00Z10                            ;抬刀
N17 G90X60Y-45 G40                       ;取消刀具补偿,快速定位加工外形
N1 G91Z-14.038T1D2                       ;下刀,调用 1 号刀具 2 号补偿
N2 G90G01G41X46                          ;建立刀具补偿
```

```
N3 X-40RND=12                          ;开始走轮廓轨迹加工
N4 Y40CHR=20
N5 X40RND=12
N6 Y-20
N7 X10Y-50                             ;切出工件
N8 G00Z50                              ;抬刀
N9 X180Y50G40                          ;取消刀具补偿,快移至工件装夹位置
N5 M05                                 ;主轴停转
N6 M02                                 ;程序结束

%_N_CXLK_MPF                           ;程序名
;$PATH=/_N_MPF_DIR
N1 G54G90G17G71G94G40
N2 M03S400M08F100                      ;主轴正转,切削液开
N3 G00Z50T2D1                          ;z 轴快速定位,调用 2 号刀具 1 号补偿
N4 X0Y0                                ;快速定位
N5 Z-4                                 ;下刀
N6 ROT RPL=45                          ;坐标系旋转 45°
N8 G01Y-8 G41                          ;建立刀具补偿
N9 X17                                 ;切入工件,走键槽轨迹
N10 G03 Y8 CR=8
N11 G01 X-17
N12 G03 Y-8 CR=8
N13 G01 X0
N14 Y0G40                              ;取消刀具补偿
N8 G00Z50
N9 X180Y50
N5 M05
N6 M02
```

2.3.4　综合加工

例　对图 2-62 所示零件进行铣削加工,要求加工图中所示各项尺寸。毛坯尺寸为 160 mm×120 mm×40 mm,六个表面已经加工,表面粗糙度 R_a 为 3.2μm,材料为 45#钢。

1. 加工准备

选择机用平口钳装夹工件,校正平口钳固定钳口的平行度以及工件上表面的平行度后夹紧工件。利用偏心式寻边器找正工件 x 和 y 轴零点位于工件上表面的中心位置,利用基本偏

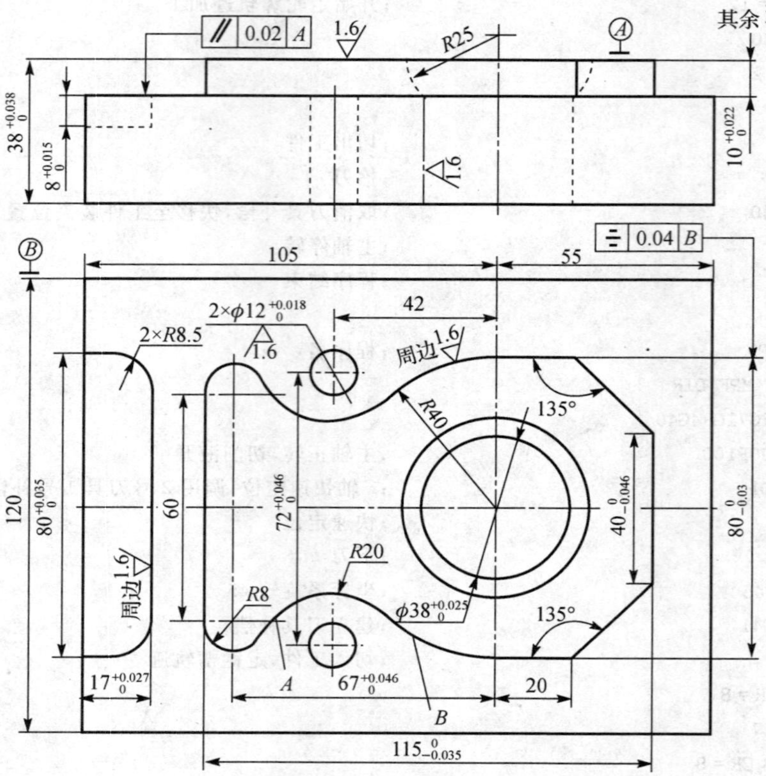

图 2-62 综合铣削加工

置(base)把工件坐标系 x 和 y 轴零点平移到 $\phi38^{+0.025}_{0}$ 孔中心(即在零点偏置表中基本偏置对应的 x 栏下输入 25),z 轴采用 z 轴设定器对刀,每换一把刀进行一次 z 轴对刀,都以工件上表面为工件坐标系 z 轴原点。

2. 加　工

由图 2-62 可知,工件包含了平面、不同要求的孔、内外轮廓以及三维曲面的加工,许多尺寸精度要求达到 IT8~IT9 级,轮廓表面粗糙度 R_a 为 1.6 μm,并有平行度、对称度等高精度要求。编程前必须详细分析图样中各部分的加工方法及进给路线,选择合理的刀具,从而保证零件的加工精度要求,加工步骤、刀具选择以及切削参数及加工程序名见表 2-19。图中节点坐标为 $A(-59.880\ 3, -33.648\ 3)$ 和 $B(-28.054, -28.512\ 6)$。

表 2-19　综合加工的切削参数

<table>
<tr><th colspan="2">加工步骤</th><th colspan="5">刀具与切削参数</th><th rowspan="3">程序名</th></tr>
<tr><th rowspan="2">序号</th><th rowspan="2">加工内容</th><th colspan="2">刀具规格</th><th>主轴转速/</th><th>进给速度/</th><th>刀具补</th></tr>
<tr><th>类　型</th><th>材　料</th><th>(r · min⁻¹)</th><th>(mm · min⁻¹)</th><th>偿长度</th></tr>
<tr><td>1</td><td>粗加工上表面</td><td rowspan="2">ϕ80 端铣刀(5 个刀片)</td><td rowspan="2">硬质合金</td><td>450</td><td>300</td><td rowspan="2">T1D1</td><td rowspan="2">XBM</td></tr>
<tr><td>2</td><td>精加工上表面</td><td>800</td><td>150</td></tr>
<tr><td>3</td><td>粗加工轮廓与槽</td><td>ϕ20 粗齿三刃立铣刀</td><td rowspan="6">高速钢</td><td>600</td><td>50</td><td>T2D1/ D2</td><td>CXLK</td></tr>
<tr><td>4</td><td>点孔加工 ϕ3</td><td>ϕ3 中心钻</td><td>1 200</td><td>120</td><td>T3D1</td><td>ZDK</td></tr>
<tr><td>5</td><td>钻孔加工 ϕ8</td><td>ϕ8 锥柄麻花钻</td><td>600</td><td>40</td><td>T4D1</td><td>ZK</td></tr>
<tr><td>6</td><td>钻孔加工 ϕ11.8</td><td>ϕ11.8 锥柄麻花钻</td><td>600</td><td>35</td><td>T5D1</td><td>KK1</td></tr>
<tr><td>7</td><td>钻孔加工 ϕ32</td><td>ϕ32 锥柄麻花钻</td><td>150</td><td>30</td><td>T6D1</td><td>KK2</td></tr>
<tr><td>8</td><td>铣孔加工 ϕ37.6</td><td>ϕ20 粗齿三刃立铣刀</td><td>850</td><td>80</td><td>T2D1</td><td>XK</td></tr>
<tr><td>9</td><td>镗孔加工 ϕ38</td><td>ϕ38 精镗刀</td><td>硬质合金</td><td>1 000</td><td>40</td><td>T7D1</td><td>TK</td></tr>
<tr><td>10</td><td>铰孔加工 ϕ12</td><td>ϕ12H7 铰刀</td><td rowspan="3">高速钢</td><td>300</td><td>40</td><td>T8D1</td><td>JK</td></tr>
<tr><td>11</td><td>精加工轮廓与槽</td><td>ϕ16 细齿四刃立铣刀</td><td>900</td><td>100</td><td>T9D1/D2</td><td>JXLK</td></tr>
<tr><td>12</td><td>倒圆角铣削</td><td>ϕ16 细齿四刃立铣刀</td><td>900</td><td>1 200</td><td>T10D1</td><td>DJXX</td></tr>
</table>

3. 程序编写

```
%_N_XBM_MPF                                              ;程序名(铣上表面)
;$PATH=/_N_MPF_DIR
N1 G54G90G17G71G94G40
N2 M03S1000
N3 G00Z50T1D1                                            ;通过长度补偿实现粗、精加工
N4 CYCLE71(10,0,-2,-80,-60,160,120,0,5,75,5,0,300,11,5)  ;平面铣削
N5 G00Z50
N6 M02

%_N_CXLK_MPF                                             ;粗铣外轮廓及凹槽
;$PATH=/_N_MPF_DIR
N1 G54G90G17G71G94G40
N2 M03S600
N3 G00Z50T2D1
N5 G00X-96Y-70
N6 Z-10 M08
```

```
N7 G01Y51F50                          ;铣削外轮廓四周边去余量
N8 X51
N9 Y-51
N10 X-100
N11 L1                                ;调用外轮廓精加工子程序
N12 G91Z-13.008 T2D2                  ;相对坐标下刀,保证凹槽深度
N13 G90Y-40G41                        ;建立刀具补偿进行凹槽铣削
N14 G01X-88RND=10.5
N15 Y40RND=10.5
N16 X-120
N17 G00Z50M09
N18 X180Y50G40
N19 M2

%_N_JXLK_MPF                          ;精铣外轮廓及凹槽
;$PATH=/_N_MPF_DIR
N1 G54G90G17G71G94G40
N2 M03S900
N3 G00Z50T9D1
N5 G00X-120Y-45
N6 Z-10 M08
N11 L1                                ;调用外轮廓精加工子程序
N27 G91Z-13.008 T9D2                  ;相对坐标下刀,保证凹槽深度
N28 G90Y-40G41                        ;建立刀具补偿进行凹槽铣削
N29 G01X-88RND=8.5
N30 Y40RND=8.5
N31 X-120
N32 G00Z50M09
N33 X180Y50G40
N34 M2

%_N_L1_SPF                            ;铣轮廓及凹槽子程序
;$PATH=/_N_SPF_DIR
N1 G01G90X-75Y-45G41                  ;建立刀具补偿进行外轮廓铣削
N2 Y30
N3 G02X-59.8803Y33.6483CR=8
N4 G03X-28.054Y28.5126CR=20
N5 G02X0Y40CR=40
N6 G01X20
```

```
N7 X40Y20
N8 Y-20
N9 X20Y-40
N10 X0
N11 G02X-28.054Y-28.5126CR=40
N12 G03X-59.8803Y-33.6483CR=20
N13 G02X-75Y-30CR=8
N14 G03X-85Y-20CR=10
N15 G91G00Z5                                    ;相对坐标抬刀
N16 G90X-120G40                                 ;取消 1 号刀具补偿
N17 RET                                         ;子程序返回

%_N_ZDK_MPF                                     ;钻中心孔
N1 G54G90G17G71G94G40F120
N2 M03S1200M08
N3 G00Z50T3D1
N4 MCALL CYCLE81(10,-10,2,-2)                   ;钻 2 个孔
N5 X-42Y36
N6 Y-36
N7 MCALL
N8 G00Z50
N9 X180Y50
N10 M02

%_N_ZK_MPF                                      ;钻 ϕ8 孔
N1 G54G90G17G71G94G40F40
N2 M03S600M08
N3 G00Z50T4D1
N4 MCALL CYCLE83(10,-10,2,-38,,-5,,0,0,1,1,1)   ;钻 ϕ8 孔
N5 X-42Y36
N6 Y-36
N7 MCALL
N8 X0Y0
N9 CYCLE83(10,-10,2,-38,,-5,,0,0,1,1,1)
N8 G00Z50
N9 X180Y50
N10 M02

%_N_KK1_MPF                                     ;扩 ϕ11.8 孔
```

```
N1 G54G90G17G71G94G40F40
N2 M03S600M08
N3 G00Z50T5D1
N4 MCALL CYCLE83(10,-10,2,-38,,-5,,0,0,1,1,1)
N5 X-42Y36
N6 Y-36
N7 MCALL
N8 X0Y0
N9 CYCLE83(10,-10,2,-38,,-5,,0,0,1,1,1)
N8 G00Z50
N9 X180Y50
N10 M02

%_N_KK2_MPF                                    ;扩φ32孔
N1 G54G90G17G71G94G40F30
N2 M03S150M08
N3 G00Z50T6D1
N4 X0Y0
N5 CYCLE83(10,-10,2,-38,,-5,,0,0,1,1,1)
N8 G00Z50
N9 X180Y50
N10 M02

%_N_XK_MPF                                     ;铣孔
N1 G54G90G17G71G94G40
N2 M03S150M08
N3 G00Z50T2D1
N4 X0Y0
N5 POCKET4(10,0,2,-38,19,0,0,12,0,,80,100,0,1,18,16,40,,)
N6 G00Z50
N7 X180Y50
N8 M02

%_N_TK_MPF                                     ;精镗孔
N1 G54G90G17G71G94G40F30
N2 M03S150M08
N3 G00Z50T7D1
N4 X0Y0
N5 CYCLE85(10,0,2,-40,,0,40,150)
```

```
N8 G00Z50
N9 X180Y50
N10 M02

%_N_JK_MPF                                   ;铰孔
N1 G54G90G17G71G94G40F40
N2 M03S300M08
N3 G00Z50T8D1
N4 MCALL CYCLE85(10,-10,2,-40,,0,40,150)
N5 X-42Y35
N6 Y-36
N7 MCALL
N8 G00Z50
N9 X180Y50
N10 M02

%_N_DJXX_MPF                                 ;倒圆角铣削
N1 G54G90G17G71G94G40
N2 M03S800M08
N3 G00Z50T10D1
N4 TRANS Z6.2481
N5 G00Z-5                                    ;快速下刀
N6 R0=-6.2481                                ;圆球起始点z值
N6 R1=-16.2481                               ;圆球终止点z值
N7 MM:                                       ;标识符
N8 R2=SQRT(25*25-R0*R0)                      ;圆弧起点x轴点的坐标计算
N9 R3=R2-8                                   ;圆弧起点x轴点的实际坐标减去刀具半径
N10 G01 X=R3F1000                            ;进给到圆球x轴的起点
N11 Z=R0 F100                                ;进给到圆球z轴的起点
N11 G17G02I=-R3 F1200                        ;整圆铣削加工
N12 R0=R0-0.04                               ;z值每次减少量
N13 IF R0>=R1 GOTOB MM                       ;判断z值是否达到终点,未达到则返回标识符处
N14 G0Z50
N15 M2
```

第3章　加工中心操作

3.1　加工中心的基本操作

3.1.1　加工中心的基本知识

加工中心是一种功能较全的数控加工机床，它把铣削、镗削、钻削、攻螺纹和切削螺纹等功能集中在一台设备上，使其具有多种工艺手段。加工中心设置有刀库，刀库中存放着不同数量的各种刀具或检具，在加工过程中由程序自动选用和更换，这是加工中心与数控铣床、数控镗床的主要区别。

加工中心与同类数控机床相比，结构较复杂，控制系统功能较多。加工中心最少有三个运动坐标，多的达十几个。其控制功能至少可实现两轴联动控制，实现刀具运动直线插补和圆弧插补，多的可实现五轴联动、六轴联动，从而保证刀具进行复杂加工。加工中心还具有不同的辅助功能，如各种加工固定循环、刀具半径自动补偿、刀具长度自动补偿、刀具破损报警、刀具寿命管理、过载超程自动保护、丝杠螺距误差补偿、丝杠间隙补偿、故障自动诊断、工件与加工过程图形显示、人机对话、工件在线检测和加工自动补偿、离线编程等，这些功能提高了加工中心的加工效率，保证了产品的加工精度和质量。

1. 加工中心的组成结构

VTC—20B加工中心的组成结构如图3-1所示。加工中心的结构分为两大部分：一是机床本体部分，二是控制部分。机床本体包括主轴、刀库、切削液防护罩、操作盘、工作台集中润滑装置、气动单元、冷却装置及切削液箱。控制部分包括计算机数字控制装置(CNC)、可编程序控制器(PIE)、输入输出设备、驱动系统、显示装置。VTC—20B具有先进的全动立柱、固定工作台式的结构，高精度的主轴部件实现高速加工，高品质的驱动部件达到最优的动态特性，世界领先水平的MAZATROL FUSION 640M数控系统、高速可靠的ATC机构和优质的密烘铸铁结构件保证了产品优良的性能，它还拥有双工作区、双交换工作台、NC旋转工作台、自动排屑器等多种可选的附加功能。

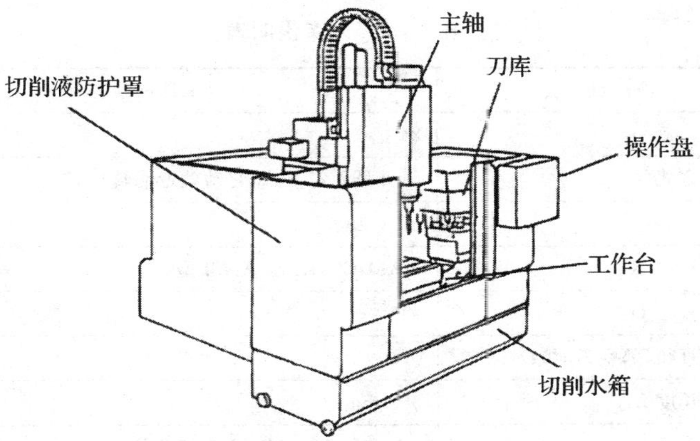

图 3-1　VTC—20B 加工中心

2. VTC—20B 加工中心的技术参数

(1) 机床规格

x 轴行程(滑座左右):1 120 mm;

y 轴行程(立柱前后):510 mm;

z 轴行程(主轴箱上下):510 mm;

工作台表面到主轴端面距离:180～690 mm;

工作台面积:1 460 mm×510 mm;

工作台最大承重:800 kgf(约 7 840N);

x 轴快速移动速度:24 000 mm/min;

x 轴切削进给速度:1～5 000 mm/min;

y 轴快速移动速度:24 000 mm/min;

y 轴切削进给速度:1～5 000 mm/min;

z 轴快速移动速度:20 000 mm/min;

z 轴切削进给速度:1～5 000 mm/min。

(2) 最大刀具规格

注意:最大刀具规格见刀库说明表 3-1。

① 绝不能使用超过规格的刀具或刀具组件;否则,可能会发生重大事故。防护门玻璃要有足够的强度,以避免当主轴达到最高转速,并且使用最大直径刀具时,由于离心力或其他外力的作用使刀具外围安装的组件飞出,保证操作者的安全。

② 刀库最大容纳重量是刀库中排满刀具并处于平衡状态时的总重量。而且,刀具一定要平衡地装入刀库。

表 3-1 刀库说明表

项 目	B型内容
刀库容量	24 把
刀具选择方式	刀夹号固定方式，自动就近回转选刀
刀柄	BT—40
拉钉	YAMAZAKI 制 ANSI 型
刀具最大直径 D	ϕ80
刀具最大直径(邻空刀时)D	ϕ110
刀具最大长度 L	350 mm
刀具最大重量	8 kgf(约 78.4N)(含刀柄及拉钉)
刀库容纳刀具的最大总重量	96 kgf(约 940.8N)[平均 4 kgf(约 39.2N)×24]

3.1.2 加工中心的基本操作方法

1. 控制面板及功能选择

(1) 主操作盘上的功能

NC 操作盘放大图如图 3-2 所示。VTC—20B 加工中心的控制面板如图 3-3 所示。控制面板功能键见表 3-2。

表 3-2 控制面板功能键表

序 号	名 称	功 能
1	接通电源键	按下此键数秒之后，当运行准备好后，机床准备好指示灯“READY”点亮。当主电源开关旋到“ON”时，此键指示灯亮，表示机床已经通电。按下此键后，指示灯灭
2	切断电源键	按下此键数秒后，接通电源键指示灯亮
3	画面选择键	按下此键后，显示选择菜单画面
4	菜单软键	选择所显示菜单中的一个项目
5	菜单选择键	从当前表示的菜单切换到其他菜单
6	程序写入保护开关(附钥匙)	此开关旋到“I”时，可写入程序及数据；此开关旋到“O”时，程序及数据不能写入

续表 3－2

序　号	名　称	功　能
7	循环启动键(绿色) 循环启动指示灯(绿色)	自动运行时,循环启动指示灯亮;自动运行中断或结束时,指示灯灭
8	进给保持键(红色) 进给保持指示灯(白色)	进给保持时,进给保持指示灯亮,此时循环启动指示灯灭
9	手动进给键	按住此键时相应的轴朝相应方向移动,松开则停止
10	所有轴返回参考点键	手动操作方式中,使所有移动轴回到机床的参考点。只有在回过一次参考点后才有效。按住轴返回参考点键,z 轴首先回参考点,接着 x,y 轴(有附加轴时,第四轴)同时回到机末参考点
11	主轴停止键 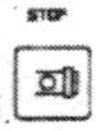	手动操作方式中,使主轴旋转停止
	主轴启动键 	手动操作方式中,使主轴旋转。主轴旋转时,此键指示灯亮
12	紧急停止键	按此键,机床所有动作立即停止,页面出现"003 紧急停止"报警。向右(箭头方向)旋转此键后,再按 MF1 和 RESET 键,可解除紧急停止,重新启动
13	机床设置开关	选择门联锁功能(门禁止打开)有效或无效的开关
14	开门锁键(可选)	解除门锁
15	排屑器开关(可选)	开启和关闭排屑器
16	刀具松开开关	在手动运转方式下,控制主轴刀具夹紧或松开
17	复位键	使 NC 装置恢复到最初状态。显示报警时,排除报警原因后按此键,可消除报警
18	主轴倍率键	调整主轴转速。 手动操作时,设定主轴转速,转速增量设置为 10 r/min。 自动运转时,程序指令的转速以 10%为单位,在 0～150%内调整。按▲键加速,按▼键减速,实际值显示在画面上
19	进给倍率键	手动操作时,设定要求的切削进给速度。 自动运行时,可使程序指令的切削进给速度以 10%为单位,在 0～200%内调整。按▲键加速,按▼键减速,实际值显示在画面上

续表 3－2

序　号	名　称	功　能
20	快速移动倍率键	调整快速移动的速度，在画面上显示最高快进速度的百分比。 按▲键加速，按▼键减速
21	手动脉冲进给键	选择手动脉冲进给方式及进给倍率。 ：手动脉冲发生器的 1 格相当于轴的移动量为 0.001 mm。 ：手动脉冲发生器的 1 格相当于轴的移动量为 0.01 mm。 ：手动脉冲发生器的 1 格相当于轴的移动量为 0.1 mm。 按三键之一后，用轴选择开关选择进给轴，旋转手动脉冲发生器手柄，可移动相应的轴。关闭轴选择开关，选择手动脉冲进给时，每按一次轴移动按钮，则轴按相应手动脉冲进给轴设定的距离移动(增量进给)
22	快速移动键	按下此键后，如果按轴移动键，则所选轴快速移动
23	手动返回参考点键	手动操作方式中，使移动轴回机床参考点
24	MDI 键	选择 MDI 运行方式。按此键，使手动输入的编程数据自动执行
25	存储器运行方式选择键	选择自动运行模式。按此键，执行记录在 NC 存储器中的程序
26	纸带运行方式选择键	选择纸带运行方式。按此键，执行纸带或磁盘等外部设备中的程序
27	单段键	按此键，每按一次循环启动执行一个程序段
28	SHIFT 键	输入地址键右下部表示的地址数据
29	切削液停止键	选择切削液 ON/OFF
30	切削液菜单键	使切削液菜单显示在 CRT 显示器上。按此键，CRT 显示器显示各种切削液菜单
31	机床菜单键	使机床菜单显示在 CRT 显示器上。按此键，CRT 显示器显示机床各种动作菜单
32	机床功能键	按规格辅助性使用的按键
33	输入键	使设定数据进入和显示在数据输入区。用数值键输入数据后，必须按此键
34	清除键	数据输入区中输入的数据错误时，按此键取消。解除机床上的报警
35	地址/数值键	输入地址数据(字母)或数值数据
36	数据取消键	取消数据显示区中输入的数据。取消输入的错误数据或已经存在的数据

续表 3-2

<table>
<tr><th>序 号</th><th colspan="2">名 称</th><th>功 能</th></tr>
<tr><td>37</td><td colspan="2">光标键</td><td>←:向同一行的左侧移动,光标在行最左端时,则跳到前一行的最右端。
→:向同一行的右侧移动,光标在行最右端时,则跳到后一行的左端。
↑:向上移动一行。
↓:向下移动一行</td></tr>
<tr><td>38</td><td colspan="2">VFC 键</td><td>在 MAZATROL 程序中,按下此键,可以通过主轴倍率键和进给倍率键的设定,来自动替换实际程序中的主轴转速及进给速度</td></tr>
<tr><td rowspan="3">39</td><td rowspan="3">机床状态指示灯</td><td>机床准备完指示灯(READY)</td><td>当 CNC 处于能够控制机床的状态时,灯亮</td></tr>
<tr><td>硬盘预热中指示灯(HDD WARM UP)</td><td>当周围的温度难以使硬盘正常启动时,用加热器进行暖机,此时灯亮</td></tr>
<tr><td>报警指示灯(ALARM)</td><td>当 CNC 装置检测出报警时,报警内容会显示在画面上。同时此灯亮</td></tr>
<tr><td>40</td><td colspan="2">视窗键</td><td>用于在画面显示视窗时的按键</td></tr>
<tr><td>41</td><td colspan="2">翻页键</td><td>画面翻页时,显示前页或后页。⇈:显示前一页;⇊:显示下一页。
显示 MAZATROL 程序画面时移动光标。⇈:光标移动至前一单元开始处。⇊:光标移动至下一单元开始处</td></tr>
<tr><td>42</td><td colspan="2">光标盘</td><td>它替代了一般的鼠标或轨迹球。
光标盘:用指尖触摸光标盘来操作光标。
左键:相当于鼠标左键。
右键:相当于鼠标右键</td></tr>
<tr><td>43</td><td colspan="2">TAB 键</td><td>和一般键盘中的 TAB 键功能相同</td></tr>
</table>

(2) 其他开关

① MF1 键。即菜单键中的机床闭锁、z 轴闭锁和 MST 锁。试运行等功能的打开或关闭都必须与 MF1 键同时进行操作。

② 切削液菜单键。按此键,用于打开或关闭切削液装置。除自动全打开、自动全关闭键外,按下此键,菜单灯亮;再按一次,灯灭。

(3) 门联锁开关

机床运行中,为保护操作者的安全,在防护门无意开启时,运行立即停止,并显示报警。防护门包括防护罩门和控制柜门。

防护罩门联锁报警发生后如要继续运行,则应先将门关闭,解除报警,然后根据不同运行方式,进行不同操作。

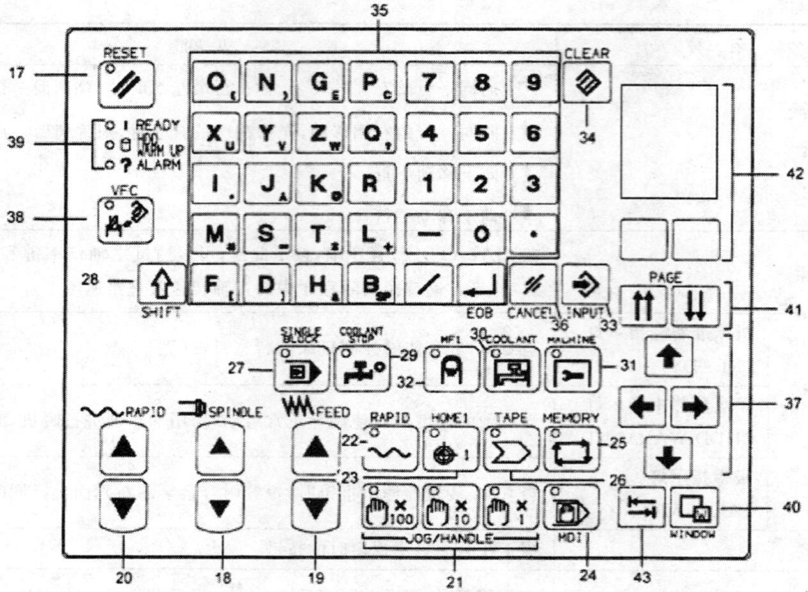

图 3-2 NC 操作盘放大图

2．数控系统的操作

(1) 画面概述

操作面板上的液晶显示器根据需要显示不同画面。所有画面都由如图 3-4 所示的显示区组成。图 3-4 中数字所指区域的含义见表 3-3。

表 3-3 图 3-4 中数字所指区域的含义

序 号	名 称	功 能
1	标题区	显示当前画面的名称
2	图标显示区	代表当前画面的图标
3	菜单栏显示区	用于选择各画面共有的功能(打印、窗口等)
4	信息显示区	以提问方式显示操作指示和设定内容,此处显示的字符串即为信息
5	数据输入区	显示利用数字键和字母键输入的数值
6	数据显示区	显示输入的数据、N C 单元内部处理的数据及当前画面固有的其他信息
7	光标	此标志可在数据显示区内上下或左右移动,可在光标显示区输入、修改和删除数据
8	报警显示区	显示误操作或机床、NC 部分发生故障时的报警内容

续表 3-3

序　号	名　称	功　能
9	菜单显示区	显示液晶显示器下部的 10 个菜单键，此处显示的字符串即为菜单
10	日期显示区	显示当天的日期
11	时间显示区	显示时间
12	主轴旋转方向显示区	根据程序的运行状况，主轴反转时，显示“REV”
13	TPS 记忆点数值显示区	利用 TPS 功能，保存刀具停止位置数值
14	快速移动倍率显示区	显示相对于 M1 参数设定的最高移动速度的百分比(0～100%)
15	主轴速度倍率显示区	自动运行时，显示相对于程序设定的主轴旋转速度的百分比(0～150%)；手动操作时，显示主轴每分钟的转速
16	切削进给倍率显示区	自动运行时，显示相对于程序设定的切削进给速度的百分比(0～200%)；手动操作时，显示实际切削进给速度

(2) 位置画面

位置画面显示当前状态，包括位置、主轴转速、进给、主轴、z 轴负荷(%)、工件号、单元编号、刀具编号、工件数量、机床坐标系、剩余距离、偏移量等最常用信息。指令菜单项正常显示时的位置画面如图 3-5 所示，图中各数字区域含义见表 3-4。

表 3-4　位置画面描述

序　号	名　称	功　能
1	XYZ	工件坐标系中的当前位置
2	WNo.	正在执行的程序的编号
3	UNo.	如果正在执行的程序是 EIA/ISO 程序，则显示正在执行的序列编号
4	TNo.	当前主轴上所装刀具的编号
5	PC	加工完的工件个数及计划加工工件个数(工件数量统计)
6	TNo.	当前主轴上所装刀具的编号与名称
7	TNo.	备用刀具的编号与名称
8	刀库刀套编号	刀库刀套编号和刀具名称
9	托盘编号	所用托盘编号
10	单元	当前正在执行的程序单元的名称
11	刀具偏置	刀具直径和长度补偿的编号和数量
12	数控转台	数控转台分度角
13	刀具图	安装在主轴上的刀具的图形表示

续表 3－4

序 号	名 称	功 能
14	主轴	主轴每分钟转数，主轴线速度
15	主轴档位	所选主轴齿轮挡位
16	进给	当前每分钟进给速度，当前每转进给速度
17	负载表	各轴负载状态

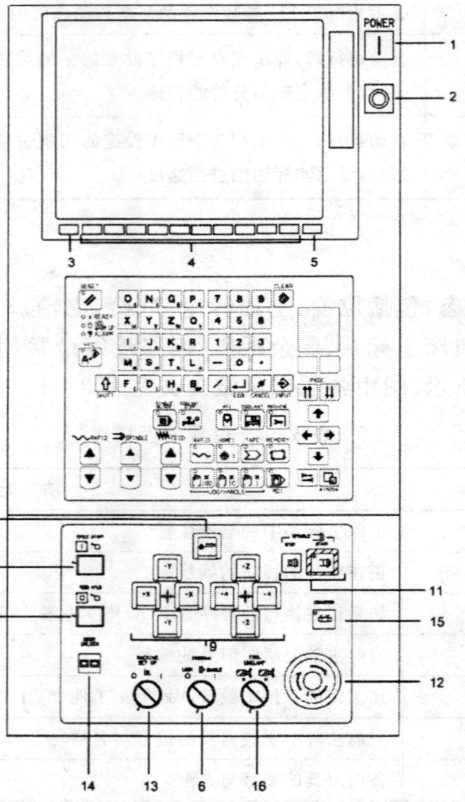

图 3－3 控制面板

3. 手动操作

（1）机床操作前准备

1）开机前的检查

确认 NC 装置和控制柜门已经关闭，检查油位，检查安全罩是否上紧，确认气压单元中压

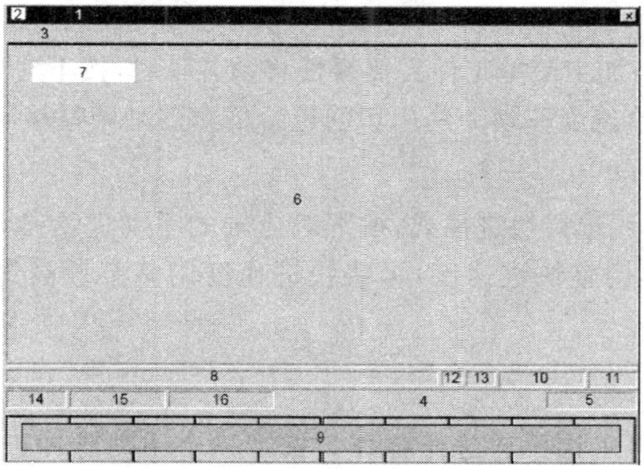

图 3－4　数控系统画面

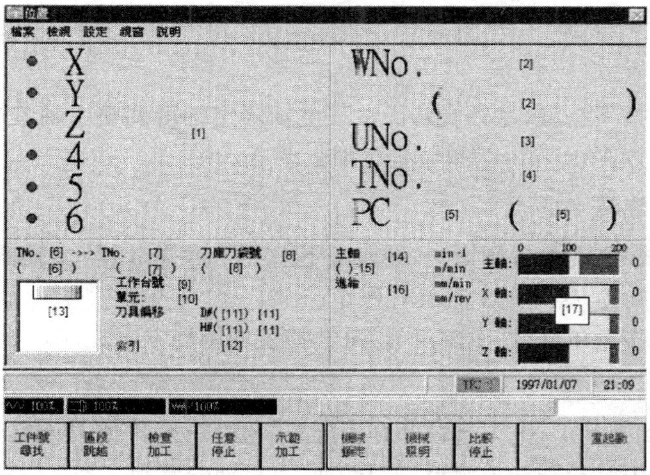

图 3－5　指令菜单项正常显示时的位置画面

力表显示压力是否达到 0.5 MPa。

2）开　机

首先打开配电柜电源，打开主电源开关，按下 POWER 键。系统启动后“READY”指示灯点亮，主操作盘屏幕显示为位置画面，操作方式为手动方式，数据设定信息中会显示“返回参考点?”。

3）回参考点

如果机床返回参考点键指示灯不亮，按下 HOME 键，然后再按轴移动键，使各轴坐标移动到－50 mm左右后，机床自动回到机床参考点。机床返回参考点后，操作盘上机床参考点指示灯亮。

（2）进给操作

① 在手动操作中，当加工简单工件需要缓慢移动各轴时，按下对应轴的手动进给键，各轴即以系统设定的手动进给速度移动。利用切削进给倍率键可调整移动速度，可调级数为 29 级（设定值在 0～2 000 mm/min 之内）。

② 按下快速移动键选择快进模式，按下对应轴的手动进给键，各轴即按快速进给速度移动。利用快进倍率键，调整快进速度，可将快进速度调整至最高进给速度的 100%，50%，25%，12%，6%。

（3）手轮进给

在微调刀尖位置时可采用手轮进给操作。按下一个手动脉冲进给键，然后旋转轴选择开关，选择 x，y 或 z 轴，旋转手动脉冲发生器手柄，相应的轴即按手轮进给速度移动。手柄顺时针旋转，轴正向移动；手柄逆时针旋转，轴负向移动。各轴移动速度随手动脉冲进给手柄旋转速度变化而变化。

（4）主轴操作

在手动操作中，按下键，主轴旋转。按下主轴倍率键可调整主轴旋转速度，从 0 到最高转速范围内，每次可以 10 r/min 为单位进行增量调速。

按下键，主轴旋转停止。

在手动操作方式下，在位置画面中，同时按下键和菜单软键[主轴微动]，主轴即以每分钟 50 r/min 的速度旋转，松开则主轴旋转停止。

在位置画面中，按菜单软键[主轴反转]来选择主轴旋转方向。

（5）装卸刀

首先将刀具装到刀柄上，把刀具松开开关旋至“松开”处，再使刀柄完全对准主轴锥孔，紧紧地推入。然后，把刀具松开开关旋至“夹紧”处，刀具即安装到主轴上。卸刀时，先抓住刀柄，旋转刀具松开开关至“松开”处，取下刀具，再旋转刀具松开开关至“夹紧”处。

安装刀具时应注意以下两点：

① 不要直接给装在主轴上的刀柄安装刀具，应先将刀具插入刀柄中用扳手拧紧后再一起装到主轴上。

② 若刀柄没有完全插入主轴锥孔，刀柄锥面和主轴内锥面未完全接触，就按装卸刀方法操作的话，将使主轴拉刀杆卡爪卡在拉钉头部（正常位置应卡在拉钉颈部），这样易损坏卡爪，如图 3－6 所示。

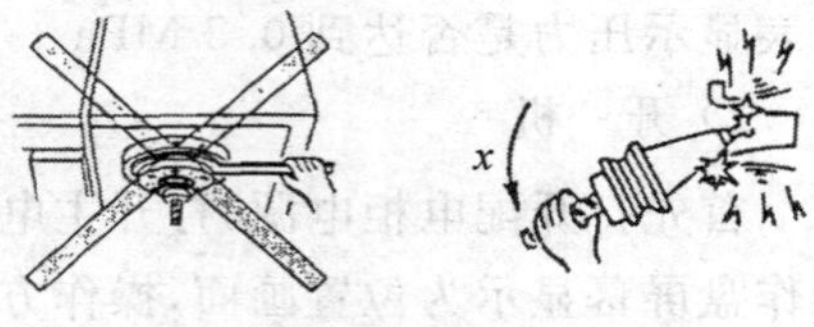

图 3－6　错误的装刀方法

4. 坐标系的设定

如图 3－7 所示为工件偏置画面。图中标号[1]～[6]为工件坐标系 G54～G59 的零点偏置值，[7]为从机床零点到工件零点的偏置值，[8]为机械坐标值。

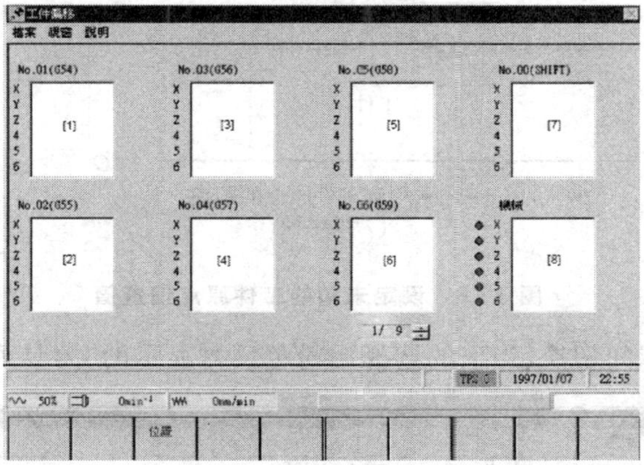

图 3－7　工件偏置画面

(1) 设定已知的工件原点偏置值

① 将光标移动到要设定偏置值的坐标系的相应轴的位置。

② 设定偏置值，输入已知数据，并按下 INPUT 键。

③ 重复步骤①和②，直到全部设定完成。

(2) 设定未知的工件原点偏置值

如果不知道要设定的偏置值，可以利用刀尖记忆功能来设定数据。设定未知的工件原点偏置值，如图 3－8 所示。

设定步骤是：

① 安装一把已注册长度的刀具。

② 手动移动各轴，直到刀尖达到工件边。

③ 将光标移动到要设定偏置值的坐标系的相应轴的位置。

④ 按菜单软键[刀尖记忆]。

⑤ 在指定轴向上设定从工件原点到刀具中心线的距离。

5. 刀具参数设置

刀具参数设置包括注册刀库内所放刀具和设置刀具形状参数及刀具管理所需参数。

图 3－9 左侧为刀具列表，右侧为左侧刀具列表中所选刀具的详细情况。通过按控制面板

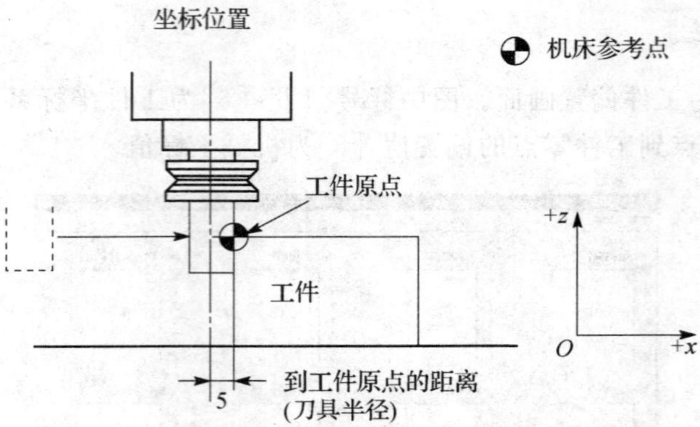

图 3-8 设定未知的工件原点偏置值

上的键可在两个区域间切换，当前的选择用粉色反衬显示的“刀具列表”或“内容”来表示。

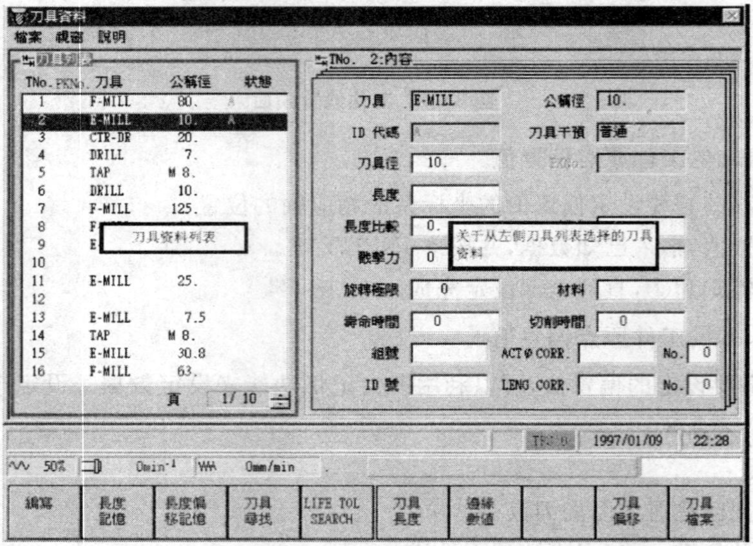

图 3-9 刀具数据

(1) 刀具注册

① 按下键，选择左侧区域(刀具列表)。

② 按光标键移动光标到所需的 TNo. 行。

③ 按菜单软键[编写]。

④ 按菜单软键[刀具数据指定]，显示下述菜单：

ENDMILL 立铣刀	FACEMILL 面铣刀	CHF-C 倒角刀	B-E-MILL 球头铣刀	OTHER 特殊刀具	T-SENS 测头			>>>	

如果按菜单软键 >>> ，菜单显示如下：

CTR DR 中心钻	DRILL 钻头	BK-FACE 反划刀	REAMER 绞刀	TAP 丝锥	BOR BAR 镗刀	B B BAR 反镗刀	CHP VAC 吸屑器	>>>	

⑤ 在上面两个菜单中选择需要注册的刀具名称，并按相应的菜单软键，所选刀具名称将显示在刀具项下。

⑥ 将光标移动到所要注册刀具的公称直径项下。

⑦ 使用数字键设定所选刀具的公称直径，并按下 INPUT 键。输入值将显示在公称直径项下，且光标立即移动到此数值的右侧并显示如下菜单：

A	B	C	D	E	F	G	H	重刀具	>>>

⑧ 从菜单中选择一个合适后缀，并按相应菜单软键。

（2）手动刀具长度测量

每把刀具的实际长度都必须要测量，以便在刀具数据画面的长度项下设置数据。在刀具数据画面下，利用长度记忆功能手动测量刀具。手动刀具长度测量的步骤和方法如下：

① 将要测量的刀具安装在主轴上。

② 手动移动主轴，使刀尖与基准块上表面或一定高度的工件的上表面相接触。

③ 调用刀具数据画面。

④ 按菜单软键[长度记忆]。菜单软键[刀尖记忆]反衬显示，光标出现在该刀具长度项下。

⑤ 使用数字键设定基准块或工件的高度，并按下 INPUT 键。NC 单元将计算主轴上安装的刀具长度，计算得出的数据将自动设置在长度项下，如图 3－10 所示。因为机床的当前位置储存在 NC 单元的存储器中，所以只要设定了基准块或工件的高度（也就是工作台表面到刀尖的距离），NC 单元就将自动计算出刀具的长度。

（3）设定刀具数据

此画面可设置刀具直径补偿量、直径补偿号（No.）、刀具长度补偿量和长度补偿号（No.）的数据。

① 按下键，进入画面左侧窗口（刀具列表），并利用光标键选择所需刀具行。

② 按下键，进入画面右侧窗口（内容）。

③ 用光标键选择数据框“组号”。

④ 利用数字键设定组号，并按下 INPUT 键。

⑤ 利用光标键，选择数据框“直径补偿量”。

⑥ 输入刀具直径补偿量后按下 INPUT 键。刀具直径补偿量设置后，其右侧的 No. 数据框变为空白，以示此框中的直径补偿号无效。

⑦ 利用光标键，选择数据框“长度补偿量”。

⑧ 输入刀具长度补偿量后按下 INPUT 键。刀具长度补偿量设置后，其右侧的 No. 数据框变为空白，以示此框中的长度补偿号无效。

⑨ 选择刀具直径补偿量右侧的数据框“No.”后，输入刀具偏置号。

⑩ 与所输入刀具相关的刀具直径补偿量设定在刀具偏置画面中，此时按下 INPUT 键。当设定了刀具直径补偿号后，刀具直径补偿量数据框变为空白，以示此框中的直径补偿量无效。

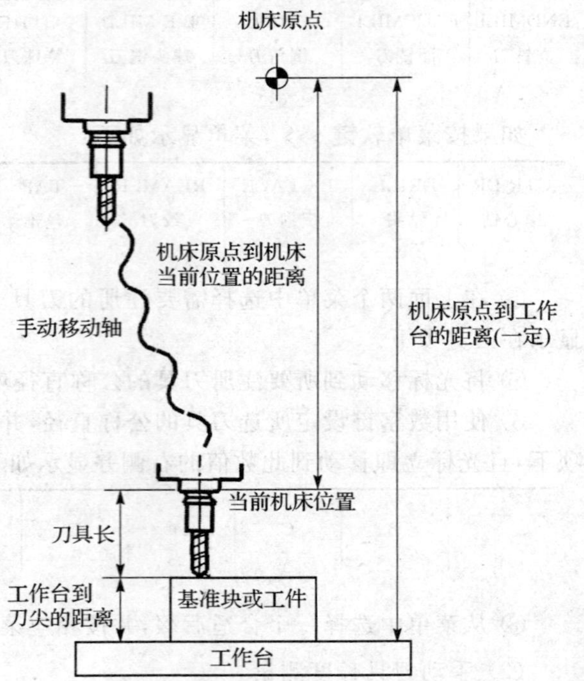

图 3-10 刀具长度测量

⑪ 选择刀具长度补偿量右侧的数据框“No.”后，输入刀具偏置号。

⑫ 与所输入刀具相关的刀具长度补偿量设定在刀具偏置画面中，此时按下 INPUT 键。当设定了刀具长度偏置号后，刀具长度补偿量数据框变为空白，以示此框中的长度补偿量无效。

6. 自动换刀装置操作

(1) 刀库手动操作

按下机床键，显示以下菜单：

		自动 刀具交换						返回 第二参考点

按菜单软键[自动刀具交换]后，刀库门和刀库操作菜单分别显示如下：

刀库 L/R	返回 刀库零位	刀库 步进	刀库 正转	刀库 反转	主轴 定向	刀库 门开	刀库 门关		
	刀库 伸出	刀库 退回					润滑 泵开	刀具 松开	

按下相应的菜单软键执行相应的操作。

（2）刀具交换操作步骤

① 确认选择了 MDI 操作方式。

② 按菜单软键[刀具交换]，刀具交换画面反衬显示，并显示信息“刀套号?”。

③ 利用数字键设定要安装到主轴上的刀具的刀套号，然后按下 INPUT 键。MDI 数据设定窗口显示“T××× T0 M6”(×××代表设定的刀套号，“T0”表示下一把刀的识别号。在 MDI 操作方式中，下一把刀的命令通常显示为“T0”)，刀具交换画面反衬显示恢复正常。

④ 按下 CYCLESTART 键，完成刀具交换。

例如：将刀套号 12 中的刀具安装到主轴上。操作步骤如下。

按顺序按下数字键“1”、“2”，再按下 INPUT 键，MDI 数据设定窗口显示“T012 T0 M6”。

7. 零件程序的编辑和加工模拟调试

（1）编制一个 EIA/ISO 程序的步骤

① 按画面选择键。

② 按菜单软键[程序]，选择程序显示画面。

③ 按菜单软键[工件号选择]。菜单软键[工件号选择]以反衬显示，接下来显示工件号列表窗口的画面。

④ 输入新建程序的工件号。指定 NC 单元中已注册的工件号，可以使该工件号的程序显示在显示画面上。因此，新建一个程序时需要指定一个没有使用过的工件号。已使用的工件号显示在工件号列表窗口中。

⑤ 如果在步骤④已注册了程序的工件号，则按菜单软键[程序编写]；否则按菜单软键[EIA/ISO 程序]。

⑥ 输入所需的程序数据。使用字母键、数字键和 INPUT 键输入数据。当按下 INPUT 键时，光标自动移到下一行的头部，然后可以输入下一个程序段的数据。

⑦ 程序录入完成后，按菜单软键[程序完毕]结束编辑。

（2）刀尖路径检查

程序编写完后，按菜单软键[刀尖路径检查]，画面显示如图 3 - 11 所示刀尖路径检查画面。

先选择平面(如 $x-y$ 平面),再选择比例(先取大值,如 500),看到图形后移动光标至图形中心,再取一小的比例(如 100,达到的效果相当于放大图形),使图形显示清晰。可以使用连续或单步运行,也可以在不影响图形显示的地方打开程序监控。若刀尖路径有问题,则按菜单软键[程序]返回程序进行修改,直至刀尖路径合理为止。

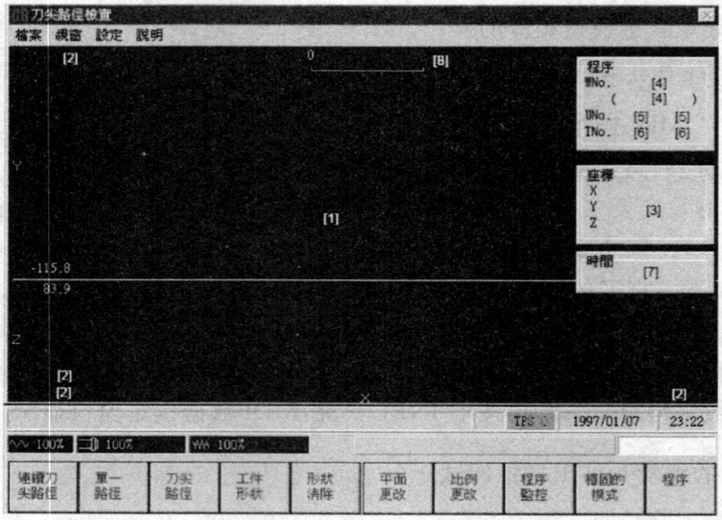

图 3-11　刀尖路径检查

8. 自动加工

(1) 自动加工前的准备

① 机床返回参考点。

② 编写程序。

③ 注册所有的加工刀具。

④ 刀具长度测量。

⑤ 工件坐标系设定。

(2) 自动加工的操作步骤

① 选择加工程序,按菜单软键[工件号],工件号反衬显示,画面显示程序号窗口,设定要执行程序的程序号。例如,要执行的程序号为 100,则按顺序按下键 1 0 0 ⇨,按下光标键,使窗口显示光标,并将光标移动到程序号 100 处,再按下 ⇨ 键,即选择了 100 程序。

② 选择如下自动运行条件:

· 可选择停止。如果选择此项,则自动运行到程序中设有 M01 的位置处停止。

· 试运行。如果选择此项及辅助键(MF1),则按手动设定速度自动运行,而不是按程序中设定的速度运行。

· 机床锁定。如果选择此项及辅助键(MF1),则可在没有任何实际轴运动的情况下自动运行。

· 工作照明。如果选择此项,则机床照明灯亮。

· 跳段。如果选择此项,则执行程序时,可跳过程序的任意段执行。此项只能用于 EIA 程序。

· ATC 停止。如果选择此项,则在完成当前刀具的加工,遇到换刀时,运行停止。

· z 轴锁定。如果选择此项及辅助键(MF1),则自动运行时 z 轴不移动。

· 单段。如果选择此项,则程序段分步执行程序。

在自动运行状态下,可选择或取消执行条件。

③ 调整切削参数。在自动运行状态下,利用倍率键可调整切削条件。利用快速进给倍率键调整快速进给率,利用切削进给倍率键调整切削进给率;利用主轴速度倍率键,调整主轴旋转速度。

④ 按下复位键 RESET,返回程序的开始部分,机床状态指示灯窗口中的程序标题指示灯(P. HEAD)变为红色。

⑤ 按下 CYCLESTART 键,开始自动加工。

当自动加工时,CYCLESTART 键指示灯亮;当自动加工结束时,CYCLESTART 键指示灯灭。在按下 CYCLESTART 键前,确保 READY 指示灯亮。

3.1.3　加工中心编程知识

1. 常用指令

MAZAK 程序编辑常用 G 代码和 M 代码分别见表 3-5 和表 3-6。

表 3-5　部分 G 代码一览表

G 代码	组　别	功　能	G 代码	组　别	功　能
00	01	定位	52	00	局部坐标系设定
01	01	直线插补	53	00	机床坐标系选择
02	01	圆弧插补 CW	54	12	选择工件坐标系 1
03	01	圆弧插补 CCW	55	12	选择工件坐标系 2
04	00	暂停	56	12	选择工件坐标系 3

续表 3-5

G代码	组 别	功 能	G代码	组 别	功 能
09	00	精确停止检查	57	12	选择工件坐标系 4
10	00	程序刀具补偿输入	58	12	选择工件坐标系 5
17	02	平面选择 x-y	59	12	选择工件坐标系 6
18	02	平面选择 z-x	60	00	单方向定位
19	02	平面选择 y-z	61	13	精确停止检查模式
20	06	英制指令	63	13	攻螺纹模式
21	06	公制指令	64	13	切削模式
22	04	移动前行程检查 ON	65	00	用户宏程序单纯调用
23	04	移动前行程检查 OFF	66	14	用户宏程序模态调用 A
27	00	返回参考点检测	67	14	用户宏程序模态调用取消
28	00	返回参考点	68	16	程序坐标系旋转 ON
29	00	返回起点	69	16	程序坐标系旋转 OFF
30	00	返回第 2～4 参考点	80	09	固定循环取消
31	00	跳转功能	81	09	固定循环(钻孔,锪孔)
33	01	螺纹切削	82	09	(钻孔,锪孔)
40	07	刀具直径补偿取消	83	09	固定循环(深孔钻)
41	07	刀具直径补偿左	84	09	固定循环(攻螺纹)
42	07	刀具直径补偿右	85	09	固定循环(铰孔)
43	08	刀具长度补偿(+)	86	39	固定循环(镗孔)
44	08	刀具长度补偿(−)	87	09	固定循环(回镗)
45	00	刀具偏置伸长	88	09	固定循环(镗孔)
46	00	刀具偏置缩小	89	09	固定循环(镗孔)
47	00	刀具偏置 2 倍伸长	90	03	绝对值指令
48	00	刀具偏置 2 倍缩小	91	03	增量值指令
49	08	刀具长度补偿取消	92	00	机床坐标系设定
50	11	定标 OFF	94	05	非同步进给(每分钟进给)
51	11	定标 ON	95	05	同步进给(每转进给)
50.1	19	G 指令镜像 OFF	98	10	固定循环返回初始位置
51.1	19	G 指令镜像 ON	99	10	固定循环返回 R 平面

表 3-6　部分 M 代码一览表

M 代码	功　能	M 代码	功　能
0	程序停止	9	全部切削水、压缩空气停止
1	选择停止	10	主轴刀具夹紧
2	程序结束	15	刀库护罩关闭
3	主轴旋转(正转)	16	刀库护罩开启
4	主轴旋转(反转)	19	主轴定向
5	主轴停止	30	程序结束,返回程序开头
6	刀具更换	98	子程序调用指令
7	雾状切削水流出	99	子程序结束
8	液状切削水流出		

2. 拐角处的倒角与倒圆

为了简化基点计算及程序的编制,在两轨迹之间可以插入倒角或倒圆的简化编程指令。

(1) 拐角处的倒角

编程格式:

```
G01 X__ Y__,C__
```

其中,X,Y 为两轨迹交点坐标,C 为倒角边的边长。

如图 3-12 所示的倒角加工,其程序编制为:

```
G91 G01 X100,C10
X100 Y100
```

(2) 拐角处的倒圆

编程格式:

```
G01 X__ Y__,R__
```

其中,X,Y 为两轨迹交点坐标,R 为倒圆的半径,任意角度的拐角可以被倒圆,并且此圆弧的圆心在拐角的角平分线上。此指令只能用于直线间形成的拐角。

如图 3-13 所示的倒圆加工,其程序编制为:

```
G91 G01 X100,R10
X100 Y100
```

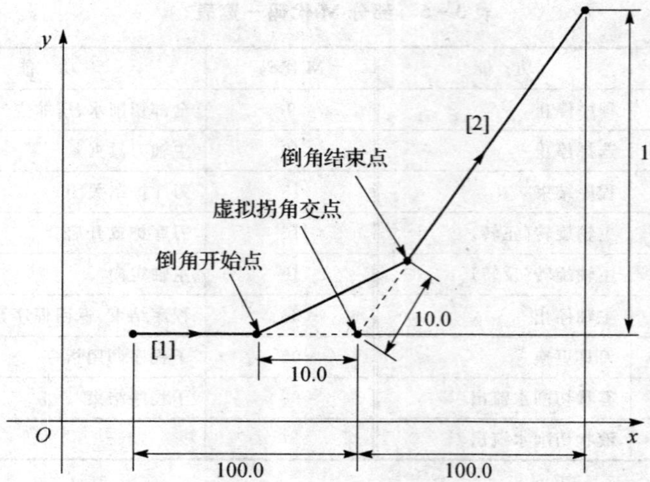

图 3-12　倒角编程示意图

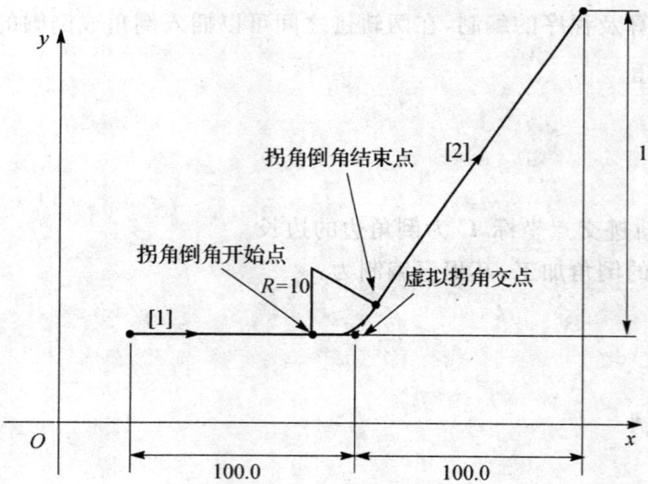

图 3-13　倒圆编程示意图

3. 子程序调用

编程时，为简化程序的编制，当一个工件上有相同的加工内容时，常采用调用子程序的方法进行编程。

M98 代码用于调用子程序，M99 代码用于从子程序返回主程序。子程序调用指令格式如图 3-14 所示，子程序调用返回主程序指令格式如图 3-15 所示。

M98 P_H_L_

- L_：子程序重复次数(省略时为L1)
- H_：子程序中被调用的程序段序号(省略时为起始段)
- P_：被调用的子程序号(省略时为当前程序)

注:只有在记忆加工方式下,P才可以省略。

图 3-14　子程序调用

M99 P_L_

- L_：更改之后的重复次数
- P_：返回的目标程序号(省略时返回下一个程序段)

图 3-15　从子程序返回主程序

4. 镜像指令

当工件具有相对于某一轴对称的形状时,可以利用镜像功能和子程序的方法,只对工件的一部分进行编程,就能加工出工件的整体,这就是镜像功能。G51.1 为镜像编程指令,G50.1 为撤销镜像编程指令。

编程格式:

```
G51.1 X__ Y__ Z__
⋮
G50.1 X__ Y__ Z__
```

其中,X,Y,Z 为镜像坐标轴。如图 3-16 所示的镜像加工,其程序编制如下。

子程序为:

```
O9000
N10 G00 X60 Y60
N20 G01 X100 Y60 F100
N30 X100 Y100
N40 X60 Y60
N50 X50 Y60
N50 M99
```

主程序为:

```
O100
N10 G90 G92 X0 Y0
N20 M98 P9000
```

```
N30 G51.1 X50
N40 M98 P9000
N50 G51.1 Y50
N60 M98 P9000
N70 G50.1 X50
N80 M98 P9000
N90 G50.1 Y50
N100 M30
```

5. 坐标系旋转

此指令可使编程图形按指定旋转中心及旋转方向旋转一定的角度。G68 用于坐标系旋转,G69 用于撤销坐标系旋转。

编程格式:

```
G68 X__ Y__ R__
⋮
G69
```

其中,X,Y 为旋转中心的坐标值,当 X,Y 省略时,G68 指令认为当前位置即为旋转中心;R 为旋转角度,逆时针旋转定义为正向。旋转角度范围为－360.0～＋360.0,最小单位为 0.001°。

如图 3－17 所示的坐标系旋转操作,其程序编制为:

```
N10 G54 G00 X-5 Y-5
N20 G68 G90 X7 Y3 R60
N30 G90 G01 X0 Y0 F200
N40 G91 X10
N50 G02 Y10 R10
N60 G03 X-10 I-5 J-5
N70 G01 Y-10
N80 G69 G90 X-5 Y-5
N90 M30
```

6. 常用孔加工的固定循环

固定循环的编程格式如下:

```
G90/G91 G98/G99 G73～G89 X__ Y__ Z__ R__ Q__ P__ F__ K__
```

其中

- G90/G91 为数据方式。G90 为绝对方式,G91 为增量方式。

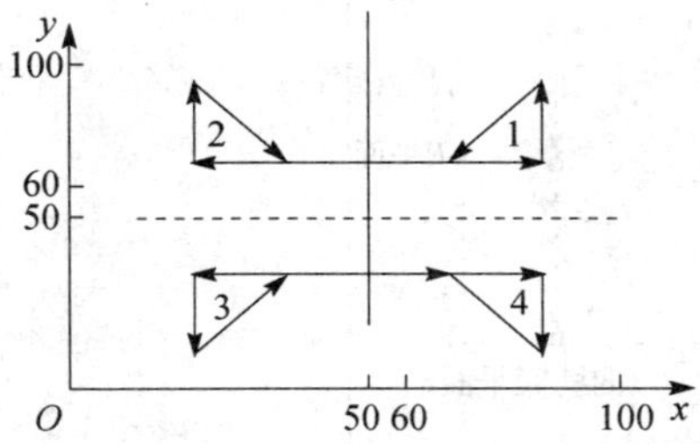

图 3-16　镜像编程示意图

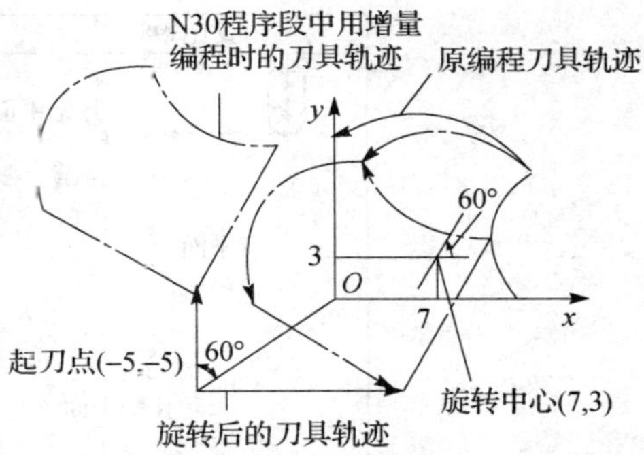

图 3-17　坐标系旋转编程示意图

· G98/G99 为返回点位置。G98 指令返回起始点，G99 指令返回 R 平面。

· G73～G89 为孔加工方式。G73～G89 是模态指令，因此，多孔加工时该指令只需指定一次，以后的程序段只给出孔的位置即可。

· X，Y 指定孔在 xOy 平面的坐标位置(增量或绝对坐标值)。

· Z 指定孔底坐标值。在增量方式时，是平面到孔底的距离；在绝对方式时，是孔底的 z 坐标值。

· R 在增量方式时，为起始点到 R 平面的距离；在绝对方式时，为 R 平面的绝对坐标值。

· Q 在 G73 和 G83 指令中用来指定每次进给的深度；在 G76 和 G87 指令中指定刀具的退刀量。Q 始终是一个增量值。

· P 为孔底暂停时间。最小单位为 1 ms。

· F 为切削进给的速度。

· K 规定重复加工的次数(1～6)。如果不指定 K，则只进行一次循环。K 为 0 时，孔加工数据被储存，机床不动作。在增量方式(G91)时，如果有孔距相同的若干相同孔，则采用设定重复次数来编程是很方便的，在编程时要采用 G91 和 G99 方式。

(1) G80——撤销固定循环

执行 G80 指令后，固定循环被取消，孔加工数据全部被清除，从 G80 的下一程序段开始执行一般 G 指令。

(2) G81——定点钻孔循环

这是一种常用的钻孔加工方式，如图 3-18 所示。

(3) G83——深孔排屑钻

此指令的动作示意如图 3-19 所示。

(4) G84——攻右旋螺纹

此指令的动作示意如图 3-20 所示。在孔底位置，主轴反转退刀。在 G84 指定的攻螺纹

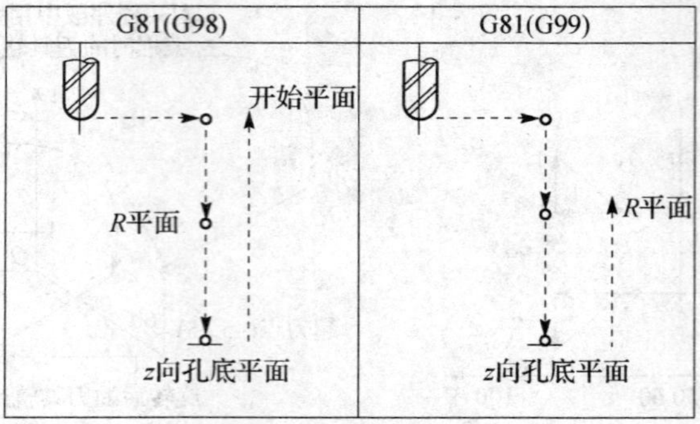

图 3-18 G81 定点钻孔循环

循环中,进给率调整无效,即使使用进给暂停,在返回动作结束之前也不会停止。

(5) G85——镗削

与 G81 类似,但在返回行程中,从 Z 至 R 段为切削进给,如图 3-21 所示。

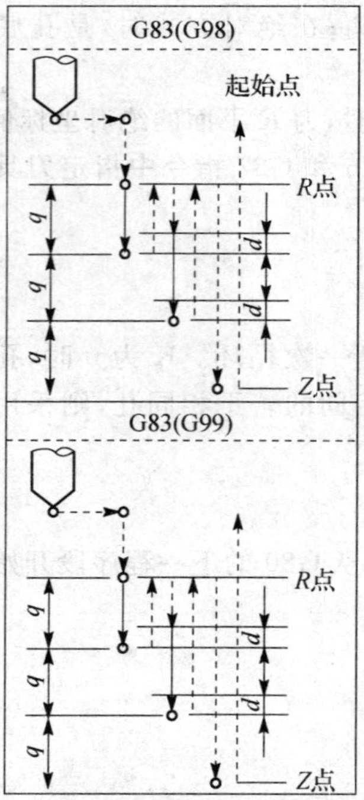

图 3-19 G83 深孔排屑循环

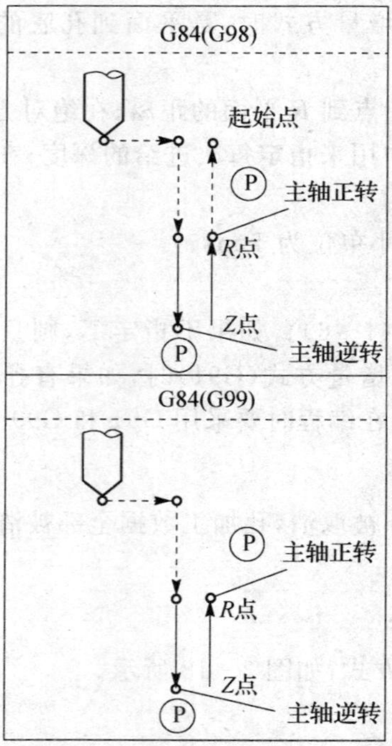

图 3-20 G84 攻右旋螺纹循环

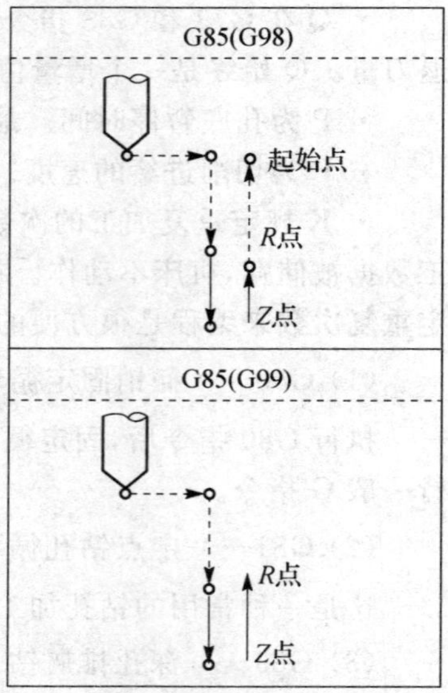

图 3-21 G85 镗削循环

例 试采用孔加工固定循环方式加工如图 3-22 所示的各孔。

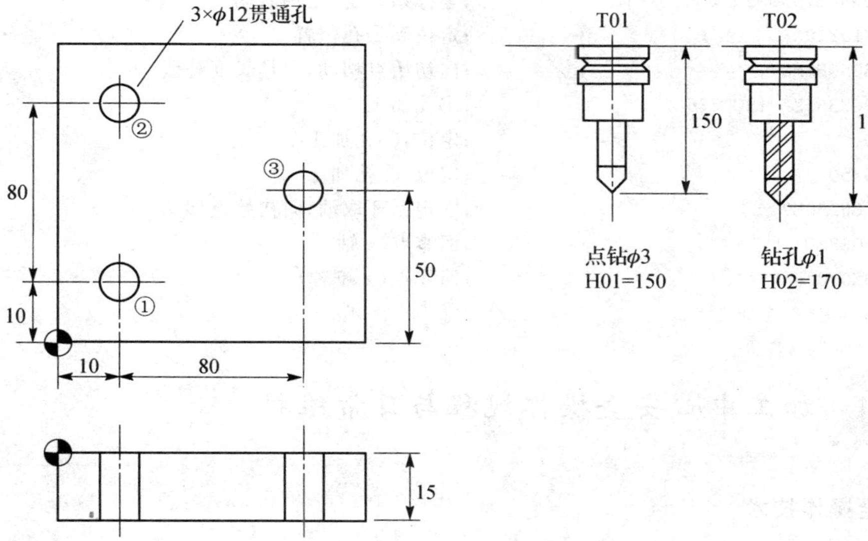

图 3－22　孔加工示意图

加工程序编制如下。

```
N001  (SPOT D3)
    G90G80G40G0              ;初期设定
    G91G28Z0                 ;回零点(z 轴)
    G28X0Y0                  ;回零点(x,y 轴)
    T1T0M06                  ;更换刀具
    G90G54S1590M3            ;坐标系设定,主轴启动
    G0X10Y10                 ;定位到①孔位置
    G43Z50H1M8               ;向初始点移动,刀具长度补偿
    G99G81R5Z－5F127         ;孔加工
    Y90                      ;定位,孔加工
    X90Y50                   ;定位,孔加工
    G80G0Z50M9               ;固定循环取消,向初始点移动
    G91G28Z0                 ;回零点(z 轴)
    G28X0Y0                  ;回零点(x,y 轴)
    M01                      ;选择停止
N002  (DRL D12)
    G90G80G40G0              ;初期设定
    G91G28Z0                 ;回零点(z 轴)
    G28X0Y0                  ;回零点(x,y 轴)
    T2T0M6                   ;更换刀具
```

```
G90G54S1590M3              ;坐标系设定,主轴启动
G0X10Y10                   ;定位到①孔位置
G43Z50H2M8                 ;向初始点移动,刀具长度补偿
G99G83R5Z-19Q4F76          ;①孔加工
Y90                        ;定位,②孔加工
X90Y50                     ;定位,③孔加工
G80G0Z50M9                 ;固定循环取消,向初始点移动
G91G28Z0                   ;回零点(z轴)
G28X0Y0                    ;回零点(x,y轴)
M30
```

3.1.4 加工中心安全操作规程与日常维护

1. 安全操作技术

在操作加工中心时,应遵守以下安全操作技术:

① 请不要触摸控制柜、变压器、电动机、分线盒等贴有⚠铭牌的机床内部电路,因为有高压电线,触电会导致死亡。

② 机床运转中,不要接触和靠近运转部位(例如,主轴和进给轴)。

③ 机床处于加工状态时,应时刻意识到加工物或切削刀具随时都有飞出的可能,不要进入可预见的危险区域。

④ 应该牢记紧急停止按钮的位置,保证随时可以按到。

⑤ 机床在启动之前保证门及盖板关闭,机床在运转过程中不要开启门或盖板。

⑥ 不要用湿手操作开关等。

⑦ 不要进入机床内部。在必须进入的情况下,一定要采取按下紧急停止按钮等方式,事先保证机床处于不运转状态。

⑧ 为了防止被卷入机床的转动部分,请摘掉领带、项链等,将头发束扎在后面卷起来。若袖口不紧,请整理好。

⑨ 请佩戴劳保用品(防护眼镜、安全鞋等)。加工产生粉尘的材料时,请戴防尘面具。

⑩ 要在身体状态健康正常的情况下操作机床。即使稍有不舒服,也应停止操作。

⑪ 使用易燃材料及切削油时,应事先做好防火措施。

⑫ 有雷电时,请切断机床运转。停电时,请切断电源主开关。

⑬ 操作面板上的开关时不要戴手套;否则可能导致机床误操作,或引起其他错误。

⑭ 不要超过刀具及刀柄的额定运转速度。

⑮ 工件或切削刀具上附有切屑时,请戴手套用刷子清除。不要徒手清除切屑。

⑯ 因切削液对皮肤有非常强的刺激作用，请不要让切削液直接接触皮肤，并防止吸入雾状切削液。过敏性体质的操作者不要使用切削液。

⑰ 请使用符合作业要求和机床规格的刀具。

2. 加工中心操作规程

为了正确合理地使用加工中心，保证加工中心正常运转，通常应做到以下几点：

① 机床通电后，检查各开关、按钮和按键是否正常、灵活，机床有无异常现象。

② 检查电压、气压、油压是否正常，油量是否足够。

③ 各坐标轴手动回零，若某轴在回零前已在零位，必须先将该轴移动离零点一段距离(一般 50 mm 左右)后，再进行手动回零。

④ 在进行工作台回转交换时，台面上、护罩上、导轨上不得有障碍物。

⑤ 机床空运转 15 min 左右，按低、中、高速在全行程上运行，使机床达到热平衡状态及导轨布油。

⑥ 程序录入后，应认真核对。先模拟检查刀尖运行轨迹，观察轨迹是否正确；再在安全高度空运行一次程序，看程序能否顺利执行。

⑦ 按工艺规程安装找正夹具及工件。

⑧ 正确建立工件坐标系，并对所得结果进行验证。

⑨ 程序编好后，检查刀具长度选取和夹具安装是否合理，有无超程现象。

⑩ 刀具补偿值输入后，要对刀具号、补偿值进行认真核对。

⑪ 装夹工件，注意螺钉压板是否妨碍刀具运动。

⑫ 检查各刀头的安装方向及各刀具旋转方向是否符合程序要求。

⑬ 检查各刀杆前后部位的形状和尺寸是否符合加工工艺要求，是否有干涉。

⑭ 镗刀头、尾部露出的刀杆直径部分，必须小于刀尖露出的刀杆直径部分。

⑮ 检查每把刀柄在主轴孔中是否都能拉紧。

⑯ 无论是首次上场加工的零件，还是周期性重复上场加工的零件，首件都必须对照图样工艺、程序和刀具调整卡，进行逐把刀逐段程序的试切。

⑰ 单段试切时，快速倍率开关必须打到最低挡。

⑱ 每把刀首次使用时，必须先验证它的实际长度与所给刀具补偿值是否相符。

⑲ 在程序运行中，要观察位置画面的机床坐标、绝对坐标、相对坐标显示，以及缓冲值、移动剩余值、刀具号及程序号监控。

⑳ 试切进给时，在刀具运行至离工件表面上方时，必须在进给保持下，验证 z 轴剩余坐标值和 x 轴、y 轴坐标值是否与图样一致。

㉑ 对一些有调刀要求的刀具，采用“渐近”的方法，如镗孔，可先试镗一小段长度，检验合格后，再镗到整个长度。使用刀具半径补偿功能的刀具数据，可由小到大，边试切边修改。

㉒ 试切和加工中,刃磨刀具和更换刀、辅具后,一定要重新测量刀长并修改好刀具补偿值和刀具补偿号。

㉓ 程序检索时,要注意光标所指位置是否合理、准确,并观察刀具与机床运动方向坐标是否正确。

㉔ 程序修改后,对修改部分一定要仔细计算和认真核对。

㉕ 手摇进给和手动连续进给操作时,必须检查各种开关所选择的位置是否正确,弄清正负方向,认准按键,然后再进行操作。

㉖ 全批零件加工完成后,应核对刀具号和刀具补偿值,使之与程序、偏置页面、调整卡及工艺中的刀具号和刀具补偿值完全一致。

㉗ 从刀库中卸下刀具,按调整卡或程序清理编号、入库。程序输出并保存,与工艺、刀具调整卡成套入库。

㉘ 卸下夹具。某些夹具应记录安装位置及方位,并作出记录、存档。

㉙ 关机前必须清扫机床,将各坐标轴停在规定位置。

3. 加工中心的日常维护和保养

(1) 每日要进行下列保养检查

① 导轨面润滑油的油量确认。确认润滑油的油量,做适当填充,使其不低于最低位置。

② 主轴润滑油油量确认。

③ 切削液量确认。

④ 主轴冷却油油量确认。

⑤ 切削液过滤器的清扫。

⑥ 空气压力确认(0.5 MPa 为标准气压)。

⑦ 工作台周围切屑清扫。

⑧ 冷却箱上的切屑清除。

(2) 定期保养检查项目

① 切屑液箱清扫。

② 机床内部切屑的清理。

③ 清除滑动刮板部异物,并确认刮板无破损。

④ 风扇清理,包括主轴电动机冷却风扇和主轴冷却油箱散热冷却风扇。

⑤ 安全装置性能的确认,包括控制柜门联锁动作确认和操作门联锁动作确认。

⑥ 控制柜内的目视确认。在主开关切断后,检查内部是否混有异物,是否有接线脱落,绝缘外套是否残破,是否有焦煳部位。

⑦ 单元、散热装置的清理。

⑧ 空气过滤器的清理。取下过滤器滤芯进行清洗，滤芯一年换一次。

⑨ 导轨润滑油箱和过滤器的清理。

⑩ 清理主轴冷却油箱及更换新油。

⑪ 软管的目视确认。检查接头部分是否拧紧，油、气是否有泄漏现象；管内是否进入杂物；接头部位是否承受不必要的外力；管上部是否有切屑堆积现象；管的保护物是否有破损、裂纹现象；软管是否有不自然弯曲现象。

⑫ 电气电缆的目视确认。检查连接端子是否松动；电缆上是否有切屑堆积；连接部是否受其他不必要的外力；保护物是否有破损（特别是接线端子附近）；电缆是否有异常弯曲。

⑬ 机床水平的确认。机床水平的调整，需要相当的技术和知识，如果机床水平调整不良，不仅会使机床精度下降，而且对机床的整体性能都会产生不良影响。

⑭ z 轴制动器的功能确认。将主轴箱升至最高位置，按下紧急停止按钮，在 z 轴制动功能正常的情况下，主轴箱下降 1 mm 以内。

⑮ 定期更换存储器用电池。

⑯ 定期开机。数控机床工作不饱满或较长时间不用时，应定期开机让机床运行一段时间。

3.2　加工中心的工具系统及辅助设备

3.2.1　加工中心的刀柄

加工中心上使用的刀具种类繁多。每种刀具都有特定的结构及使用方法，要想实现刀具在主轴上的固定，必须有一个中间装置，该装置必须既能够装夹刀具，又能在主轴上准确定位，这个中间装置即为刀柄。刀柄及其尾部供主轴内拉紧机构用的拉钉已实现标准化。

为了实现自动换刀，工具系统由通用刀柄、拉钉、弹簧夹头等元件组成，如图 3－23 所示，其中，刀具可以是铣刀、钻头、丝锥、铰刀、镗刀头等。连接器（如钻夹头、弹簧卡头、丝锥夹头等）用于连接刀柄本体和刀具。拉钉拧入刀柄体内后，其尾部可供主轴内的拉紧机构拉紧刀具。

刀柄用于装夹刀具并与机床主轴连接。由于加工中心要进行自动换刀，故刀柄上设有供刀具夹持用的环槽。加工中心使用的柄部具有标准的型式和尺寸，不同种类和功能的刀柄与刀具组合就可构成用途广泛的工具系统。加工中心上一般采用 7：24 圆锥刀柄。这类刀柄不能自锁，换刀较方便。

镗铣类加工中心刀柄采用的标准有国际标准、德国标准、日本标准和中国标准等。目前我国建立的镗铣类工具系统，一般由锥柄、连接器和刀具组成。它们经组合后可以完成钻孔、扩

图 3-23 工具系统

孔、铰孔、镗孔、攻螺纹等加工工艺。镗铣类工具系统分为整体式和模块式结构两大类。

常用的刀柄类型有 JT,BT,ST 三种。加工中心使用的刀柄较多,除了装夹铣刀的刀柄外,还有各种孔加工用刀柄和特殊刀柄。

1. 弹簧夹头刀柄

如图 3-24 所示的弹簧夹头刀柄,采用如图 3-25(a)所示 ER 型卡簧,适用于夹持 16 mm 以下直径的铣刀进行铣削加工。

2. 强力夹头刀柄

如图 3-26 所示的强力夹头刀柄,采用如图 3-25(b)所示 KM 型卡簧,适用于夹持 16 mm以上直径的铣刀进行强力铣削。强力铣夹头刀柄的夹紧力最大,使用简单,夹紧安全可靠;精度高,寿命长,更有利于保护刀具,延长刀具寿命;刚性高,适于大切削量加工。优良的耐久性,压力分散于保持架的滚针上。

图 3-24 弹簧夹头刀柄

(a) ER型　(b) KM型

图 3-25 卡 簧

图 3-26 强力夹头刀柄

3. 莫氏锥度刀柄

如图 3－27 所示，莫氏锥度刀柄分为两种，一种用于莫氏锥度刀杆的钻头和铰刀等，带有扁尾槽及装卸槽；另一种用于大尺寸的莫氏锥度刀杆铣刀，结构与侧固式刀柄相似，需要用内六角螺钉将铣刀拉紧在刀柄中。

4. 削平型刀柄

如图 3－28 所示的削平型刀柄，采用侧向夹紧，适用于切削力大的加工。一种尺寸的刀具需对应配备一种刀柄，规格较多。

5. 面铣刀刀柄

如图 3－29 所示，面铣刀刀柄用于与面铣刀盘配套使用。

6. 钻夹头刀柄

如图 3－30 所示，钻夹头刀柄有整体式和分离式两种，用于装夹直径在 13 mm 以下的中心钻、直柄麻花钻等。

图 3－27　莫氏锥度刀柄

图 3－28　削平型刀柄

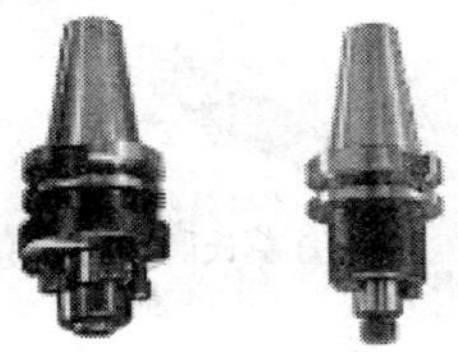

图 3－29　面铣刀刀柄

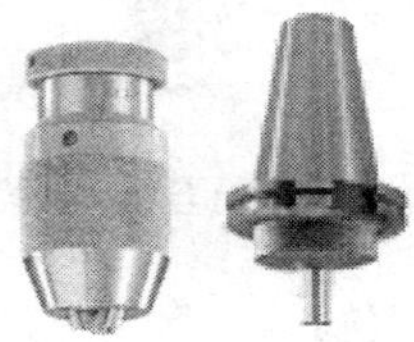

图 3－30　钻夹头刀柄

7. 丝锥夹头刀柄

如图 3－31 所示，丝锥夹头刀柄用于自动攻螺纹时装夹丝锥，一般具有切削力限制功能。

8. 镗刀刀柄

镗刀刀柄如图 3－32 所示，在孔加工刀具中占有较大比重，是孔精加工的主要手段，其性能要求也很高。镗刀刀柄用于各种尺寸孔的镗削加工，有单刃、双刃以及重切削等类型。

9. 其他刀柄及附件简介

部分刀柄及附件如图 3－33 所示。

图 3－31　丝锥夹头刀柄

(a) 单　刃

(b) 双　刃

图 3－32　镗刀刀柄

(a) 三面刃铣刀柄

(b) 自动换刀工具锥柄模块

(c) 等径中间模块

(d) 变径中间模块

(e) 丝锥夹头模块

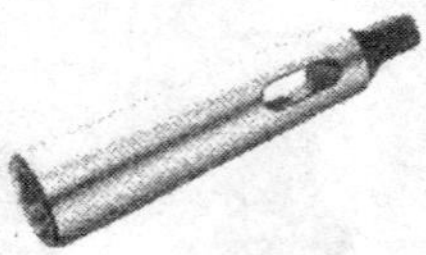

(f) 莫氏圆锥中间套

(e) 拉　钉

(g) 小孔径微调精镗刀

(h) 卸刀夹具

(i) 轴清洁棒

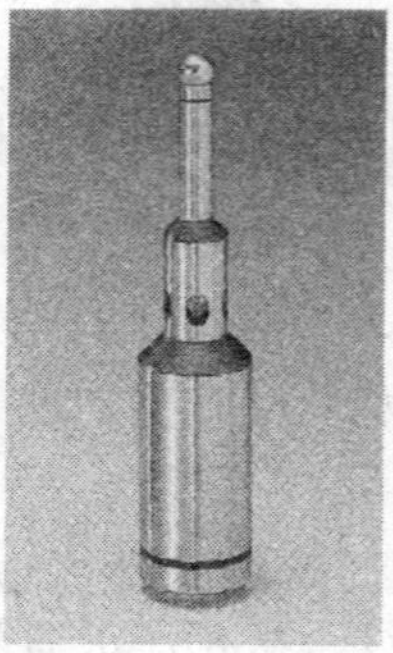

(j) 光电式寻边器

(k) 轴定位器

图 3－33　其他刀柄及附件

3.2.2　加工中心刀具的选择及使用

1. 加工中心刀具的选择

加工中心加工内容的多样性决定了所使用刀具的种类很多，除铣刀以外，加工中心使用较多的是孔加工刀具，包括加工各种大小孔径的麻花钻、扩孔钻、锪孔钻、铰刀、镗刀、丝锥以及螺纹铣刀等。为了适应加工要求，这些加工刀具一般都采用涂层硬质合金材料，分为整体式和机夹可转位式两类。

正确地选择和使用刀具对保证零件加工质量有着极其重要的作用。对成本昂贵的加工中心更要强调选用高性能刀具，充分发挥机床的效率，降低加工成本，提高加工精度。目前国内外加工中心正朝着高速、高刚性和大功率方向发展。这就要求刀具必须具有能够承受高速切削和强力切削的性能，而且要稳定。选择刀具材料时，一般尽可能选择硬质合金刀具，涂层刀具与立方氮化硼等刀具也已广泛用于加工中心，陶瓷刀具与金刚石刀具也开始在加工中心上运用。

平面铣削时应选用不重磨硬质合金端铣刀或立铣刀。一般铣削时，尽量采用二次进给加工，一次粗铣，一次精铣。沿工件表面连续切削时，应选好进给宽度和铣刀直径，使接刀痕不影响精铣进给精度。对加工余量大又不均匀的粗加工，铣刀直径要选得小些以减少切削扭矩；对于精加工铣刀，直径要选得大些，最好能包容待加工面的整个宽度。立铣刀和镶硬质合金刀片的端铣刀主要用于凸台、凹槽和箱体表面的加工。为了提高槽宽的加工精度，减少铣刀的种类，加工时可采用直径比槽宽小的铣刀，先铣槽的中间部分，然后用刀具半径补偿功能铣槽的两边。加工曲面时球头刀的应用最普遍；但是越接近球头刀的底部，切削条件就越差，故近年来有用环形刀（包括平底刀）代替球头刀的趋势。

2. 加工中心刀具的使用

(1) 加工中心刀具使用注意事项

在加工现场应严格按照工艺文件的要求使用刀具，主要包括以下方面：

① 正确使用刀柄，并将刀具正确安装到刀柄上，以保证足够的夹紧力和刚性。

② 按照加工程序中的切削用量进行切削，并在加工中根据加工状态做适当调整，避免刀具的非正常磨损和损坏。

③ 刀具正常磨损后，应及时更换，并重新测量刀具补偿值。

④ 加工时勿接触旋转中的刀柄或刀具。

⑤ 加工时应穿戴防护服及护目镜，以防止飞溅的高温切屑的伤害。

⑥ 加工时为防止意外事故的发生，在刀具旋转时勿打开机床的防护门。

(2) 刀具长期保养

① 刀具长期不使用时，请将刀具从刀柄中拆卸下来，否则会导致刀柄的夹持力和夹持精度下降及连接面的锈蚀。

② 保存前请将刀具、刀柄上的切屑及切削液清理干净，并进行适当的防锈处理，如涂覆防锈油等。

(3) 刀具在刀柄中的安装

① 根据加工要求及所用刀具，选择相对应的刀柄及弹簧夹头。

② 将刀柄装入卸刀夹具中，刀柄卡槽对准卸刀夹具的凸起部分，用月牙形扳手松开锁紧螺母。

③ 将弹簧夹头压入刀柄锁紧螺母。

④ 将弹簧夹头和刀柄锁紧螺母一起拧几扣拧入刀柄，然后将刀具装入弹簧夹头里并伸入适当长度。

⑤ 先用手拧紧，再用月牙形扳手锁紧螺母，完成刀具在刀柄中的安装。

3.2.3 加工中心夹具的选择及使用

1. 加工中心夹具的选择

正确地装夹工件，对充分发挥加工中心的高精度、高效率起着重要的作用。在加工中心上加工采用工序集中的原则，工件一次装夹，可连续、自动地完成铣削、钻削、扩孔、铰孔、镗孔及攻螺纹等粗、精加工。因此，工件的装夹需满足多刀、多面加工的要求。根据加工中心的机床特点和加工需要，目前常用的夹具类型有专用夹具、组合夹具、可调夹具、成组夹具。在选择时要综合考虑各种因素，选择较经济、合理的夹具形式。一般夹具的选择顺序是：在单件生产中尽可能采用通用夹具；在批量生产时优先考虑组合夹具，其次考虑可调夹具，最后考虑成组夹具和专用夹具。选择夹具的基本要求如下：

① 夹具应具有高的刚度和高的定位精度。由于加工中心的工艺特点是多工序集中加工，即在一次装夹中既有粗铣、粗镗等切削力很大的粗加工，又有精铣、精镗等达到工件最终精度要求的精加工，因此夹具不但要能满足定位精度要求，而且夹具体和定位元件的刚性、夹紧元件的夹紧力等还要满足大的切削力要求。

② 装卸方便快捷，辅助时间短。加工中心是高柔性、高效设备，要求夹具比普通机床夹具结构更紧凑、简单，定位夹紧动作更迅速、准确，并尽量减少辅助时间。操作更方便、省力、安全，且要保证足够的刚性，能灵活多变。

③ 保证工件的最小夹压变形。由于在加工中心上既要保证零件的最终加工精度，又要适

应粗加工要求，故须合理安排夹具的支承点、定位点和夹紧点。

④ 保持工件的定位精度。在加工中心上加工时，有时为了满足前后、左右各个工位的加工，夹具上的定位块在工件夹紧后即拆除，此时应考虑拆除定位元件后，工件定位精度的保持问题。

⑤ 优先使用组合夹具或柔性夹具。根据加工中心的机床特点和加工需要，目前常用的夹具结构类型有组合夹具、可调夹具、成组夹具、专用夹具和通用夹具等。组合夹具的基本特点是具有组合性、可调性、模拟性、柔性、应急性和经济性，使用寿命长，能适应产品加工中的周期短和成本低等要求。将定位、夹紧和加工方法相同或相似的零件集中起来，统筹考虑夹具的设计方案，对结构外形相似的零件，应采用具有经济性和夹紧精度高等特点的成组夹具。

2. 加工中心夹具的使用

在使用加工中心夹具时，应注意以下几点：

① 为保持工件在本次定位装夹中所有需要完成的待加工面充分暴露在外，夹具要尽量敞开，夹紧元件的空间位置能低则低，必须给刀具运动轨迹留有空间。夹具不能与各工步刀具轨迹发生干涉。当箱体外部没有合适的夹紧位置时，可以利用内部空间来安排夹紧装置。

② 考虑机床主轴与工作台面之间的最小距离和刀具的装夹长度，夹具在机床工作台上的安装位置应确保在主轴的行程范围内能使工件的加工内容全部完成。

③ 自动换刀和交换工作台时不能与夹具或工件发生干涉。

④ 尽量不要在加工中途更换夹紧点。若必须更换夹紧点，则要特别注意不能因更换夹紧点而破坏定位精度，必要时应在工艺文件中注明。

⑤ 确定零件在机床工作台上的最佳位置。加工中心具有的自动换刀功能决定了其最大的弱点是刀具悬臂式加工，在加工过程中不能设置镗模、支架等。因此，在进行多工位零件加工时，应综合计算各工位的各加工表面到机床主轴端面的距离，以便选择最佳刀具长度，提高工艺系统的刚性，从而保证加工精度。

⑥ 在加工中心加工零件时，同普通机床一样，零件的装夹须遵守六点定位原则。在选择定位基准时，除了要遵循有关定位基准（粗基准和精基准）的选择原则外，还要考虑以下几点：

a. 所选基准应力求使设计基准、工艺基准与编程原点统一，以减少基准不重合误差和数控编程中的计算工作量。

b. 设法减少装夹次数，尽可能做到一次定位装夹后能加工出工件上全部或大部分待加工表面，以减少装夹误差，提高加工表面之间的相互位置精度，充分发挥加工中心的效率。

c. 避免采用占机人工调整式方案，以免占机时间太多，影响加工效率。

⑦ 对个别装夹定位精度要求很高、批量又很小的工件，可用检测仪器在加工中心工作台上找正基准，然后设定工件坐标系进行加工，虽然对每个工件都要有手工找正的辅助时间，但节省了夹具费用。有些加工中心上配置了接触式测头，找正工件的定位基准可用编制测量程

序自动完成。

3.2.4　机外对刀仪

机外对刀仪是加工中心及各种数控机床必备的测量仪器，它可在机外完成刀具切削刃径向和轴向坐标尺寸的精密测量，从而减少试切次数和停机调整时间，提高工作效率，保证加工质量，并可实现刀具管理现代化。

1. 机外对刀仪的组成及基本原理

如图 3-34 所示，仪器由基座Ⅰ、底座Ⅱ、主轴Ⅲ、投影屏Ⅳ、电气系统Ⅴ、立柱Ⅵ共六个部分组成。投影屏用来瞄准被测刀具的刀尖，通过光学系统将刀尖轮廓放大 20 倍成像于影屏上，可提高瞄准精度。固定影屏上刻有十字虚线和 360°刻度。

2. 机外对刀仪的使用方法

机外对刀仪的使用方法如下：

① 拿掉主轴上面的有机玻璃盖，用汽油仔细擦净主轴锥孔及零点棒锥柄，并将其装入主轴锥孔内，转动主轴上的手轮 4 可使主轴转动，右拨手柄 2 可将主轴锁紧。上述工作完成后即可开始测量。

② 将数显表后面板上的“电源”打开，数显表亮，仪表进行自检，自检完成后，数显表显示“×. ×××”即进入工作状态。转动主轴，使零点棒侧面钢球的轮廓线达到最清晰程度。移动 x 坐标，使钢球的轮廓线与光屏的垂直线相切，按数显表上的“X”键，再按数字键，置入零点棒所刻 R 值，按 ENTER 键，使输入值进入内存。

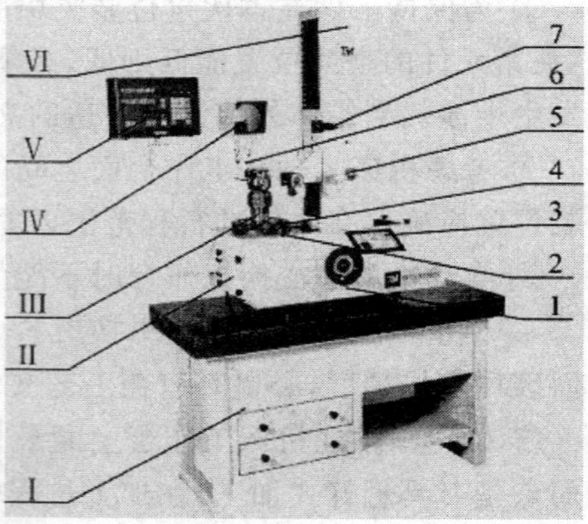

图 3-34　机外对刀仪

③ 移动 z 坐标，使零点棒顶端钢球的最高点与投影屏的水平线相切，按“Z”键，再按数字键置入零点棒所刻的 L 值，按 ENTER 键，使输入值进入内存。零点校对完成后，取出零点棒，放入箱中。

④ 将被测刀具的锥柄擦净后，插入主轴锥孔，开关一次“锁紧”开关，锁紧刀柄，移动立柱及垂直滑板，使被测刀具的最高点分别对准光屏的水平及垂直刻线，此时数显表显示的 x，z 值即刃口半径值和轴向长度值。

3.3　典型零件的加工实例

3.3.1　凹模板加工

例　加工如图 3－35 所示零件，毛坯尺寸为(60±0.05) mm×(60±0.05) mm×20 mm，六面已加工，长度方向侧面对宽度方向侧面及底面的垂直度公差为 0.05 mm，材料为 45 钢，表面粗糙度 R_a 为 3.2 μm。

1. 加工准备

① 认真读零件图，并检查坯料。

② 编制加工程序，录入并检验程序。

③ 用平口虎钳装夹工件，伸出钳口 10 mm 左右，用百分表找正。

④ 注册刀具，T01 为 ϕ16 三刃粗立铣刀，T02 为 ϕ16 精立铣刀，T03 为 ϕ3 中心钻，T04 为 ϕ6 钻头，T05 为 ϕ6 粗立铣刀，T06 为 ϕ6 精立铣刀，依次将每把刀装上主轴，并测量刀具长度，然后放进刀库，尽可能使刀具均布。

⑤ 调出 ϕ16 三刃粗立铣刀上主轴，使用寻边器和 z 轴设定器，以坯料上表面的中心为工件零点，设定工件偏移值。

⑥ 输入刀具补偿参数，进入位置画面，在自动方式下调加工程序。

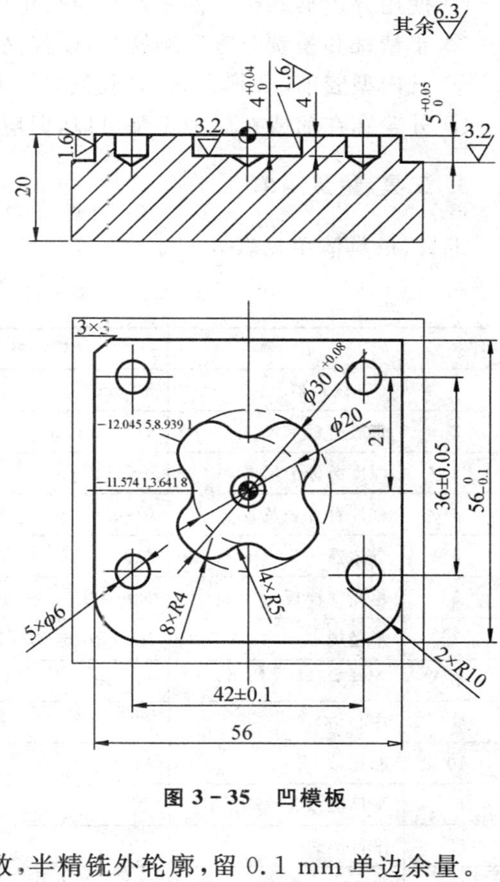

图 3－35　凹模板

2. 加　工

(1) 铣外轮廓

① 粗铣外轮廓，留 0.15 mm 单边余量。

② 从刀库中调出 ϕ16 精立铣刀，设定刀具参数，半精铣外轮廓，留 0.1 mm 单边余量。

③ 测量加工尺寸，调整刀具参数及切削参数，精铣外轮廓，保证长、宽及深度尺寸。

(2) 加工 5×ϕ6 孔

① 调出 ϕ3 中心钻,设置刀具参数,用打中心孔程序,钻出中心孔。

② 调出 ϕ6 钻头,设置刀具参数,钻至图示尺寸。

(3) 铣内型腔

① 调出 ϕ6 粗立铣刀,设置粗铣加工参数,留 0.3 mm 单边余量。

② 调出 ϕ6 精立铣刀,设置半精铣加工参数,留 0.1 mm 单边余量。

③ 测量加工尺寸,调整刀具参数及切削参数,精铣内型腔至要求尺寸。

(4) 注意事项

① 使用寻边器确定工件零点时应采用碰双边法。

② 半精铣和精铣时宜用顺铣法,以提高尺寸精度和表面质量。

③ 铣内型腔前,必须先钻孔,避免立铣刀中心垂直切削工件。

④ 外轮廓在前或在后加工都可以,但应注意刀具集中使用原则。

3. 工具、量具清单

工具、量具清单见表 3-7。

表 3-7 工具、量具清单

序 号	名 称	规 格	精 度	单 位	数 量
1	z 轴设定器	50 mm	0.005 mm	个	1
2	带表游标卡尺	1~150 mm	0.01 mm	把	1
3	深度游标卡尺	0~150 mm	0.02 mm	把	1
4	杠杆百分表及表座	0~0.8 mm	0.01 mm	个	1
5	寻边器	ϕ10	0.002 mm	个	1
6	粗糙度样板	N0~N1	12 级	副	1
7	半径规	$R1 \sim R6.5$, $R7 \sim R14.5$		套	各 1
8	立铣刀	ϕ16, ϕ6		把	各 2
9	中心钻	ϕ3		把	1
10	麻花钻	ϕ6		把	1
11	平口虎钳	Q150		个	1
12	平行垫铁			副	若干
13	机床	VTC—20B 加工中心			
14	数控系统	MAZATROL 640M			

4. 参考程序(MAZATROL 640M)

```
O1
N001  (E-MIL D16)
    G90G80G40G0              ;初期设定
    G91G28Z0                 ;回零点(z 轴)
    G28X0Y0                  ;回零点(x,y 轴)
    T1T0M6                   ;更换刀具
    G90G54S1000M3            ;坐标系设定,主轴启动
    G0X40Y50                 ;下刀位置
    G43Z100M8                ;刀具长度补偿,开冷却液
    Z8                       ;快速接近工件
    G1Z-5F100                ;进给至加工深度
    G41X28Y28                ;建立刀具半径补偿
    Y-28,R10                 ;轮廓描绘
    X-28,R10
    Y28,C3
    X28
    G0Z100H0M9               ;z 轴抬高至 100 mm,取消长度补偿,关冷却液
    G40X200Y100              ;取消刀具半径补偿,移动主轴以便于观察、测量工件
    M5                       ;停主轴
    M01                      ;选择停止
N002  (E-MIL D16)
    G90G80G40G0              ;初期设定
    G91G28Z0                 ;回零点(z 轴)
    G28X0Y0                  ;回零点(x,y 轴)
    T2T0M6                   ;更换刀具
    G90G54S1000M3            ;坐标系设定,主轴启动
    G0X40Y50                 ;下刀位置
    G43Z100M8                ;刀具长度补偿,开冷却液
    Z8                       ;快速接近工件
    G1Z-5F100                ;进给至加工深度
    G41X28Y28                ;建立刀具半径补偿
    Y-28,R10                 ;轮廓描绘
    X-28,R10
    Y28,C3
    X28
    G0Z100H0M9               ;z 轴抬高至 100 mm,取消刀具长度补偿,关冷却液
    G40X200Y100              ;取消刀具半径补偿,移动主轴以便于观察、测量工件
```

```
    M5                          ;停主轴
    M01                         ;选择停止
N003  (SPOT D3)
    G90G80G40G0                 ;初期设定
    G91G28Z0                    ;回零点(z轴)
    G28X0Y0                     ;回零点(x,y轴)
    T3T0M6                      ;更换刀具
    G90G54S2000M03              ;坐标系设定,主轴启动
    G0X21Y21                    ;定位孔位置
    G43Z50M8                    ;向初始点移动,刀具长度补偿,开冷却液
    G99G81Z-4R5F100             ;孔加工
    X-21                        ;孔加工定位
    Y-15
    X21
    X0Y0
    G80G0Z50M9                  ;固定循环取消,z轴抬高,关冷却液
    G91G28Z0                    ;回零点(z轴)
    G28X0Y0                     ;回零点(x,y轴)
    M05                         ;停主轴
    M01                         ;选择停止
N004  (DRL D6)
    G90G80G40G0                 ;初期设定
    G91G28Z0                    ;回零点(z轴)
    G28X0Y0                     ;回零点(x,y轴)
    T4T0M6                      ;更换刀具
    G90G54S1000M03              ;坐标系设定,主轴启动
    G0X21Y21                    ;定位孔位置
    G43Z50M8                    ;向初始点移动,刀具长度补偿,开冷却液
    G99G81Z-4R5F100             ;孔加工
    X-21                        ;孔加工定位
    Y-15
    X21
    X0Y0
    G80G0Z50M9                  ;固定循环取消,z轴抬高,关冷却液
    G91G28Z0                    ;回零点(z轴)
    G28X0Y0                     ;回零点(x,y轴)
    M05                         ;停主轴
    M01                         ;选择停止
N005  (E-MIL D6)
```

```
    G90G80G40G0                       ;初期设定
    G91G28Z0                          ;回零点(z 轴)
    G28X0Y0                           ;回零点(x,y 轴)
    T5T0M6                            ;更换刀具
    G90G54S1000M3                     ;坐标系设定,主轴启动
    G0X0Y0                            ;下刀位置
    G43Z100M8                         ;刀具长度补偿,开冷却液
    Z8                                ;快速接近工件
    G1Z-4F100                         ;进给至加工深度
    M98P0002L4
    G1X0Y0G40                         ;取消刀具半径补偿
    G0Z100H0M9                        ;z 轴抬高至 100 mm,取消刀具长度补偿,关冷却液
    X200Y100                          ;移动主轴以便于观察、测量工件
    M5                                ;停主轴
    M01                               ;选择停止
N006 (E-MIL D6)
    G90G80G40G0                       ;初期设定
    G91G28Z0                          ;回零点(z 轴)
    G28X0Y0                           ;回零点(x,y 轴)
    T6T0M6                            ;更换刀具
    G90G54S1000M3                     ;坐标系设定,主轴启动
    G0X0Y0                            ;下刀位置
    G43Z100M8                         ;刀具长度补偿,开冷却液
    Z8                                ;快速接近工件
    G1Z-4F100                         ;进给至加工深度
    M98P0002L4
    G1X0Y0G40                         ;取消半径补偿
    G0Z100H0M9                        ;z 轴抬高至 100 mm,取消刀具长度补偿,关冷却液
    X200Y100                          ;移动主轴以便于观察、测量工件
    M5                                ;停主轴
    M30                               ;程序结束

O2                                    ;内轮廓精加工子程序
    G1G90G41X10Y0
    G2X11.5741Y3.6418R5
    G3X12.0455Y8.9391R4
    X8.9391Y12.0455R15
    X3.6418Y11.5741R4
    G2X0Y10R5
```

```
G91G68X0Y0R90
M99
```

3.3.2 凸模板加工

例 加工如图 3-36 所示零件，毛坯尺寸为(60±0.05) mm×(60±0.05) mm×20 mm，六面已加工，长度方向侧面对宽度方向侧面及底面的垂直度公差为 0.05 mm，材料为 45 钢，表面粗糙度 R_a 为 3.2 μm。

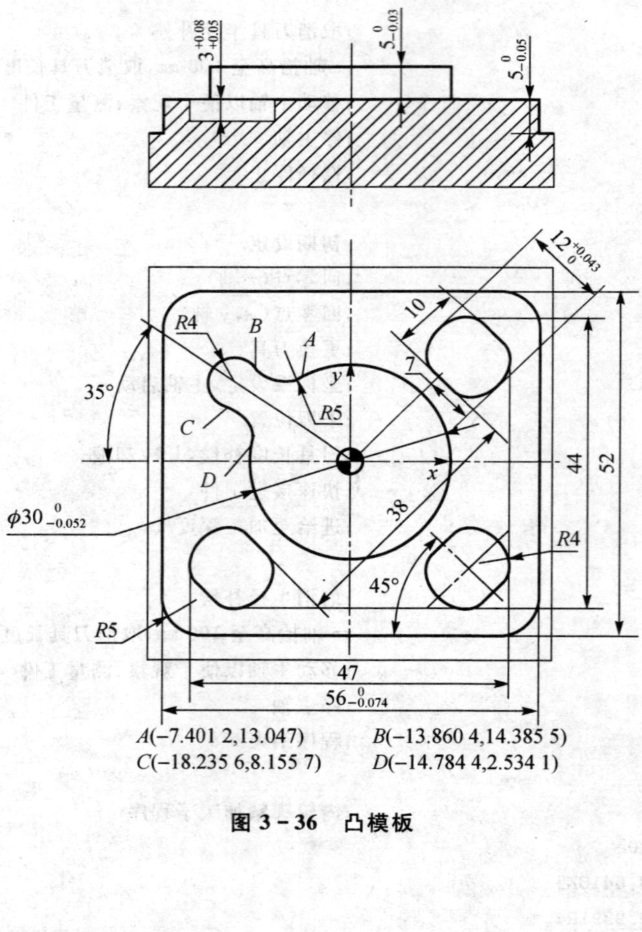

图 3-36 凸模板

1. 加工准备

① 认真读零件图，并检查坯料。

② 编制加工程序，录入并检验程序。

③ 用平口钳装夹工件，伸出钳口 12 mm 左右，用百分表找正。

④ 注册刀具，T01 为 ϕ16 三刃粗立铣刀，T02 为 ϕ16 精立铣刀，T03 为 ϕ8 粗立铣刀，T04 为 ϕ8 精立铣刀，T05 为 ϕ6 粗立铣刀，T06 为 ϕ6 精立铣刀。依次将每把刀具装上主轴，并测量刀具长度，然后放进刀库，尽可能使刀具均布。

⑤ 调出 ϕ16 三刃粗立铣刀上主轴，使用寻边器和 z 轴设定器，确定工件零点为坯料上表面的中心，设定工件偏移值。

⑥ 输入刀具补偿参数，进入位置画面，在自动方式下调加工程序。

2. 加　工

(1) 铣外轮廓

① 为上表面凸台去除多余材料，再粗铣外轮廓，留 0.3 mm 单边余量。

② 从刀库中调出 ϕ16 精立铣刀，设定刀具参数，半精铣外轮廓，留 0.10 mm 单边余量。

③ 测量加工尺寸，调整刀具参数及切削参数，精铣外轮廓，保证长、宽及深度尺寸。

(2) 铣上表面凸台

① 调出 ϕ8 粗立铣刀，设置刀具参数，粗铣上表面凸台，留 0.3 mm 单边余量。

② 从刀库中调出 ϕ8 精立铣刀，设置刀具参数，半精铣外轮廓，留 0.1 mm 单边余量。

③ 测量加工尺寸，调整刀具参数及切削参数，精铣上表面凸台，保证长、宽及深度尺寸。

(3) 铣内型腔

① 调出 ϕ6 粗立铣刀，设置粗铣加工参数，留 0.3 mm 单边余量。

② 调出 ϕ6 精立铣刀，设置半精铣加工参数，留 0.1 mm 单边余量。

③ 测量加工尺寸，调整刀具参数及切削参数，精铣内型腔至要求尺寸。

(4) 注意事项

① 使用寻边器确定工件零点时应采用碰双边法。

② 半精铣和精铣时宜用顺铣法，以提高尺寸精度和表面质量。

③ 铣内型腔可使用斜线下刀或螺旋下刀，避免立铣刀中心垂直切削工件。

④ 三个内型腔要使用子程序以及旋转和镜像指令。注意刀具集中使用原则。

3. 工具、量具清单

工具、量具清单见表 3－8。

表 3-8 工具、量具清单

序号	名称	规格	精度	单位	数量
1	z 轴设定器	50 mm	0.005 mm	个	1
2	带表游标卡尺	1～150 mm	0.01 mm	把	1
3	深度游标卡尺	0～150 mm	0.02 mm	把	1
4	杠杆百分表及表座	0～0.8 mm	0.01 mm	个	1
5	寻边器	ϕ10	0.002 mm	个	1
6	粗糙度样板	N0～N1	12 级	副	1
7	半径规	R1～R6.5，R7～R14.5		套	各 1
8	立铣刀	ϕ16，ϕ8，ϕ6		把	各 2
9	平口钳	Q150		个	1
10	平行垫铁			副	若干
11	数控机床	VTC—20B 加工中心			
12	数控系统	MAZATROL 640M			

4. 参考程序(MAZATROL 640M)

```
O1
N001  (E-MIL D16)
    G90G80G40G0              ;初期设定
    G91G28Z0                 ;回零点(z 轴)
    G28X0Y0                  ;回零点(x,y 轴)
    T1T0M6                   ;更换刀具
    G90G54S1000M3            ;坐标系设定,主轴启动
    G0Z100
    X45Y24.5                 ;去除材料起始点
    Z8                       ;快速接近工件
    G1Z-4.95F100             ;进给至深度
    X-29.5                   ;去除凸台周边材料
    Y-4
    X-25.5
    Y-24.5
    X24.5
    Y24.5
    G0Z100
    M5
```

```
    M1
N002  (E-MIL D16)
    G90G80G40G0              ;初期设定
    G91G28Z0                 ;回零点(z 轴)
    G28X0Y0                  ;回零点(x,y 轴)
    T1T0M6                   ;更换刀具
    G90G54S1000M3            ;坐标系设定,主轴启动
    G0X40Y50                 ;下刀位置
    G43Z100M8                ;刀具长度补偿,开冷却液
    Z8
    G1Z-9.95F100             ;进给至加工深度
    G41X28Y26                ;建立刀具半径补偿
    Y-26,R5                  ;轮廓描绘
    X-28,R5
    Y26,R5
    X23
    G2X28Y21R5
    G3X37Y12R9               ;1/4 圆弧切出
    G0Z100H0M9               ;z 轴抬高至 100 mm,取消长度补偿,关冷却液
    G40X200Y100              ;取消刀具半径补偿,移动主轴以便于观察、测量工件
    M5                       ;停主轴
    M01                      ;选择停止
N003  (E-MIL D16)
    G90G80G40G0              ;初期设定
    G91G28Z0                 ;回零点(z 轴)
    G28X0Y0                  ;回零点(x,y 轴)
    T2T0M6                   ;更换刀具
    G90G54S1000M3            ;坐标系设定,主轴启动
    G0X40Y50                 ;下刀位置
    G43Z100H1M8              ;刀具长度补偿,开冷却液
    Z8                       ;快速接近工件
    G1Z-9.95F100             ;进给至加工深度
    G41X28Y26                ;建立刀具半径补偿
    Y-26,R5                  ;轮廓描绘
    X-28,R5
    Y26,R5
    X23
    G2X28Y21R5
    G3X37Y12R9               ;1/4 圆弧切出
```

```
    G0Z100H0M9                      ;z 轴抬高至 100 mm,取消刀具长度补偿,关冷却液
    G40X200Y100                     ;取消刀具半径补偿,移动主轴以便于观察、测量工件
    M5                              ;停主轴
    M01                             ;选择停止
N004  (E-MIL D8)
    G90G80G40G0                     ;初期设定
    G91G28Z0                        ;回零点(z 轴)
    G28X0Y0                         ;回零点(x,y 轴)
    T3T0M6                          ;更换刀具
    G90G54S1000M03                  ;坐标系设定,主轴启动
    G0X28Y0                         ;下刀位置
    G43Z100M8                       ;刀具长度补偿,开冷却液
    Z5                              ;快速接近工件
    G1Z-4.95                        ;进给至加工深度
    G41X20Y5                        ;建立刀具半径补偿
    G3X15Y0R5                       ;1/4 圆弧切入
    G2X-14.7844Y2.5341R-15
    G3X-18.2356Y8.1557R5
    G2X-13.8604Y14.3855R-4
    G3X-7.4012Y13.047R5
    G2X15Y0R15
    G3X20Y-5R5                      ;1/4 圆弧切出
    G1X28Y0G40                      ;取消刀具半径补偿
    G0Z100M9                        ;z 轴抬高,关冷却液
    X200Y100
    M05                             ;停主轴
    M01                             ;选择停止
N005  (E-MIL D8)
    G90G80G40G0                     ;初期设定
    G91G28Z0                        ;回零点(z 轴)
    G28X0Y0                         ;回零点(x,y 轴)
    T4T0M6                          ;更换刀具
    G90G54S1000M03                  ;坐标系设定,主轴启动
    G0X28Y0                         ;下刀位置
    G43Z100M8                       ;刀具长度补偿,开冷却液
    Z5                              ;快速接近工件
    G1Z-4.95                        ;进给至加工深度
    G41X20Y5                        ;建立刀具半径补偿
    G3X15Y0R5                       ;1/4 圆弧切入
```

```
    G2X-14.7844Y2.5341R-15
    G3X-18.2356Y8.1557R5
    G2X-13.8604Y14.3855R-4
    G3X-7.4012Y13.047R5
    G2X15Y0R15
    G3X20Y-5R5                  ;1/4 圆弧切出
    G1X28Y0G40                  ;取消半径补偿
    G0Z100M9                    ;z 轴抬高,关冷却液
    X200Y100
    M05                         ;停主轴
    M01                         ;选择停止
N006  (E-MIL D6)
    G90G80G40G0                 ;初期设定
    G91G28Z0                    ;回零点(z 轴)
    G28X0Y0                     ;回零点(x,y 轴)
    T5T0M6                      ;更换刀具
    G90G54S1000M3               ;坐标系设定,主轴启动
    M98P0002                    ;调子程序加工右下角槽
    G51.1X0
    M98P0002
    G50.1X0
    G51.1Y0
    M98P0002
    G50.1Y0
    G0Z100H0M9                  ;z 轴抬高至 100 mm,取消刀具长度补偿,关冷却液
    X200Y100                    ;移动主轴以便于观察、测量工件
    M5                          ;停主轴
    M01                         ;选择停止
N007  (E-MIL D6)
    G90G80G40G0                 ;初期设定
    G91G28Z0                    ;回零点(z 轴)
    G28X0Y0                     ;回零点(x,y 轴)
    T6T0M6                      ;更换刀具
    G90G54S1000M3               ;坐标系设定,主轴启动
    G0Z100
    M98P0002                    ;调子程序加工右下角槽
    G51.1X0
    M98P0002
    G50.1X0
```

```
    G51.1Y0
    M98P0002
    G50.1Y0
    G0Z100H0M9                    ;z轴抬高至100 mm,取消刀具长度补偿,关冷却液
    X200Y100                      ;移动主轴以便于观察、测量工件
    M5                            ;停主轴
    M30                           ;选择停止

O2
    G0G43Z5
    G90G68X0Y0R45
    X-1.5Y-24
    G0Z1
    G1Z-4.5F100
    X3.5Z-6
    X-1.5Z-7
    X3.5Z-8
    G1G90G41X-5
    Y-19,R4
    X7,R4
    Y-29,R4
    X-5,R4
    Y-24
    X0G40
    G0Z5H0
    G69
    M99
```

3.3.3 凹凸模板加工

例 加工如图 3-37 所示零件,毛坯尺寸为(60±0.05) mm×(60±0.05) mm×20 mm,六面已加工,长度方向侧面对宽度方向侧面及底面的垂直度公差为 0.05 mm,材料为 45 钢,表面粗糙度 R_a 为 3.2 μm。

1. 加工准备

① 认真读零件图,并检查坯料。

② 编制加工程序,录入并检验程序。

③ 用平口钳装夹工件，伸出钳口 13 mm 左右，用百分表找正。

④ 注册刀具，T01 为 $\phi80$ 面铣刀，T02 为 $\phi14$ 粗立铣刀，T03 为 $\phi14$ 精立铣刀，T03 为 $\phi8$ 粗立铣刀，T04 为 $\phi8$ 精立铣刀，T05 为 $\phi3$ 中心钻，T06 为 $\phi6$ 钻头，T07 为 $\phi9.8$ 钻头，T08 为 $\phi10$ 铰刀，T09 为 $\phi19.5$ 钻头，T10 为镗刀。依次将每把刀具装上主轴，并测量刀具长度，然后放进刀库，尽可能使刀具均布。

⑤ 调出 $\phi80$ 面铣刀上主轴，使用寻边器和 z 轴设定器，确定工件零点为坯料上表面的中心，设定工件偏移值。

⑥ 输入刀具补偿参数，进入位置画面，在自动方式下调加工程序。

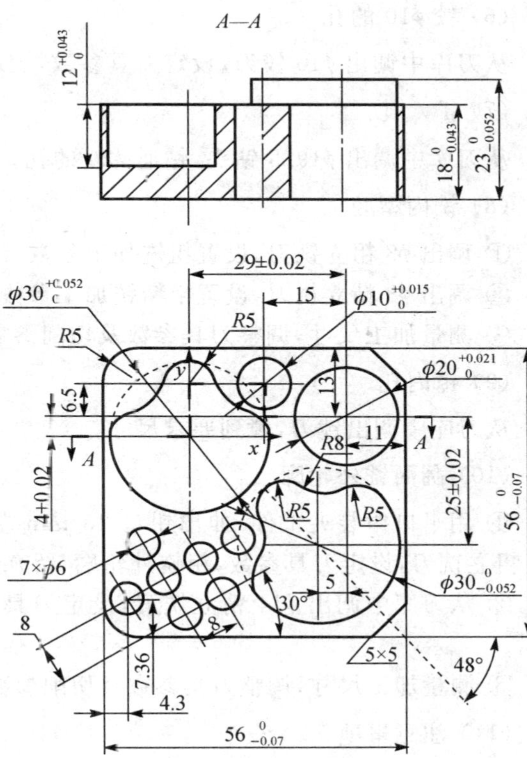

图 3-37　凹凸模板

2. 加　工

(1) 铣平面

铣平面保证厚度尺寸为 $23^{0}_{-0.05}$。

(2) 铣凸台和外轮廓

① 从刀库中调出 $\phi14$ 粗立铣刀，设定刀具参数，为上表面凸台去除多余材料，粗铣凸台，再粗铣外轮廓，留 0.3 mm 单边余量。

② 从刀库中调出 $\phi14$ 精立铣刀，设定刀具参数，半精铣凸台和外轮廓，留 0.1 mm 单边余量。

③ 测量加工尺寸，调整刀具参数及切削参数，精铣凸台和外轮廓，保证尺寸。

(3) 钻中心孔

从刀库中调出 $\phi3$ 中心钻，为内型腔中心、$\phi10$ 铰孔中心和 $\phi20$ 孔中心钻中心孔。

(4) 钻 $7\times\phi6$ 的孔

从刀库中调出 $\phi6$ 钻头，设定刀具参数，钻孔至尺寸。

(5) 钻 $\phi9.8$ 的孔

从刀库中调出 $\phi9.8$ 钻头，钻 $\phi10$ 铰孔底孔、内型腔孔和 $\phi20$ 的孔。

(6) 铰 $\phi10$ 的孔

从刀库中调出 $\phi10$ 铰刀,设定刀具参数,铰通孔。

(7) 扩　孔

从刀库中调出 $\phi19.5$ 钻头,钻通 $\phi20$ 的孔。

(8) 铣内型腔

① 调出 $\phi8$ 粗立铣刀,设置粗铣加工参数,留 0.3 mm 单边余量。

② 调出 $\phi8$ 精立铣刀,设置半精铣加工参数,留 0.1 mm 单边余量。

③ 测量加工尺寸,调整刀具参数及切削参数,精铣内型腔至要求尺寸。

(9) 镗内孔

从刀库中调出镗刀,镗到要求尺寸。

(10) 翻面铣外轮廓

① 用平口钳装夹工件,伸出钳口 13 mm 左右,用百分表找正。装夹好后从刀库中调出 $\phi14$ 粗立铣刀,设定刀具参数,粗铣外轮廓,留 0.3 mm 单边余量。

② 从刀库中调出 $\phi14$ 精立铣刀,设定刀具参数,半精铣凸台和外轮廓,留 0.1 mm 单边余量。

③ 测量加工尺寸,调整刀具参数及切削参数,精铣凸台和外轮廓,保证尺寸。

(11) 注意事项

① 使用寻边器确定工件零点时应采用碰双边法。

② 半精铣和精铣时宜用顺铣法,以提高尺寸精度和表面质量。

③ 铣内型腔可利用钻头钻下刀孔,避免立铣刀中心垂直切削工件。

④ 内型腔与凸台形状相同,可使用子程序及旋转指令。注意刀具集中使用原则。

3. 工具、量具清单

工具、量具清单见表 3-9。

表 3-9　工具、量具清单

序　号	名　称	规　格	精　度	单　位	数　量
1	z 轴设定器	50 mm	0.005 mm	个	1
2	带表游标卡尺	1～150 mm	0.01 mm	把	1
3	深度游标卡尺	0～150 mm	0.02 mm	把	1
4	杠杆百分表及表座	0～0.8 mm	0.01 mm	个	1
5	寻边器	$\phi10$	0.002 mm	个	1

续表 3－9

序　号	名　称	规　格	精　度	单　位	数　量
6	粗糙度样板	N0～N1	12 级	副	1
7	半径规	$R1 \sim R6.5, R7 \sim R14.5$		套	各 1
8	立铣刀	$\phi 14, \phi 8$		把	各 2
9	中心钻	$\phi 3$		把	1
10	钻头	$\phi 6, \phi 9.8, \phi 19.5$		把	各 1
11	铰刀	$\phi 10$	7 级	把	1
12	镗刀	$\phi 16$ 镗刀杆		把	1
13	平口虎钳	Q150		个	1
14	平行垫铁			副	若干
15	数控机床	VTC—20B 加工中心			
16	数控系统	MAZATROL 640M			

4. 参考程序(MAZATROL 640M)

```
O1
N001  (E-MIL D80)                  ;铣面
    G90G80G40G0G69                 ;初期设定
    G91G28Z0                       ;回零点(z 轴)
    G28X0Y0                        ;回零点(x,y 轴)
    T1T0M6                         ;更换刀具
    G90G54S1000M3                  ;坐标系设定,主轴启动
    G0Z100M8
    X80Y0
    G43Z50
    Z8
    G1Z-0.5F100
    X-80
    G0Z100H0M9
    M5
    M1
N002  (E-MIL D14)                  ;铣凸台
    G90G80G40G0G69                 ;初期设定
    G91G28Z0                       ;回零点(z 轴)
    G28X0Y0                        ;回零点(x,y 轴)
```

```
    T2T0M6                      ;更换刀具
    G90G54S1000M3               ;坐标系设定,主轴启动
    G0Z100M8
    G43Z50
    X-10Y-40                    ;去除凸台多余材料路线
    Z8
    G1Z-5F100M8
    Y10
    X18
    Y18
    X-18
    Y-28
    G0Z5
    G0X45Y-45                   ;下刀位置
    G55
    G1Z-5F100                   ;进给至加工深度
    G68X0Y0R48
    G1G41X0Y-15
    M98P2
    G1G40X0Y-25
    G0Z100H0M9
    M5
    M1
N003  (E-MIL D14)               ;铣外轮廓
    G90G80G40G0G69              ;初期设定
    G91G28Z0                    ;回零点(z轴)
    G28X0Y0                     ;回零点(x,y轴)
    T2T0M6                      ;更换刀具
    G90G54S1000M3               ;坐标系设定,主轴启动
    G0Z100M8
    G43Z50
    G0Z5
    X45Y-40
    G1-12F100
    G41X28Y-28                  ;建立刀具半径补偿
    X-28,R5                     ;轮廓描绘
    Y28,R5
    X28,C5
    Y-23
```

```
    X21Y-28
    G0Z100H0M9                ;z轴抬高至100 mm，取消刀具长度补偿，关冷却液
    G40X200Y100               ;取消刀具半径补偿，移动主轴以便于观察、测量工件
    M5                        ;停主轴
    M01                       ;选择停止
N004  (E-MIL D14)             ;精铣凸台
    G90G80G40G0G69            ;初期设定
    G91G28Z0                  ;回零点(z轴)
    G28X0Y0                   ;回零点(x,y轴)
    T3T0M6                    ;更换刀具
    G90G54S1000M3             ;坐标系设定，主轴启动
    G0Z100M8
    G43Z50
    X-10Y-40                  ;去除凸台多余材料路线
    Z8
    G1Z-5F100M8
    Y10
    X18
    Y18
    X-18
    Y-28
    G0Z5
    G0X45Y-45                 ;下刀位置
    G55
    G1Z-5F100                 ;进给至加工深度
    G68X0Y0R48
    G1G41X0Y-15
    M98P2
    G1G40X0Y-25
    G69
    G0Z100H0M9
    M5
    M1
N005  (E-MIL D14)             ;精铣外轮廓
    G90G80G40G0               ;初期设定
    G91G28Z0                  ;回零点(z轴)
    G28X0Y0                   ;回零点(x,y轴)
    T2T0M6                    ;更换刀具
    G90G54S1000M3             ;坐标系设定，主轴启动
```

```
    G0Z100M8
    G43Z50
    G0Z5
    X45Y-40
    G1-12F100
    G41X28Y-28                  ;建立刀具半径补偿
    X-28,R5                     ;轮廓描绘
    Y28,R5
    X28,C5
    Y-23
    X21Y-28
    G0Z100H0M9                  ;z 轴抬高至 100 mm,取消刀具长度补偿,关冷却液
    G40X200Y100                 ;取消刀具半径补偿,移动主轴以便于观察、测量工件
    M5                          ;停主轴
    M01                         ;选择停止
N006  (SPOT D3)
    G90G80G40G0                 ;初期设定
    G91G28Z0                    ;回零点(z 轴)
    G28X0Y0                     ;回零点(x,y 轴)
    T4T0M6                      ;更换刀具
    G90G54S2000M03              ;坐标系设定,主轴启动
    G0X-12Y11                   ;定位孔位置
    G43Z50M8                    ;向初始点移动,刀具长度补偿,开冷却液
    G99G81Z-5R5F100             ;孔加工
    X2Y21.5                     ;孔加工定位
    X17Y15
    G80
    G0Z50H0M9                   ;固定循环取消,z 轴抬高,关冷却液
    M05                         ;停主轴
    M01                         ;选择停止
N007  (DRL D6)
    G90G80G40G0                 ;初期设定
    G91G28Z0                    ;回零点(z 轴)
    G28X0Y0                     ;回零点(x,y 轴)
    T5T0M6                      ;更换刀具
    G90G56S1000M03              ;坐标系设定(以左下角边上的孔为 G56 原点),主轴启动
    G68X0Y0R30
    G0X0Y0                      ;定位孔位置
    G43Z50M8                    ;向初始点移动,刀具长度补偿,开冷却液
```

```
    G99G83Z-25R5Q5F100          ;孔加工
    X8Y8                        ;孔加工定位
    Y0
    Y-8
    X16
    Y0
    X24
    G80
    G69
    G54
    G0X-12Y11
    G1Z-12
    G0Z50H0M9                   ;固定循环取消,z 轴抬高,关冷却液
    M05                         ;停主轴
    M01                         ;选择停止
N008  (DRL D9.8)
    G90G80G40G0                 ;初期设定
    G91G28Z0                    ;回零点(z 轴)
    G28X0Y0                     ;回零点(x,y 轴)
    T6T0M6                      ;更换刀具
    G90G54S800M03               ;坐标系设定,主轴启动
    G43Z50M8                    ;向初始点移动,刀具长度补偿,开冷却液
    G99G81X2Y21.5Z-28R5F100     ;孔加工
    X17Y15
    G80
    G0Z50H0M9                   ;固定循环取消,z 轴抬高,关冷却液
    M05                         ;停主轴
    M01                         ;选择停止
N009
    G90G80G40G0                 ;初期设定
    G91G28Z0                    ;回零点(z 轴)
    G28X0Y0                     ;回零点(x,y 轴)
    T7T0M6                      ;更换刀具
    G90G54S200M03               ;坐标系设定,主轴启动
    G0X2Y21.5                   ;下刀位置
    G43Z100M8                   ;刀具长度补偿,开冷却液
    Z10                         ;快速接近工件
    G99G85Z-28R5F100
    G80
```

```
    G0Z50H0M9                      ;固定循环取消,z轴抬高,关冷却液
    M05                            ;停主轴
    M01                            ;选择停止
N010
    G90G80G40G0                    ;初期设定
    G91G28Z0                       ;回零点(z轴)
    G28X0Y0                        ;回零点(x,y轴)
    T8T0M6                         ;更换刀具
    G90G54S1000M03                 ;坐标系设定,主轴启动
    X17Y15                         ;下刀位置
    G43Z100M8                      ;刀具长度补偿,开冷却液
    Z10                            ;快速接近工件
    G99G81Z-28R5F100
    G80
    G0Z50H0M9                      ;固定循环取消,z轴抬高,关冷却液
    M05                            ;停主轴
    M01                            ;选择停止
N011  (E-MIL D8)
    G90G80G40G0G69                 ;初期设定
    G91G28Z0                       ;回零点(z轴)
    G28X0Y0                        ;回零点(x,y轴)
    T8T0M6                         ;更换刀具
    G90G57S1000M03                 ;坐标系设定,主轴启动,以内型腔大圆中心为G57原点
    G0X0Y0                         ;下刀位置
    G43Z100M8                      ;刀具长度补偿,开冷却液
    Z5                             ;快速接近工件
    G1Z-6                          ;进给至加工深度
    G41X-5Y-10                     ;建立半径补偿
    G3X0Y-15R5
    M98P2
    G3X5Y-10R5                     ;1/4圆弧切出
    G1X0Y0G40                      ;取消刀具半径补偿
    G1Z-12                         ;进给至加工深度
    G41X-5Y-10                     ;建立刀具半径补偿
    G3X0Y-15R5
    M98P2
    G3X5Y-10R5                     ;1/4圆弧切出
    G1X0Y0G40                      ;取消刀具半径补偿
    G0Z100H0M9                     ;z轴抬高,关冷却液
```

```
    X200Y100
    M05                           ;停主轴
    M01                           ;选择停止
N012   (E-MIL D8)
    G90G80G40G0G69                ;初期设定
    G91G28Z0                      ;回零点(z 轴)
    G28X0Y0                       ;回零点(x,y 轴)
    T9T0M6                        ;更换刀具
    G90G57S1200M03                ;坐标系设定,主轴启动,以内型腔大圆中心为 G57 原点
    G0X0Y0                        ;下刀位置
    G43Z100M8                     ;刀具长度补偿,开冷却液
    Z5                            ;快速接近工件
    G1Z-6                         ;进给至加工深度(需调用两次程序加工至 Z-12)
    G41X-5Y-10                    ;建立刀具半径补偿
    G3X0Y-15R5
    M98P2
    G3X5Y-10R5                    ;1/4 圆弧切出
    G1X0Y0G40                     ;取消刀具半径补偿
    G1Z-12                        ;进给至加工深度
    G41X-5Y-10                    ;建立刀具半径补偿
    G3X0Y-15R5
    M98P2
    G3X5Y-10R5                    ;1/4 圆弧切出
    G1X0Y0G40                     ;取消刀具半径补偿
    G0Z100H0M9                    ;z 轴抬高,关冷却液
    X200Y100
    M05                           ;停主轴
    M01                           ;选择停止
N007
    G90G80G40G0                   ;初期设定
    G91G28Z0                      ;回零点(z 轴)
    G28X0Y0                       ;回零点(x,y 轴)
    T10T0M6                       ;更换刀具
    G90G54S3000M03                ;坐标系设定,主轴启动
    X17Y15                        ;下刀位置
    G43Z100M8                     ;刀具长度补偿,开冷却液
    Z10                           ;快速接近工件
    G99G85Z-28R5F100
    G80
```

```
    G0Z200H0M9                          ;固定循环取消,z轴抬高,关冷却液
    X200Y100
    M05                                 ;停主轴
    M30                                 ;选择停止
O2
    G3X15Y0.026R15
    X11.0492Y4.906R5
    G2X4.906Y11.0492R8
    G3X0.026Y15R5
    X-0.026Y15R15
    X-4.906Y11.0492R5
    G2X-11.0492Y4.906R8
    G3X-15Y0.026R5
    X0Y-15R15
    M99
```

第4章 数控电火花线切割机床操作

4.1 电火花线切割机床的操作基础

电火花线切割加工 WEDM(Wire Electrical-Discharge Machining)是在电火花加工的基础上发展起来的一种工艺方法,是一种直接利用电能和热能进行加工的新技术。它用一根移动着的金属丝(钼丝或铜丝)作为工具电极对工件进行切割,故称线切割加工。线切割加工中,工件和电极丝的相对运动是由数字控制实现的,故又称为数控电火花线切割加工,简称线切割加工。

4.1.1 DK7725E 型电火花线切割机床的基本知识

1. 电火花线切割机床的组成结构

电火花线切割机床主要由线切割机床本体、脉冲电源、工作液循环系统、控制系统和线切割机床附件等几部分组成,如图 4-1 所示。

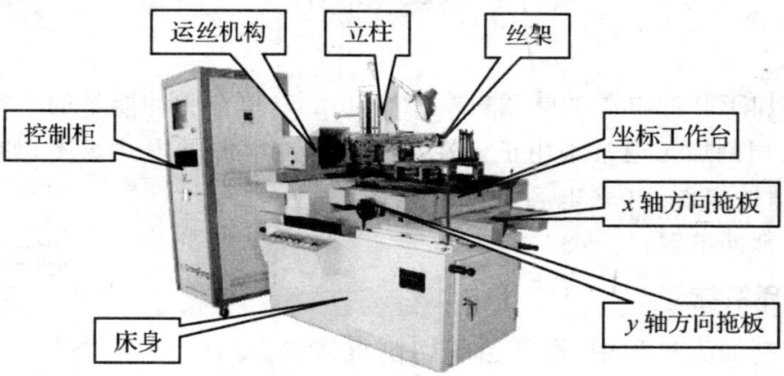

图 4-1 线切割机床结构图

(1) 线切割机床本体

线切割机床本体由床身、坐标工作台、运丝机构和丝架等组成。

1) 床 身

床身一般为铸件,是坐标工作台、运丝机构及丝架的支承和固定基础。床身通常采用箱式结构，具有足够的强度和刚度。床身上安装有上丝开关和紧急停止开关，还安装有运丝电动机。

2）坐标工作台

电火花线切割机床是通过坐标工作台（x 轴和 y 轴）与电极丝的相对运动来完成工件加工的。一般都用由 x 轴方向和 y 轴方向组成的"＋"字滑板，由步进电动机带动滚动导轨和丝杠使工作台做直线运动，通过两个坐标方向各自的进给运动，可组合成各种平面图形轨迹。

3）运丝机构、丝架

运丝机构用来控制电极丝与工件之间产生相对运动，如图 4－2 所示。

丝架与运丝机构一起构成电极丝的运动系统。其功能主要是对电极丝起支撑作用，并使电极丝工作部分与坐标工作台平面保持一定的几何角度，以满足各种工件（如带锥工件）加工的需要。

图 4－2　运丝机构

（2）脉冲电源

电火花线切割加工脉冲电源的脉宽较窄（2～60 μs），单个脉冲能量的平均峰值电流仅 1～5 A，所以电火花线切割加工通常采用正极性加工。脉冲电源的形式很多，如晶体管矩形波脉冲电源、高频分组脉冲电源、并联电容型脉冲电源，最为常用的是高频分组脉冲电源。

（3）工作液循环系统

在电火花线切割加工过程中，需要给线切割机床稳定地供给有一定绝缘性能的工作液，用来冷却电极丝和工件，并排除电蚀物。快走丝线切割机床使用的工作液是专用乳化液，常用浇注式供液方式，如图 4－3 所示。

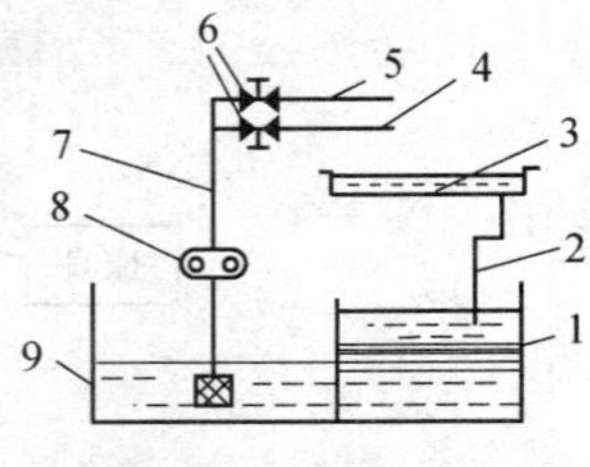

1—过滤器；2—回液管；3—坐标工作台；
4—下丝臂进液管；5—上丝臂进液管；
6—流量控制阀；7—进液管；
8—工作液泵；9—工作液箱

图 4－3　线切割机床工作液系统图

（4）控制系统

目前的电火花线切割机床普遍采用数字程序控制技术。数字程序控制器是该技术的核心部件，它是一台专用的小型电子计算机，由运算器、控制器、译码器、输入回路和输出回路组成。快走丝线切割机床的控制系统通常采用步进电动机开环控制系统。

电火花线切割机床控制系统的控制方法主要有逐点比较法、数字积分法、矢量判别法和最小偏差法等。快走丝线切割机床的控制系统通常采用逐点比较法，即线切割机床的 x，y 轴是不能同时进给的，只能按直线的斜率或曲线的曲率交替地逼近。因此，步进电动机每进给一步，都要求控制系统完成偏差的判别、工作台滑板进给、偏差计算和终点判别这样四个工作节拍。

（5）线切割机床附件

电火花线切割机床附件包括导轮、导电块、电极丝挡块、导轮轴承、套筒扳手和钼丝垂直校正器等。

2. 电火花线切割机床的主要技术参数

电火花线切割机床 DK7725E 型号的含义如下：

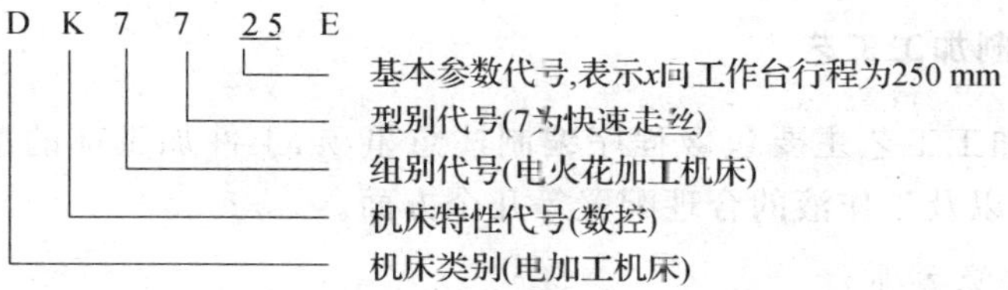

电火花线切割机床的主要技术参数包括：工作台行程（纵向行程 x，横向行程 y）、最大切割厚度、加工表面粗糙度、加工精度、切割速度以及数控系统的控制功能等。国家颁布的《电火花线切割机床参数》（GB 7925－1987 标准）见表 4－1。DK77 系列数控电火花线切割机床的主要型号及技术参数见表 4－2。

表 4－1　电火花线切割机床参数（GB 7925—1987）

工作台	横向行程/mm	100		125		160		200		250		320		400		500		630	
	纵向行程/mm	125	160	160	200	200	250	250	320	320	400	400	500	500	630	60	800	800	1 000
	最大承载量/kg	10	15	20	25	40	50	60	80	120	160	200	250	320	500	500	630	960	1 200
工件尺寸	最大宽度/mm	125		160		200		250		320		400		500		630		800	
	最大长度/mm	200	250	250	320	320	400	400	500	500	630	630	800	800	1 000	1 000	1 200	1 200	1 600
	最大切割厚度/mm	40，60，80，100，120.180，200，250，300，350，400，450，500，550，600																	
大切割锥度		0°，3°，6°，9°，12°，15°，18°（18°以上，每挡间隔增加 6°）																	

表 4-2 DK77 系列数控电火花线切割机床的主要型号及技术参数

机床型号	7716	7720	7725	7732	7740	7750	7763	77120
工作台行程/(mm×mm)	200×160	250×200	320×250	500×320	500×400	800×500	800×630	2 000×1 200
最大切割厚度/mm	100	200	140	300(可调)	400(可调)	300	150	500(可调)
加工表面粗糙度 R_a/μm	2.5	2.5	2.5	2.5	6.3～3.2	2.5	2.5	—
加工精度/mm	0.01	0.015	0.012	0.015	0.025	0.01	0.02	—
切割速度/($mm^2 \cdot min^{-1}$)	70	80	80	100	120	120	120	—
加工锥度	3°～60°,依各厂家的型号不同而不同							
控制方式	各种型号均由单板(或单片)机或微机控制							

4.1.2 电火花线切割机床的基本操作

1. 电火花线切割加工工艺

电火花线切割加工工艺主要包含程序编制注意事项、工件加工前的准备、合理选择电规准、切割路线的确定以及工作液的合理配置等几个方面。

(1) 程序编制注意事项

1) 加工补偿的确定

为了获得加工零件的正确几何尺寸,必须考虑电极丝的半径和放电间隙,因加工补偿量等于电极丝的半径与放电间隙之和。

2) 切割方向的确定

加工工件的外轮廓,适宜采用顺时针切割方向进行;而加工工件上的孔,则较适宜采用逆时针切割方向进行。

3) 过渡圆半径的确定

对工件的拐角处以及工件轮廓上线与线、线与圆或圆与圆的过渡处都应考虑用圆角过渡,这样可增加工件的使用寿命。过渡圆半径的大小应根据工件的实际使用情况、工件的形状和材料的厚度加以选择。过渡圆半径一般不宜过大,可在 0.1～0.5 mm 范围内。

(2) 工件加工前的准备

① 加工工件必须是可导电材料。

② 工件加工前应进行热处理,消除工件内部的残余应力。另外,工件磨削加工后,还应进行去磁处理。

③ 工件在工作台上应合理装夹,避免电极丝切割时割到工作台或超程,以致损坏线切割

机床。工件装夹时，还应对工件进行找正，可用百分表或块规进行校正。

④ 穿丝孔位置须合理选择。穿丝孔的大小以 3～10 mm 为宜。

(3) 合理选择电规准

一般情况，电火花线切割加工采用一个固定的电规准进行加工。若工件尺寸精度和表面质量要求较高，则采用小脉冲能量的电规准进行加工，以提高加工精度和改善加工表面的质量，但是加工速度将会降低。

当切割对象是尺寸精度和表面质量要求不高的零件，或者是对材料实行切断加工时，应采用大脉冲能量的电规准进行加工。

当采用相同电规准加工不同厚度的工件材料时，所得到的工艺效果不同，因此电规准必须视工件厚度的变化而变化。厚度小时，可采用小的电规准；厚度大时，应采用大的电规准。

脉冲宽度与放电量成正比，脉冲宽度大，每一周期内放电时间所占比例就大，切割效率高，加工稳定。当脉冲宽度小，放电间隙又较大时，虽然工件切割表面质量很高，但是切割效率却很低。

脉冲间隔与放电量成反比，脉冲间隔越大，单个脉冲的放电时间就越少，虽然加工稳定，但是切割效率低，不过对排屑却有利。加工电流与放电量成正比，加工电流大，切割效率高，但工件切割表面粗糙度将会增大。

(4) 切割路线的确定

在整块坯料上切割工件时，坯料的边缘处变形较大(尤其是淬火钢和硬质合金)，因此，在确定切割路线时，应尽量避开坯料的边缘处。一般情况下，合理的切割路线应是将工件与其夹持部位分离的切割段安排在总的切割程序末端，并尽量采用穿孔加工以提高加工精度。这样可保持工件具有一定的刚度，防止加工过程中产生较大的变形。如图 4－4 所示的三种切割路线中，图(a)的切割路线不合理，工件远离夹持部位的一侧会产生变形，影响加工质量；图(b)的

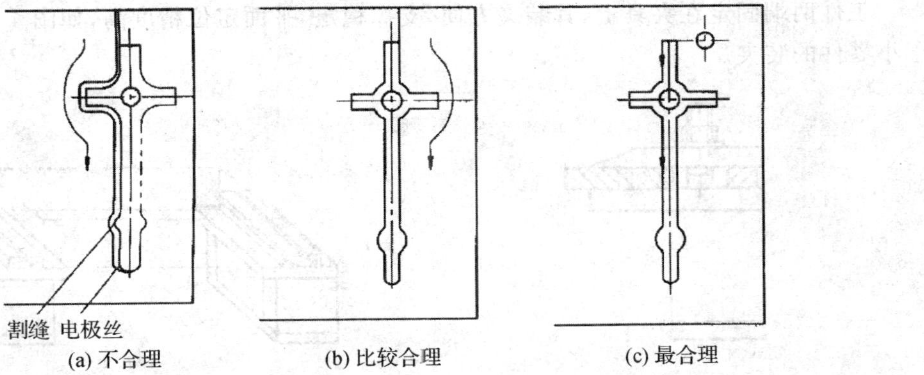

(a) 不合理　　(b) 比较合理　　(c) 最合理

图 4－4　切割路线的选择

切割路线比较合理;图(c)的切割路线最合理。

(5) 工作液的合理配置

快走丝线切割机床的工作液是乳化液,可根据工件的厚度变化进行合理的配置。工件较厚时,工作液的浓度应降低,增加工作液的流动性;工件较薄时,工作液的浓度应适当提高。

2. 工件的装夹和位置校正

(1) 工件装夹的一般要求

① 工件的基准面应清洁无毛刺。经热处理的工件,在穿丝孔内及扩孔的台阶处,要清除热处理残物及氧化皮。

② 夹具应具有必要的精度,将其稳固地固定在坐标工作台上,拧紧螺钉时用力要均匀。

③ 工件装夹的位置应有利于工件找正,并与线切割机床的行程相适应,坐标工作台移动时工件不得与丝架相碰。

④ 对工件的夹紧力要均匀,不得使工件变形或翘起,以免影响加工精度。

⑤ 大批零件加工时,最好采用专用夹具,以提高生产效率。

⑥ 细小、精密、薄壁的工件应固定在不易变形的辅助夹具上。

(2) 工件装夹的方式

1) 悬臂支撑方式

悬臂支撑通用性强,装夹方便,如图 4-5 所示。但由于工件单端固定,另一端呈悬梁状,因而工件平面不易平行于工作台面,易出现上仰或下斜,致使切割表面与其上、下平面不垂直或不能达到预定精度。另外,加工中工件受力时,位置容易变化。因此,只有在工件的技术要求不高或悬臂部分较少的情况下才能使用。

2) 双端支撑方式

工件两端固定在夹具上,其装夹方便,支撑稳定,平面定位精度高,如图 4-6 所示,但不利于小零件的装夹。

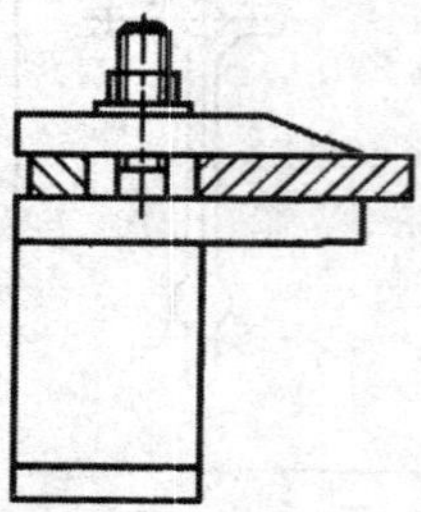

图 4-5 悬臂支撑方式

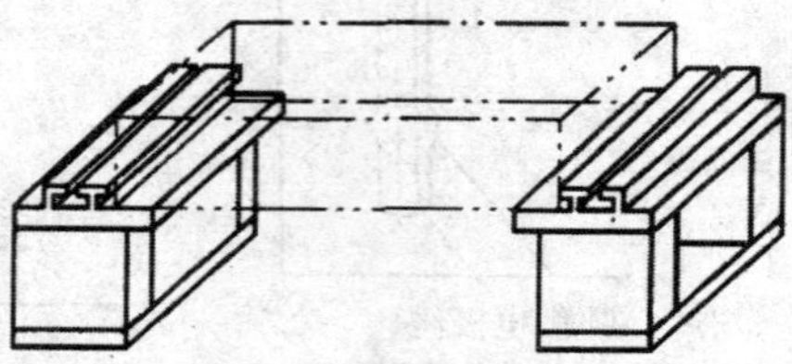

图 4-6 双端支撑方式

3）桥式支撑方式

采用两支撑垫铁架在双端支撑夹具上，如图 4-7 所示。其特点是通用性强，装夹方便，对大、中、小工件都可方便地装夹，特别是带有相互垂直的定位基准面的夹具，使侧面具有平面基准的工件可省去找正工序。如果找正基准也是加工基准，则可间接推算和确定电极丝中心与加工基准的坐标位置。这种支撑装夹方式有利于外形和加工基准相同的工件实现成批加工。

4）板式支撑方式

板式支撑夹具可以根据工件的常规加工尺寸而制造，呈矩形或圆形，并增加 x，y 方向的定位基准。装夹精度易于保证，适宜常规生产中使用，如图 4-8 所示。

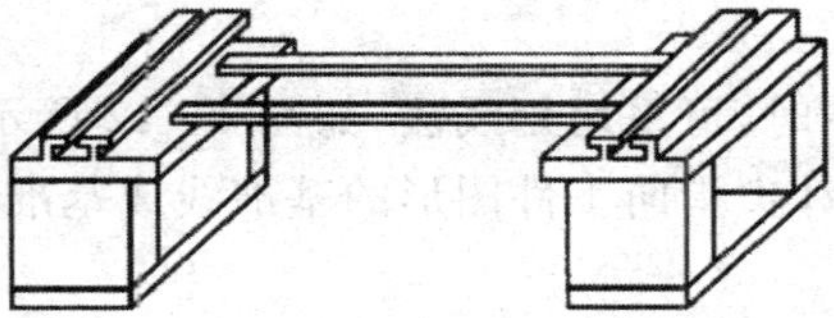

图 4-7　桥式支撑方式

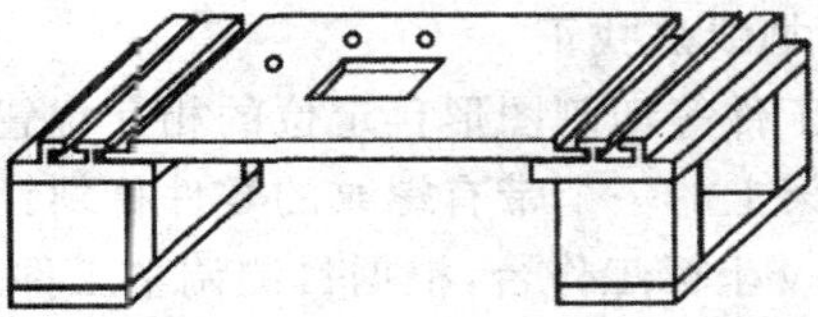

图 4-8　板式支撑方式

5）复式支撑方式

复式支撑夹具是在桥式夹具上再固定专用夹具而成。这种夹具可以很方便地实现工件的成批加工。它能快速地装夹工件，因而可以节省装夹工件过程中的辅助时间，特别是节省工件找正及确定电极丝相对于工件加工基准的坐标位置所花费的时间。这样，既提高了效率，又保证了工件加工的一致性，其结构如图 4-9 所示。

6）弱磁力夹具

弱磁力夹具装夹工件迅速简便，通用性强，应用范围广，对于加工成批的工件尤其有效，其工作原理如图 4-10 所示。当永久磁铁的位置如图 4-10(a)所示时，磁力线经过磁靴左右两部分闭合，对外不显示磁性。把永久磁铁旋转 90°，如图 4-10(b)所示，磁力线被磁靴的铜焊层隔开，没有闭合的通道，则对外显示磁性。工件被固定在夹具上时，工件和磁靴组成闭合回路，于是工件被夹紧。加工完毕后，将永久磁铁再旋转 90°，夹具对外不显示磁性，可将工件取下。

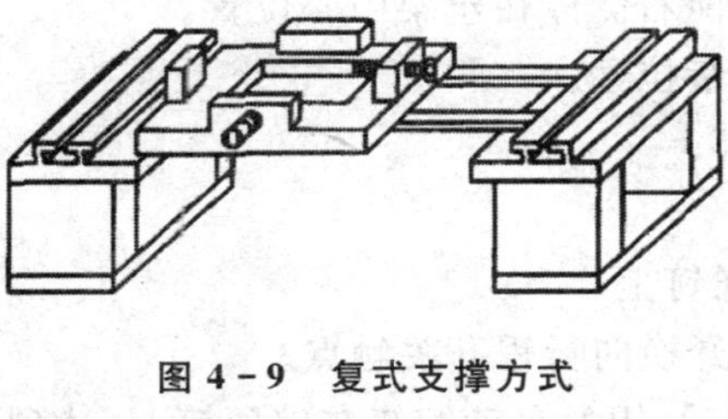

图 4-9　复式支撑方式

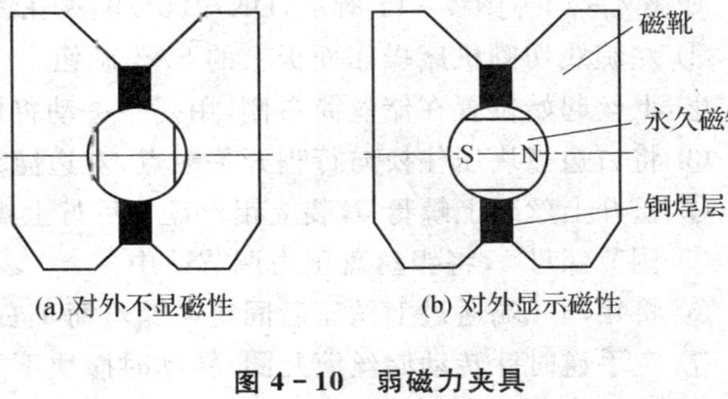

(a) 对外不显磁性　(b) 对外显示磁性

图 4-10　弱磁力夹具

(3) 工件位置的校正

工件安装到线切割机床坐标工作台上后，在进行夹紧前，应先进行工件的平行度找正，即将工件的水平方向调整到指定角度，一般为工件的侧面与线切割机床运动的坐标轴平行。工件位置找正的方法有以下两种。

1) 百分表法找正

百分表法找正是利用磁力表座，将百分表固定在丝架或者其他固定位置上，百分表表头与工件基准面接触，往复移动 x，y 坐标工作台，按百分表指示数值调整工件，如图 4-11 所示。必要时找正可在三个方向进行。

2) 划线法找正

当工件等切割图形且定位的相互位置要求不高时，可采用划线法，如图 4-12 所示。用固定在丝架上的一个带有螺纹的零件将划针固定，划针尖指向工件图形的基准线或基准面，往复移动 x，y 坐标工作台，根据目测调整工件进行找正。

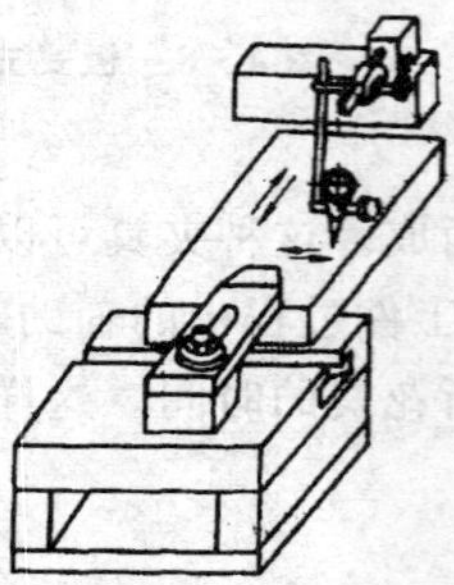

图 4-11 百分表法找正

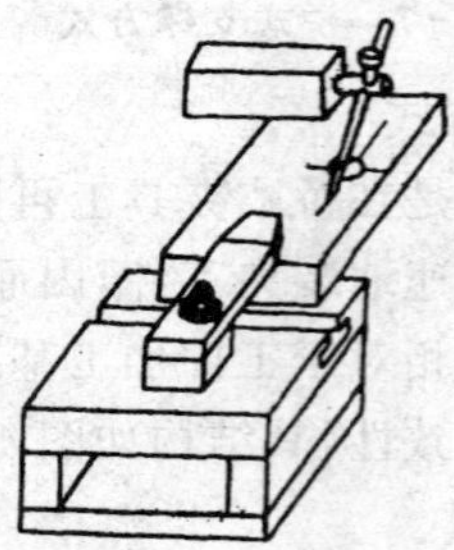

图 4-12 划线法找正

3. 电极丝的安装与调整

(1) 电极丝的安装

如图 4-13～图 4-15 所示，DK7725E 电火花线切割机床电极丝的具体安装过程如下：

① 左旋线切割机床操作面板上的 SA1 旋钮。

② 上丝起始位置在储丝筒右侧，用摇手手动将储丝筒右侧停在丝架中心位置。

③ 将右边撞块压住换向行程开关触点，左边撞块尽量拉远。

④ 松开上丝架上螺母 5，装上钼丝盘 6 后拧上螺母 5。

⑤ 调节螺母 5，将钼丝盘压力调节适中。

⑥ 将钼丝一端通过上丝轮后固定在储丝筒 1 右侧螺钉上。

⑦ 空手逆时针转动储丝筒几圈，转动时撞块不能脱开换向行程开关触点。

⑧ 按操作面板上的 SB2 按钮(运丝开关)，储丝筒转动，钼丝自动缠绕在储丝筒上，达到要

求后，按操作面板上的 SB1 急停按钮，即可将电极丝装至储丝筒上（图 4-14）。

⑨ 按图 4-15 所示方式，将电极丝绕至丝架上。

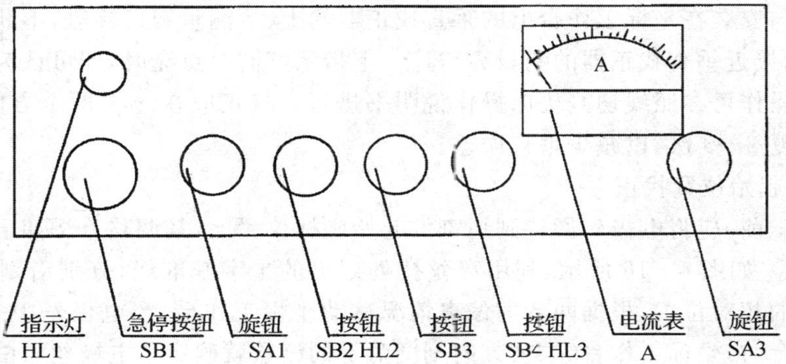

图 4-13　DK7725E 型线切割机床操作面板

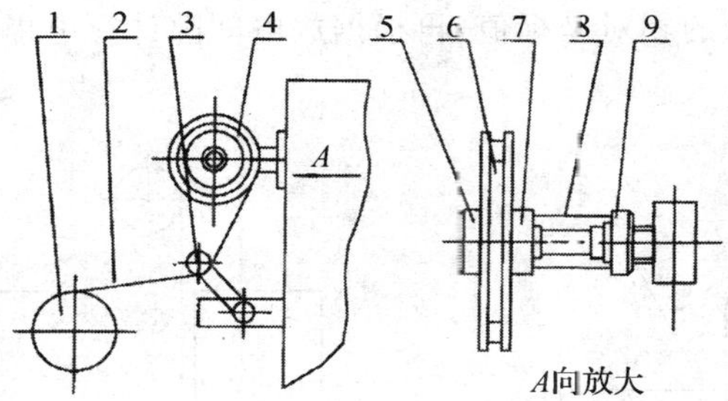

1—储丝筒；2—钼丝；3—排丝轮；4—上丝架；5—螺母；

6—钼丝盘；7—挡圈；8—弹簧；9—调节螺母

图 4-14　电极丝绕至储丝筒上示意图

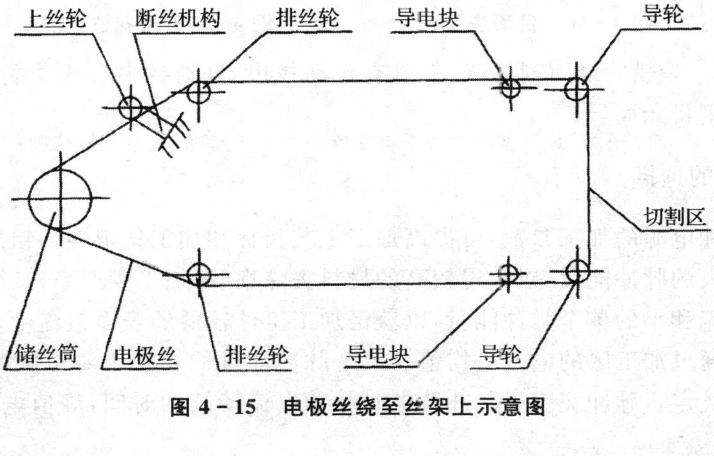

图 4-15　电极丝绕至丝架上示意图

(2) 电极丝的调整

1) 电极丝垂直找正

使电极丝与安装在坐标工作台上的垂直找正器的上、下测量刃口接触,不断调节电极丝的位置,当电极丝接近垂直找正器的测量刃口,上、下指示灯同时点亮时,即可认为电极丝已在垂直位置。具体操作可参照线切割机床操作说明书进行。找正应在 x,y 两个方向上分别进行,而且一般应重复 2~3 次,以减少垂直误差。

2) 电极丝起始位置找正

线切割加工前,应将电极丝调整到切割的起始坐标位置上,其调整方法如下:

① 目测法。如图 4-16 所示,利用穿丝孔处划出的十字基准线,分别沿划线方向观察电极丝与基准线的相对位置,根据两者的偏离情况移动坐标工作台,当电极丝中心分别与纵、横方向基准线重合时,坐标工作台纵、横方向刻度盘上的读数就确定了电极丝的中心位置。

② 火花法。如图 4-17 所示,开启高频电压及储丝筒(注意:电压幅值、脉冲宽度和峰值电流均要达到最小,且不要开冷却液),移动坐标工作台使工件的基准面靠近电极丝,在出现火花的瞬时,记下坐标工作台的相对坐标值,再根据放电间隙计算电极丝的中心坐标。此法虽简单易行,但定位精度较差。

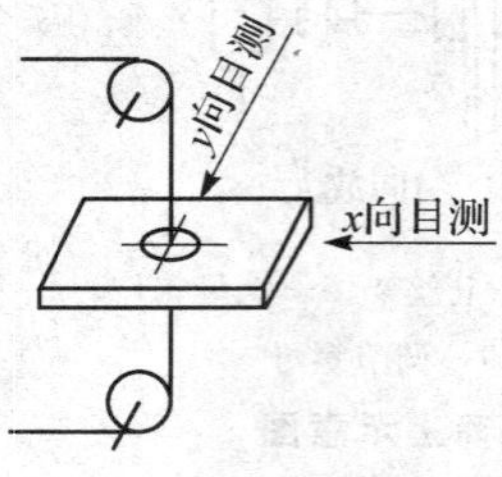

图 4-16　目测法

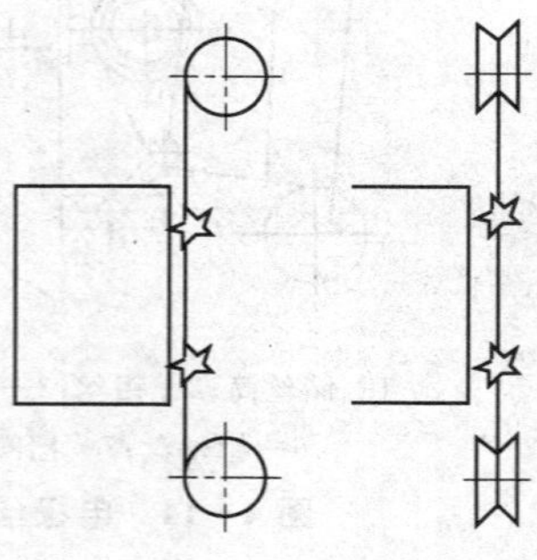

图 4-17　火花法

③ 自动找正。一般的线切割机床,都具有自动找边、自动找中心的功能,找正精度较高。操作方法因线切割机床而异。

4. 加工参数的选择

正确选择脉冲电源的加工参数,可提高加工工艺指标和加工稳定性。粗加工时,应选用较大的加工电流和大的脉冲能量,以获得较高的材料去除率(即加工生产率)。而精加工时,应选用较小的加工电流和小的单个脉冲能量,以获得加工工件较低的表面粗糙度。

加工电流指通过加工区的电流平均值。单个脉冲能量的大小主要由脉冲宽度、峰值电流和加工幅值电压决定。脉冲宽度指脉冲放电时脉冲电流持续的时间,峰值电流指放电加工时脉冲电流的峰值,加工幅值电压指放电加工时脉冲电压的峰值。

下列电规准实例可供使用时参考:

① 精加工。脉冲宽度选择最小挡,电压幅值选择低挡,幅值电压为 75 V 左右,接通 1～2 个功率管,调节变频电位器,加工电流控制在 0.8～1.2 A,加工表面粗糙度 $R_a \leqslant 2.5\ \mu m$。

② 最大材料去除率加工。脉冲宽度选择四至五挡,电压幅值选取"高"值,幅值电压为 100 V左右,功率管全部接通,调节变频电位器,加工电流控制在 4～4.5 A,可获得 100 mm^2/min 左右的去除率(材料厚度在 40～60 mm 左右)。

③ 大厚度(>300 mm)工件加工。幅值电压选至高挡,脉冲宽度选五至六挡,功率管开 4～5 个,加工电流控制在 2.5～3 A,材料去除率大于 30 mm^2/min。

④ 较大厚度(60～100 mm)工件加工。幅值电压选至高挡,脉冲宽度选取五挡,功率管开 4 个左右,加工电流调至 2.5～3 A,材料去除率 50～60 mm^2/min。

⑤ 薄工件加工。幅值电压选低挡,脉冲宽度选一或二挡,功率管开 2～3 个,加工电流调至 1 A 左右。

注意:改变加工的电规准,必须关断脉冲电源输出(调整间隔电位器 RP1 除外),在加工过程中一般不应改变加工电规准,否则会造成加工表面粗糙度不一致。

4.1.3　DK7725E 型线切割机床面板按键的使用方法及功能

1. 线切割机床本体面板按键操作

DK7725E 型线切割机床的操作面板如图 4-13 所示。

(1) 开机顺序

① 合上线切割机床主机上的电源总开关。

② 松开线切割机床电气面板上的急停按钮 SB1。

③ 合上控制柜上的电源开关,进入线切割机床控制系统。

④ 按要求装上电极丝。

⑤ 逆时针旋转 SA1 旋钮。

⑥ 按 SB2 按钮,启动运丝电机。

⑦ 按 SB4 按钮,启动冷却泵。

⑧ 顺时针旋转 SA3 旋钮,接通脉冲电源。

(2) 关机顺序

① 逆时针旋转 SA3 旋钮,切断脉冲电源。

② 按下急停按钮 SB1,运丝电机和冷却泵同时停止工作。

③ 关闭控制柜电源。

④ 关闭线切割机床主机电源。

2. 线切割机床电气柜面板操作

(1) DK7725E 型线切割机床电气柜面板简介

线切割机床电气柜脉冲电源操作面板如图 4-18 所示。

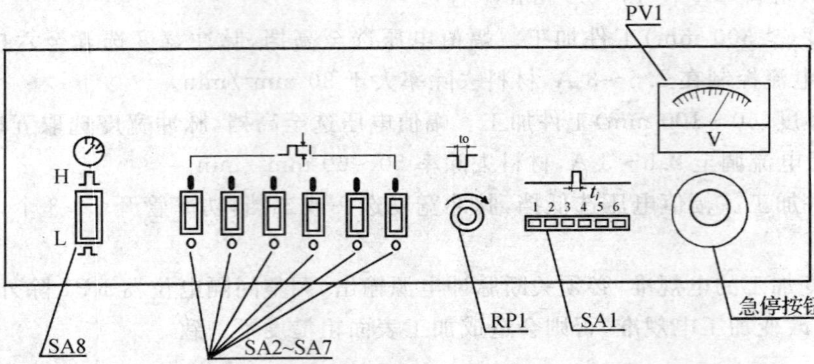

SA1—脉冲宽度选择;SA2～SA7—功率管选择;SA8—电压幅值选择;RP1—脉冲间隔调节;
PV1—电压幅值指示;急停按钮—按下此键,线切割机床运丝、水泵电动机全部停止,脉冲电源的输出切断

图 4-18 DK7725E 型线切割机床脉冲电源操作面板

(2) 电气柜按钮功能简介

① 脉冲宽度 t_i 选择开关 SA1 共分六挡,从左边开始往右边分别为:第一挡 5 μs,第二挡 15μs,第三挡 30 μs,第四挡 50 μs,第五挡 80 μs,第六挡 120 μs。

② 功率管个数选择开关 SA2～SA7 可控制参加工作的功率管个数,若六个开关均接通,则六个功率管同时工作,这时峰值电流最大。若五个开关全部关闭,则只有一个功率管工作,此时峰值电流最小。每个开关控制一个功率管。

③ 电压幅值选择开关 SA8 用于选择空载脉冲电压幅值,开关拨至“L”位置,电压为 75 V 左右;开关拨至“H”位置,电压为 100 V 左右。

④ 改变脉冲间隔调节电位器 RP1 的阻值,可改变输出矩形脉冲波形的脉冲间隔,即可改变加工电流的平均值。电位器旋置最左,脉冲间隔最小,加工电流的平均值最大。

⑤ 电压表 PV1,由 0～150 V 直流表指示空载脉冲电压幅值。

3. 控制系统面板

DK7725E 型线切割机床配有 CNC—10A 自动编程和控制系统。

(1) CNC—10A 控制系统界面示意图

图 4－19 为 CNC—10A 控制系统界面。在计算机桌面上双击 YH 图标，即可进入 CNC—10A 控制系统。按 Ctrl＋Q 键退出控制系统。

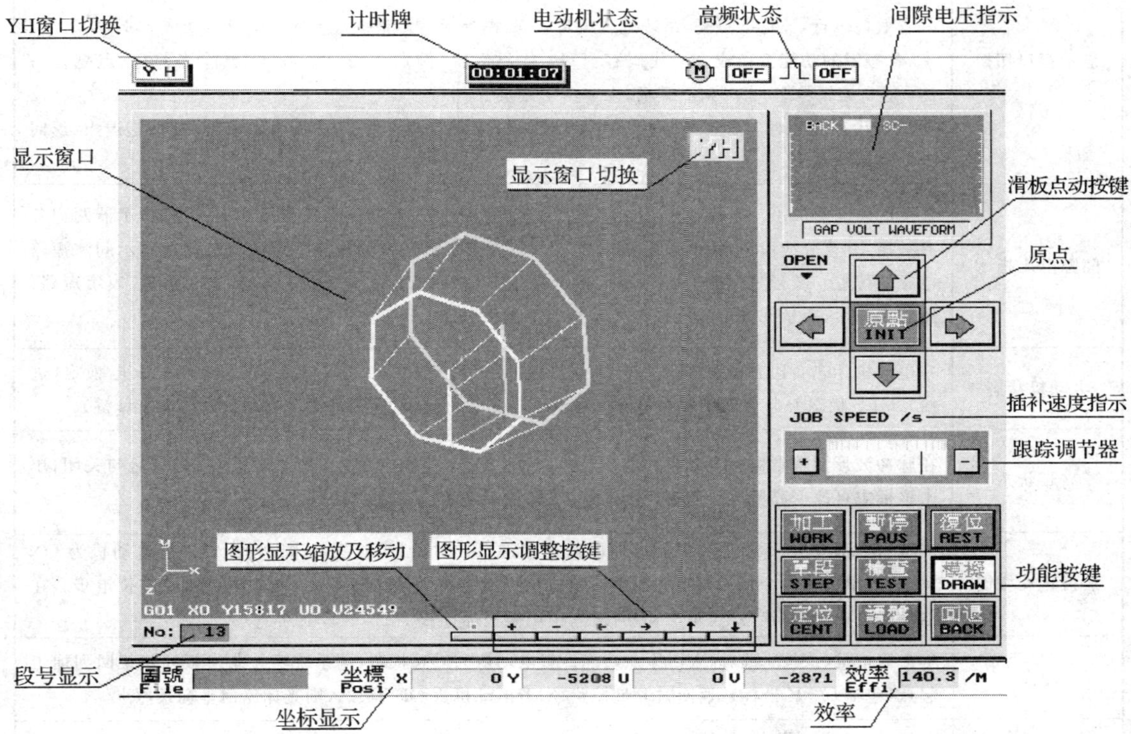

图 4－19　CNC—10A 控制系统主界面

(2) CNC—10A 控制系统功能及操作详解

本系统所有的操作按键、状态、图形显示全部在屏幕上实现。各种操作命令均可用光标或相应的按键完成。用鼠标器操作时，可移动鼠标器，使屏幕上显示的箭状光标指向选定的屏幕按键或位置后单击，即可选择相应的控制功能，见表 4－3(参见图 4－19)。

表 4－3　CNC—10A 控制系统功能介绍

项目名称	功能及使用方法
显示窗口	该窗口用来显示加工工件的图形轮廓、加工轨迹或相对坐标、加工代码

续表 4-3

<table>
<tr><th colspan="2">项目名称</th><th>功能及使用方法</th></tr>
<tr><td colspan="2">显示窗口切换</td><td>单击显示窗口右上角的“显示窗口切换”标志(或按 F10 键)，显示窗口依次为图形显示、相对坐标显示、代码显示(“模拟”、“加工”和“单段”工作时不能进入代码显示方式)。在代码显示状态下单击任一有效代码行，该行即点亮，系统进入编辑状态，图形显示调整按键上的标记符号变成 S,I,D,Q,↑,↓，各按键的功能变换成：S—代码存盘；I—代码倒置(倒走代码变换)；D—删除当前行(点亮行)；Q—退出编辑状态；↑—向上翻页；↓—向下翻页。
在编辑状态下可对当前点亮行进行输入、删除操作(键盘输入数据)。编辑结束后，按 Q 键退出，返回图形显示状态</td></tr>
<tr><td colspan="2">间隙电压指示</td><td>显示放电间隙的平均电压波形(也可设定为指针式电压表方式)。在波形显示方式下，指示器两边各有一条 10 等分线段，空载间隙电压定为 100%(即满幅值)，等分线段下端的黄色线段指示间隙短路电压的位置。波形显示的上方有两个指示标志：短路回退标志“BACK”，该标志变红色，表示短路；短路率指示，表示间隙电压在设定短路值以下的百分比</td></tr>
<tr><td colspan="2">电动机状态</td><td>在电动机标志右边有状态指示标志 ON(红色)或 OFF(黄色)。ON 状态，表示电动机上电锁定(进给)；OFF 状态为电动机释放。单击该标志可改变电动机状态(或按数字小键盘区的 Home 键)</td></tr>
<tr><td colspan="2">高频状态</td><td>在脉冲波形图符右侧有高频电压指示标志。ON(红色)、OFF(黄色)表示高频电压的开启与关闭；单击该标志可改变高频电压状态(或按数字小键盘区的 PgUp 键)</td></tr>
<tr><td colspan="2">滑板点动按键</td><td>屏幕右中部有上、下、左、右四个方向的箭标按键，用来控制线切割机床点动运行。若电动机为 ON 状态，则单击这四个按键可以控制线切割机床按设定参数做 x,y 或 U,V 方向点动或定长走步。在电动机失电 OFF 状态下，单击移动按键，仅用做坐标计数</td></tr>
<tr><td colspan="2">原点</td><td>单击该按键(或按 I 键)进入回原点功能。若电动机为 ON 状态，则系统将控制滑板和丝架回到加工起点(包括 $U-V$ 坐标)，返回时取最短路径；若电动机为 OFF 状态，则光标返回坐标系原点</td></tr>
<tr><td rowspan="7">功能按键</td><td>加工</td><td>工件安装完毕，程序准备就绪后(已模拟无误)，可进入加工。单击该按键(或按 W 键)，系统进入自动加工方式</td></tr>
<tr><td>暂停</td><td>单击该按键(或按 P 键或数字小键盘上的 Del 键)，系统将终止当前的功能(如加工、单段、控制、定位、回退)</td></tr>
<tr><td>复位</td><td>单击该按键(或按 R 键)将终止当前一切工作，清除数据和图形，关闭高频电压和电动机</td></tr>
<tr><td>单段</td><td>单击该按键(或按 S 键)，系统自动打开电动机和高频电压，进入插补工作状态，加工至当前代码段结束时，系统自动关闭高频电压，停止运行。再按此按键，继续进行下段加工</td></tr>
<tr><td>检查</td><td>单击该按键(或按 T 键)，系统以插补方式运行一步，若电动机处于 ON 状态，则线切割机床滑板将做响应的一步动作，在此方式下可检查系统插补及线切割机床的功能是否正常</td></tr>
<tr><td>模拟</td><td>模拟检查功能可检验代码及插补的正确性</td></tr>
<tr><td>定位</td><td>系统可依据线切割机床参数设定，自动定中心及 $\pm x$，$\pm y$ 四个端面</td></tr>
</table>

续表 4-3

项目名称		功能及使用方法
功能按键	读盘	将存有加工代码文件的软盘插入软驱中，单击该按键（或按 L 键），屏幕将出现磁盘上存储全部代码文件名的数据窗。用光标指向需读取的文件名并单击，该文件名背景变成黄色；然后单击该数据窗左上角的按键“□”（撤销），系统自动读入选定的代码文件，并快速绘出图形。该数据窗的右边有上下两个三角形标志按键“△”，用来向前或向后翻页，当代码文件不在第一页中显示时，可用翻页键来选择
	回退	系统具有自动/手动回退功能
跟踪调节器		该调节器用来调节跟踪的速度和稳定性，调节器中间红色指针表示调节量的大小；表针向左移动，位跟踪加强（加速）；表针向右移动，位跟踪减弱（减速）。指针表两侧有两个按键，单击“＋”按键（或按 End 键）加速，单击“－”按键（或按 PgDn 键）减速
段号显示		此处显示当前加工的代码段号，也可单击该处，在弹出屏幕小键盘后，键入需要起割的段号（注：锥度切割时，不能任意设置段号）
图形显示调整按键		这六个按钮有双重功能，在图形显示状态下，其功能依次为： · 单击“＋”按键或按 F2 键　图形放大 1.2 倍； · 单击“－”按键或按 F3 键　图形缩小 0.8 倍； · 单击“←”按键或按 F4 键　图形向左移动 20 单位； · 单击“→”按键或按 F5 键　图形向右移动 20 单位； · 单击“↑”按键或按 F6 键　图形向上移动 20 单位； · 单击“↓”按键或按 F7 键　图形向下移动 20 单位
坐标显示		屏幕下方“坐标”部分显示“X”，“Y”，“U”，“V”的绝对坐标值
效率		此处显示加工的效率，单位为 mm/min
YH 窗口切换		单击该标志或按 Esc 键，系统转换到绘图式编程屏幕
图形显示缩放及移动		在图形显示窗口下有小按钮，从最左边算起分别为对称加工、平移加工、旋转加工和局部放大窗开启/关闭（仅在模拟或加工状态下有效），其余依次为放大、缩小、左移、右移、上移、下移，可根据需要调整在显示窗口中图形的大小及位置
计时牌		系统在“加工”、“模拟”、“单段”工作时，自动打开计时牌。终止插补运行后计时自动停止。单击计时牌或按 O 键可将计时牌清零

4. 线切割机床的调整

电火花线切割加工前或对线切割机床定期检查时，必须对线切割机床进行调整。调整包括如下几个方面。

(1) 线切割机床的水平调整

线切割机床比较小巧，其本体用垫块垫起即可。新机床或是使用一段时间后，需要用水平仪检查线切割机床的水平情况。

(2) 导轮、挡块和导电块的调整

加工前，应仔细检查导轮，注意导轮V形槽的磨损情况，若磨损严重，将会导致加工时钼丝的抖动，造成断丝情况的发生或影响工件的加工精度。导轮轴承为易损零件，需要定期检查更换。一般轴承为2～3个月定期检查一次，导轮为6～12个月定期检查一次。对于挡块，要注意检查钼丝是否在挡块之间，这样可以保证钼丝不会偏斜。对于导电块，应注意及时清理粘附在上面的电蚀物。

(3) 工作液的调整

线切割加工中，应密切注意工作液的浓度和导电率指标。一般来说，当切割薄的工件时，乳化液的浓度可稍高些。当切割厚的工件时，乳化液的浓度应稀一些，以增加乳化液的流动性和清洗能力；否则会造成电蚀物不能及时排出，从而导致短路情况出现。

(4) 工件基准和钼丝垂直调整

工件在线切割前应加工好基准面，在工件装夹时，用百分表进行校准。钼丝垂直的校准可采用钼丝垂直校准器来完成。

(5) 电规准的设置

电规准设置是否恰当将会对加工工件的表面质量、精度及切割速度有较大影响。增加脉冲宽度、减小脉冲间隔、增大脉冲电压的幅值和提高峰值电流都将使切割速度提高；但是会使工件的表面质量和精度降低，电极丝的损耗也会变大。反之则可改善表面质量，提高加工精度及减小电极丝的损耗。

(6) 线切割加工中的调整

线切割加工过程中，应密切留意电火花的大小和工作液的流量，应使工作液包住电极丝，这样有利于电蚀物的排出。

5. 电火花线切割加工操作流程

加工前先准备好工件毛坯、压板、夹具等装夹工具。若需要切割内孔工件，毛坯应预先打好穿丝孔，然后按以下步骤操作：

① 合上线切割机床主机上的电源开关。

② 合上线切割机床控制柜上的电源开关，启动计算机，双击计算机桌面上的YH图标，进入线切割控制系统。

③ 解除线切割机床主机上的急停按钮。

④ 按线切割机床润滑要求加注润滑油。

⑤ 开启线切割机床空载运行两分钟，检查其工作状态是否正常。

⑥ 按所加工零件的尺寸、精度、工艺等要求，在线切割机床自动编程系统中编制线切割加工程序，并送控制台；或手工编制加工程序，并通过软驱读入控制系统。

⑦ 在控制台上对程序进行模拟加工，以确认程序准确无误。

⑧ 工件装夹。

⑨ 开启储丝筒。

⑩ 开启冷却液。

⑪ 选择合理的电加工参数。

⑫ 手动或自动对刀。

⑬ 单击控制台上的“加工”键，开始自动加工。

⑭ 加工完毕后，按 Ctrl＋Q 键退出控制系统，并关闭控制柜电源。

⑮ 拆下工件，清理机床。

⑯ 关闭线切割机床主机电源。

6. 电火花线切割加工的安全技术规程

根据 DK7725E 型线切割机床的操作特点，制定如下操作规程：

① 操作者初次操作线切割机床，须仔细阅读线切割机床《实训指导书》或线切割机床操作说明书。

② 手动或自动移动坐标工作台时，必须注意钼丝位置，避免钼丝与工件或工装产生干涉而造成断丝。

③ 用线切割机床控制系统的自动定位功能进行自动找正时，必须关闭高频电压，否则会烧丝。

④ 关闭储丝筒时，必须停在两个极限位置(左或右)。

⑤ 装夹工件时，必须考虑本线切割机床的工作行程，加工区域必须在线切割机床行程范围之内。

⑥ 工件及装夹工件的夹具高度必须低于线切割机床的线架高度，否则，加工过程中会发生工件或夹具撞上线架而损坏线切割机床。

⑦ 支撑工件的工装位置必须在工件加工区域之外，否则，加工时会连同工件一起割掉。

⑧ 工件加工完毕，必须关闭高频电压。

⑨ 经常检查导轮、排丝轮、轴承、钼丝、切割液等易损、易耗件(品)，发现损坏后应及时更换。

4.2 电火花线切割机床加工的基本知识

4.2.1 3B格式程序编制

电火花线切割程序格式有3B,4B,5B,ISO和EIA等,国内使用最多的是3B格式。

1. 3B程序格式

3B代码的编程书写格式是:

B	X	B	Y	B	J	G	Z
分隔符	X坐标值	分隔符	Y坐标值	分隔符	计数长度	计数方向	加工指令

(1) 分隔符B

表中的B叫分隔符号,它在程序单上起着把X,Y和J数值分隔开的作用,无实际意义。当B后面的数值为0时,0可以不写,但分隔符B不能省略。

(2) 坐标值X,Y

线切割编程时,采用相对坐标系,即坐标原点随加工指令不断变动。坐标值X,Y的单位是微米(μm),最多六位。加工直线时,坐标原点为加工线段的起点,坐标值X,Y代表该线段的终点相对起点的坐标值。允许将直线段程序中的X,Y值同时缩小相同的倍数,只要其比值保持不变即可。对于与坐标轴重合的线段,在其程序中的X和Y值,均可不必写出。加工圆弧时,坐标原点应为圆弧的圆心,坐标值X,Y代表圆弧的起点相对圆心的坐标值。

(3) 计数方向G

线切割加工中,为保证所要加工的圆弧或线段能按要求的长度加工出来,一般线切割机床通过控制从起点到终点某个滑板进给的总长度来达到。因此在计算机中设立一个计数器进行计数,即将加工该线段的滑板进给总长度J的数值预先置入J计数器中。加工时当被确定为计数长度时,这个坐标的滑板每进给一步,J计数器就减1。这样,当J计数器减到零时,表示该圆弧或直线段已加工到终点。在X和Y两个坐标中用哪个坐标作计数长度J呢?这个计数方向的选择要依图形特点而定。

加工直线时,终点靠近x轴,则计数方向就取x轴,记作GX;反之,则记作GY。若加工直线与坐标轴成45°,则取x轴或y轴均可,如图4-20(a)所示。

加工圆弧时,终点靠近x轴,则计数方向必须选y轴,记作GY;反之,则记作GX。倘若加工圆弧的终点坐标与坐标轴成45°,则取x轴或y轴均可,如图4-20(b)所示。

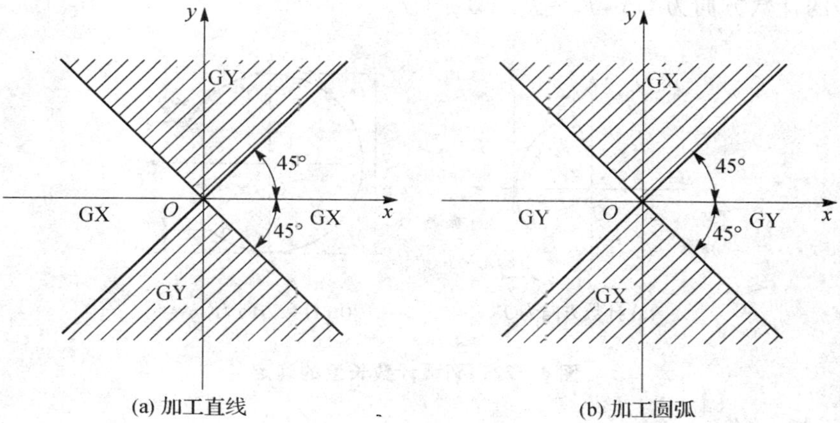

图 4-20　计数方向的确定

(4) 计数长度 J

计数长度是在计数方向的基础上确定的。计数长度是被加工线段或圆弧在计数方向坐标轴上的投影的绝对值之和，单位是微米(μm)。

对于直线段，应看计数方向。计数方向为 x 轴，计数长度 J 就为直线段在 x 轴上的投影。计数方向为 y 轴，计数长度 J 就为直线段在 y 轴上的投影。如图 4-21(a)所示取 $J_x = x_e$，如图 4-21(b)所示取 $J_y = y_e$。

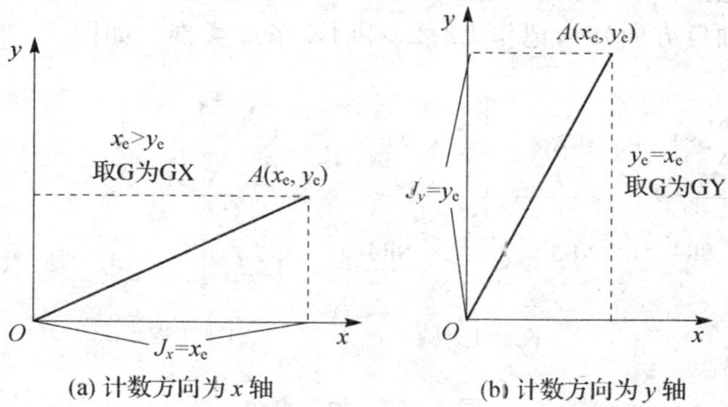

图 4-21　直线计数长度的确定

对于圆弧段，同样看计数方向，但应注意是整个圆弧段在计数方向所选轴上投影的总和。选择在哪个轴上的投影总和，应视圆弧的终点坐标而定。当圆弧的终点靠近 x 轴时，则应选择圆弧段在 y 轴上的投影总和；当圆弧的终点靠近 y 轴时，则应选择圆弧段在 x 轴上的投影。如图 4-22 所示的圆弧都是从 A 加工到 B，图 4-22(a)的计数方向为 GX，$J_x = J_{x1} + J_{x2}$；

图 4－22(b)的计数方向为 GY，$J_y = J_{y1} + J_{y2} + J_{y3}$。

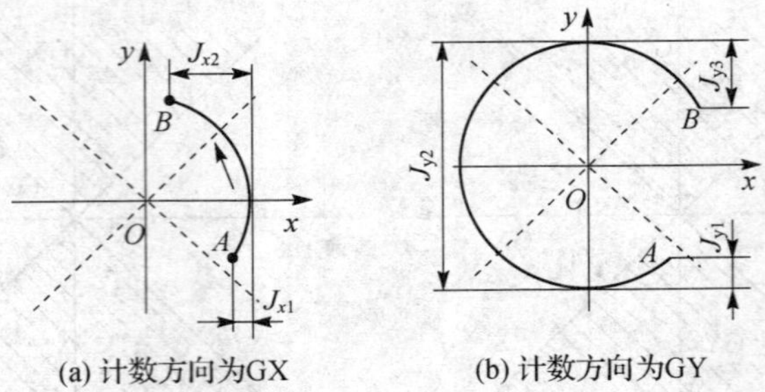

(a) 计数方向为GX　　(b) 计数方向为GY

图 4－22　圆弧计数长度的确定

(5) 加工指令 Z

加工顺时针圆弧时有四种加工指令：SR1，SR2，SR3，SR4。如图 4－23(a)所示，当加工圆弧的起点在第Ⅰ象限(包括 y 轴而不包括 x 轴正方向)时，加工指令记作 SR1；当加工圆弧的起点在第Ⅱ象限(包括 x 轴而不包括 y 轴正方向)时，记作 SR2；SR3 和 SR4 依此类推。

加工逆时针圆弧时有四种加工指令：NR1，NR2，NR3，NR4。如图 4－23(b)所示，当加工圆弧的起点在第Ⅰ象限(包括 x 轴而不包括 y 轴正方向)时，加工指令记作 NR1；当加工圆弧的起点在第Ⅱ象限(包括 y 轴而不包括 x 轴负方向)时，记作 NR2；NR3 和 NR4 依此类推。

加工直线时有四种加工指令：L1，L2，L3，L4。当加工直线的运动轨迹指向第Ⅰ象限(包括 x 轴正方向而不包括 y 轴)时，加工指令记作 L1；当加工直线的运动轨迹指向第Ⅱ象限(包括 y 轴而不包括 x 轴负方向)时，记作 L2；L3 和 L4 依此类推。如图 4－23(c)，(d)所示。

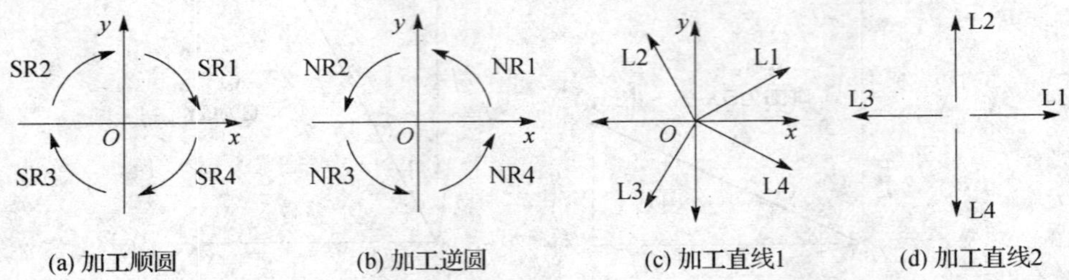

(a) 加工顺圆　　(b) 加工逆圆　　(c) 加工直线1　　(d) 加工直线2

图 4－23　加工指令

2. 标注公差尺寸的编程计算

根据大量统计表明，加工后的零件实际尺寸大部分是在公差带的中值附近。因此，对于标注有公差的尺寸，应采用中差尺寸编程。中差尺寸的计算公式为

$$中差尺寸 = 基本尺寸 + (上偏差 + 下偏差)/2$$

例如：直径 $\phi 20_{-0.05}^{\ 0}$ 的中差尺寸为 20 mm＋(0－0.05)/2 mm＝19.975 mm。

3. 间隙补偿量的确定

在实际加工中，电火花线切割数控机床是通过控制电极丝的中心轨迹来加工的，如图 4－24 所示。在数控线切割机床上，电极丝的中心轨迹与零件轮廓之间差值的补偿叫做间隙补偿，分为编程补偿和自动补偿两类。

(1) 编程补偿法

加工凸模类零件时，电极丝中心轨迹应在所加工零件轮廓的外面；加工凹模类零件时，电极丝中心轨迹应在所加工零件轮廓的里面。所加工零件轮廓与电极丝中心轨迹间的距离，在圆弧的半径方向和线段垂直方向都等于间隙补偿量 f，如图 4－25 所示。

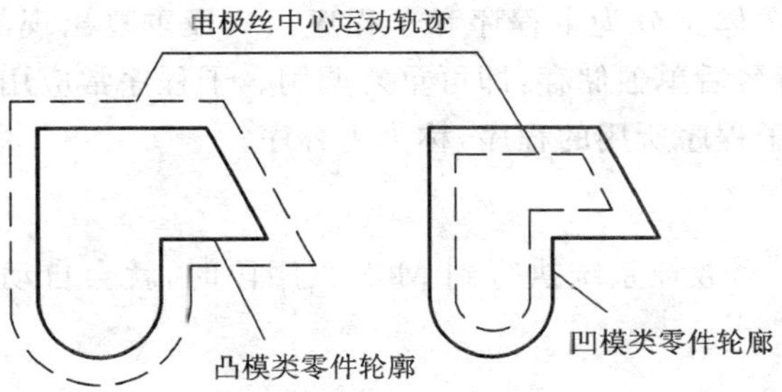

图 4－24　零件轮廓与电极丝中心轨迹

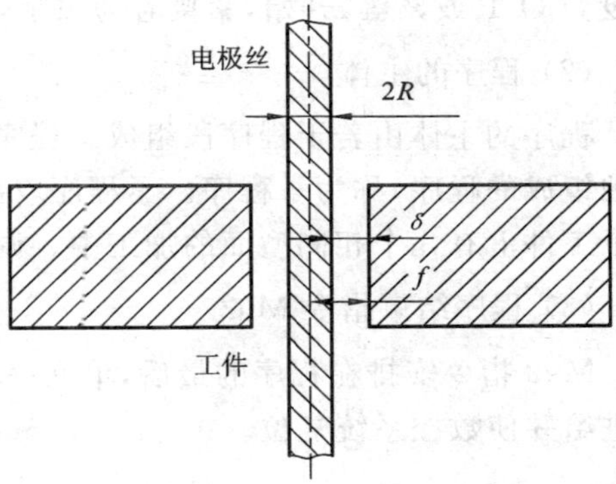

图 4－25　电极丝与工件放电位置关系

加工冲模的凸、凹模时，应考虑电极丝半径 $r_{丝}$、电极丝与工件之间的单边放电间隙 $\delta_{电}$ 及凸模与凹模间的单边配合间隙 $\delta_{配}$。此时可分以下两种情况考虑。

① 当加工冲孔模具时，凸模尺寸由孔的尺寸确定，$\delta_{配}$ 在凹模上扣除，故凸模的间隙补偿量 $f_{凸}=r_{丝}+\delta_{电}$，凹模的间隙补偿量 $f_{凹}=r_{丝}+\delta_{电}-\delta_{配}$。

② 当加工落料模时，凹模尺寸由工件的尺寸确定，$\delta_{配}$ 在凸模上扣除，故凸模的间隙补偿量 $f_{凸}=r_{丝}+\delta_{电}-\delta_{配}$，凹模的间隙补偿量 $f_{凹}=r_{丝}+\delta_{电}$。

(2) 自动补偿法

编程时，按图样的尺寸编制线切割程序，间隙补偿量 f 不在程序段尺寸中。加工前，将间隙补偿量 f 输入到线切割机床的数控装置。这样，在加工时，数控装置能自动对图形进行补偿。

4.2.2 ISO 格式程序编制

ISO 编程方式是一种通用的编程方法，这种编程方法与数控铣床编程有些类似，使用标准的 G 指令、M 指令等代码。它适用于大部分的高速走丝线切割机床和低速走丝线切割机床。

1. 程序格式

一个完整的 ISO 格式加工程序由程序名、程序主体（若干程序段）和程序结束指令组成。

（1）程序名

每一个程序必须指定一个程序名，并写在整个程序的开始。程序名的地址以英文字母（通常设为 O，P 或％等）开始，紧接着为数字，范围为 0001～9999。注意，程序名不能重复。

（2）程序的主体

程序的主体由若干程序段组成。程序的主体又分为主程序和子程序。一段重复出现的、单独组成的程序，称为子程序。子程序取出命名后单独储存，即可重复调用。子程序常应用在某个工件上有几个相同型面的加工中。调用子程序所用的程序，称为主程序。

（3）程序结束指令 M02

M02 指令安排在程序的最后，单列一段。当数控系统执行到 M02 程序段时，就会自动停止进给并使数控系统复位。

2. 程序段格式

程序段由若干个程序字组成，其格式为：

N　　G　　X　　Y

其中：N 为程序的序号，由 2～4 位数字组成，也可省略不写。

G 为准备功能，是用来建立线切割机床或控制系统工作方式的一种指令，其后跟两位数字。

X（或 Y）为 x（或 y）轴移动的距离，单位常用微米，若移动的距离用小数点表示，则认为距离单位为毫米。电火花线切割数控机床常用的 ISO 代码见表 4－4。

表 4－4　常用 ISO 代码

代码	功能	代码	功能
G00	快速定位	G55	加工坐标系 2
G01	直线插补	G56	加工坐标系 3
G02	顺圆插补	G57	加工坐标系 4

续表 4-4

代　码	功　能	代　码	功　能
G03	逆圆插补	G58	加工坐标系 5
G05	x 轴镜像	G59	加工坐标系 6
G06	y 轴镜像	G80	接触感知
G07	x,y 轴交换	G82	半程移动
G08	x 轴镜像,y 轴镜像	G84	微弱放电找正
G09	x 轴镜像,x,y 轴交换	G90	绝对尺寸
G10	y 轴镜像,x,y 轴交换	G91	相对尺寸
G11	x 轴镜像,y 轴镜像,x,y 轴交换	G92	定起点
G12	消除镜像	M00	程序暂停
G40	取消间隙补偿	M02	程序结束
G41	左偏间隙补偿	M05	接触感知解除
G42	右偏间隙补偿	M96	主程序调用文件程序
G50	消除锥度	M97	主程序调用文件结束
G51	锥度左偏	W	下导轮到工作台面高度
G52	锥度右偏	H	工作厚度
G54	加工坐标系 1	S	工作台面到上导轮高度

3. 常用 G 指令

(1) 坐标设置指令 G90,G91 与 G92

G90 为绝对坐标指令。采用本指令后,后续程序段的坐标值都应按绝对坐标方式编程,即所有点的表示数值都是在编程坐标系中的点的坐标值,直到执行 G91 为止。

G90 指令程序格式为

```
G90
```

G91 为相对坐标指令。采用本指令后,后续程序段的坐标值都应按增量方式编程,即所有点的表示数值均以前一个坐标位置作为起点来计算运动终点的位置矢量,直到执行 G90 为止。

G91 指令程序格式为

```
G91
```

G92 为设置当前点坐标指令。一般用于指定加工程序起点的坐标值，G92 后面跟的 X,Y

坐标值即为当前点的坐标值。

G92 指令程序格式为：

```
G92  X   Y
```

（2）坐标设定指令 G54

G54 是程序坐标系设置指令。一般以零件原点作为程序的坐标原点。程序零点坐标存储在机床的控制参数区。程序中不设置此坐标系，而是通过 G54 指令调用。

G54 指令程序格式为：

```
G54
```

（3）快速定位指令 G00

在线切割机床不加工的情况下，G00 指令是使电极丝按线切割机床最快速度沿直线或折线移动到目标位置。其速度取决于线切割机床。

G00 指令程序格式为：

```
G00  X   Y
```

（4）直线插补指令 G01

G01 指令可使线切割机床在各个坐标平面内加工任意斜率的直线轮廓和用直线段逼近曲线轮廓。

G01 指令程序格式为：

```
G01  X   Y
```

目前，可加工锥度的电火花线切割数控机床具有 x,y 坐标轴及 U,V 附加轴坐标工作台，其程序段格式为：

```
G01  X   Y   U   V
```

（5）圆弧插补指令 G02 与 G03

G02 和 G03 指令用于切割圆或圆弧，其中 G02 为顺时针圆弧插补指令，G03 为逆时针圆弧插补指令。其程序格式为：

```
G02  X   Y   I   J   或   G02  X   Y   R
G03  X   Y   I   J   或   G03  X   Y   R
```

X，Y 坐标值为圆弧终点坐标值。用绝对方式编程时，其值为圆弧终点的绝对坐标；用增量方式编程时，其值为圆弧终点相对于起点的坐标。

I 和 J 是圆心坐标。用绝对方式或增量方式编程时，I 和 J 的值均为在 x 方向和 y 方向上，圆心相对于圆弧起点的增量尺寸。

在圆弧编程中，也可以直接给出圆弧的半径 R，而无须计算 I 和 J 值。但在圆弧圆心角大于 180°时，R 的值应加负号（－）。

（6）间隙补偿指令 G40，G41 与 G42

G41 为左偏补偿指令，是指以加工轨迹进给方向为正方向，沿轮廓左侧让出一个给定的偏移量。

G41 指令程序格式为：

```
G41  D
```

G42 为右偏补偿指令，是指以加工轨迹进给方向为正方向，沿轮廓右侧让出一个给定的偏移量。

G42 指令程序格式为：

```
G42  D
```

G40 为取消间隙补偿指令。另外，也可以通过开启一个补偿指令代码来关闭另一个补偿指令代码，如图 4－26 所示。

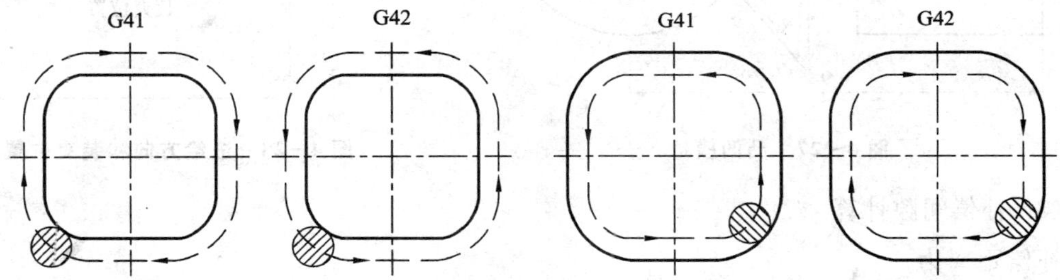

(a) 凸模类零件加工　　(b) 凹模类零件加工

图 4－26　电极丝左偏补偿和右偏补偿加工指令示意图

4.3　典型零件的加工实例

4.3.1　3B 程序格式加工

例 1　用 3B 格式编制如图 4－27 所示凸凹模（图示尺寸是根据刃口尺寸公差及凸凹模配合间隙计算出来的平均尺寸）的数控线切割加工程序。凸凹模厚 30 mm，材料为 T10A，电极丝为 ϕ0.18 钼丝，单面放电间隙为 0.03 mm。

(1) 零件图工艺分析

经过分析图样，该零件外形尺寸较小，尺寸要求比较严格，而且内外两个型面都要加工，且须保证较高的位置精度。编程时要注意偏移补偿的给定，并留出足够的装夹位置。

(2) 确定装夹位置及进给路线

该零件尺寸较小，为了保证加工精度和安装方便，毛坯尺寸可适当放大。安装时，采用悬臂装夹。为了减小内应力对加工精度的影响，要选择合适的进给路线，如图 4-28 所示。编程时，坐标系原点设置在圆孔中心，外形切割穿丝孔设置在毛坯内部，进给路线是先切割内孔，再切割外形。

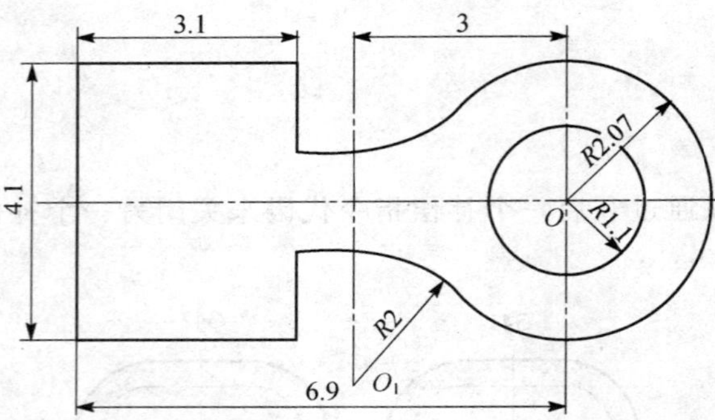

图 4-27　凸凹模

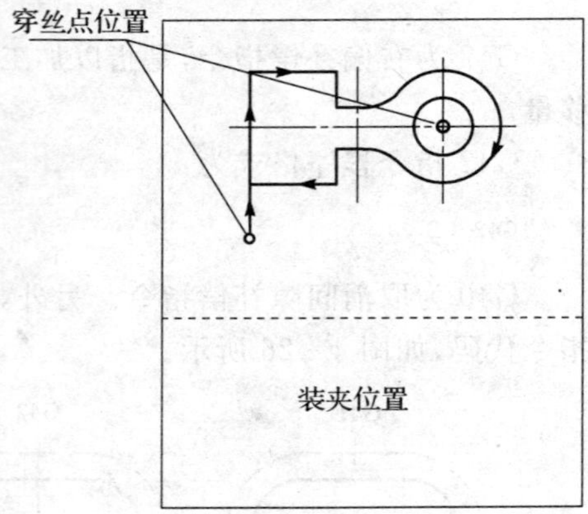

图 4-28　进给方向和装夹位置

(3) 补偿间隙计算

补偿距离为

$$f=(r_{钼}+\delta_{电})=\left(\frac{0.18}{2}+0.03\right)\text{ mm}=0.12\text{ mm}$$

(4) 程序编制

① 利用 CAXA 线切割 V2 版绘图软件绘制零件图。

② 生成加工轨迹并进行轨迹仿真。生成切割轨迹时，注意穿丝点的位置。可以用轨迹跳步。

③ 生成 3B 代码程序。程序如下。

```
O0001
B980 B0 B980 GX L1              ;穿丝,开始切割内孔
B980 B0 B3920 GY NR1
B980 B0 B980 GX L3
D                               ;暂停,拆卸钼丝
```

```
B6900 B4050 B6900 GX L3          ;空走
D                                ;暂停,重新装上钼丝
B120  B1880 B1880 GY L2          ;开始加工外形
B0    B4340 B4340 GY L2
B3340 B0    B3340 GX L1
B0    B1300 B1300 GY L4
B680  B0    B680  GX L1
B0    B1880 B610  GY NR4
B1614 B1480 B5800 GY SR2
B1386 B1270 B1386 GX NR1
B680  B1    B680  GX L3
B0    B1300 B1300 GY L4
B3340 B0    B3340 GX L3
B120  B1880 B1880 GY L4
DD                               ;加工结束
```

(5) 调试线切割机床

调试线切割机床应校正钼丝的垂直度,检查工作液循环系统及运丝机构是否正常。

(6) 装夹工件及加工

① 将坯料装在坐标工作台上,保证有足够的装夹余量,用压板压紧。然后用百分表找正。

② 将电极丝从穿丝孔中穿入,找正穿丝孔中心位置,准备切割。

③ 选择合适的电参数,进行切割。

该零件为冲裁模工作零件,表面质量要求较高,故选择切割参数为:幅值电压为 75 V,脉冲宽度选择第四挡(50 μs),功率管选择 3 个。

加工时应注意电流表、电压表数值稳定,进给速度应均匀。

例 2 线切割加工如图 4 - 29 所示凹模的刃口部分,刃口尺寸公差取 IT8 级,材料为 Cr12。采用直径为 ϕ0.18 的电极丝,单边放电间隙取 0.03 mm。用 3B 格式编制其线切割加工程序。

(1) 零件图工艺分析

该零件为冲模工作零件,凹模刃口部分尺寸精度要求较高,而且与外形有位置要求。编程时要注意偏移补偿的给定。

线切割加工为凹模加工最后精加工工序,线切割加工前,其余工序都应加工完毕,并且在磨床上磨好线切割加工定位基准面。

(2) 确定装夹方式及穿丝孔位置

凹模外形尺寸较大,装夹方便,可以采用双端支撑方式装夹。穿丝孔直径为 ϕ3,位置要加

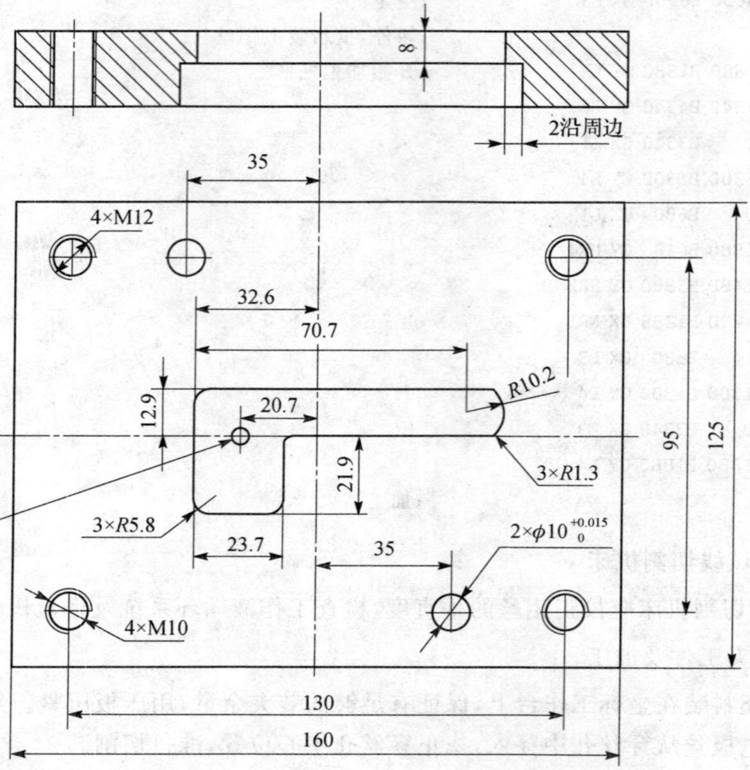

图 4-29　凹　模

工准确，加工前必须将钼丝移到如图 4-30 所示位置，以保证凹模刃口的位置精度。

(3) 补偿间隙计算

补偿距离为

$$f=(r_{钼}+\delta_{电})=\left(\frac{0.18}{2}+0.03\right)\ \mathrm{mm}=0.12\ \mathrm{mm}$$

(4) 程序编制

① 利用 CAXA 线切割 V2 版绘图软件绘制零件图。

② 生成加工轨迹并进行轨迹仿真。生成切割轨迹时，注意穿丝点的位置。

③ 生成 3B 代码程序。程序如下。

```
O0002
B11750  B0      B11750  GX L3              ;穿丝，开始切割
B0      B7010   B7010   GY L2
B5660   B0      B5660   GX SR2
```

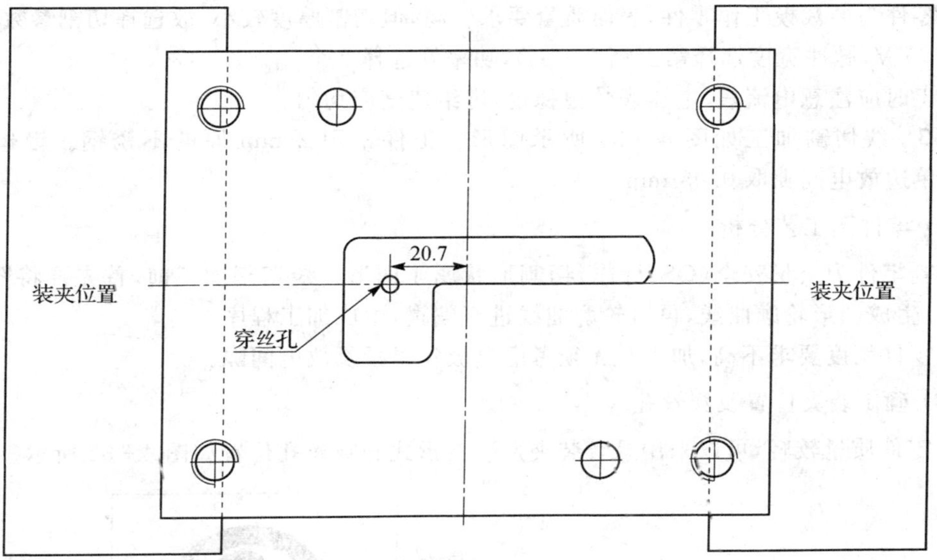

图 4－30　穿丝孔和装夹位置

```
B72198  B0      B72198 GX L1
B0      B1190   B507   GY SR1
B8223   B5768   B11536 GY SR1
B974    B683    B974   GX SR4
B52548  B0      B52548 GX L3
B0      B1810   B1810  GY NR2
B0      B14430  B14430 GY L4
B5660   B0      B5660  GX SR4
B12180  B0      B12180 GX L3
B0      B5660   B5660  GY SR3
B0      B16120  B16120 GY L2
B11750  B0      B11750 GX L1
DD                                       ;加工结束
```

(5) 调试线切割机床

调试线切割机床应校正钼丝的垂直度，检查工作液循环系统及运丝机构是否正常。

(6) 装夹工件及加工

① 将凹模装在坐标工作台上，保证有足够的装夹余量，用压板压紧。然后用百分表找正。

② 找正钼丝与凹模基准的位置，将电极丝从穿丝孔中穿入，准备切割。

③ 选择合适的电参数，进行切割。

该零件为冲裁模工作零件，表面质量要求较高，但切割厚度较小，故选择切割参数为：幅值电压为 75 V，脉冲宽度选择第三挡(30 μs)，功率管选择 2 个。

加工时应注意电流表、电压表数值稳定，进给速度应均匀。

例 3 线切割加工如图 4－31 所示图形。工件采用 2 mm 厚的不锈钢。钼丝直径为 ϕ0.18，单边放电间隙取 0.03 mm。

(1) 零件图工艺分析

切割零件为质量安全(QS)标志，切割形状属于图形。线切割加工前，首先要将图形位图矢量化，生成图形轮廓曲线，再对轮廓曲线进行编辑，生成加工程序。

该零件精度要求不高，加工时无须考虑电极丝半径及放电间隙。

(2) 确定装夹位置及穿丝孔

该零件质量较轻，可以采用悬臂装夹。装夹形式和穿丝孔位置如图 4－32 所示。

图 4－31 QS 标志

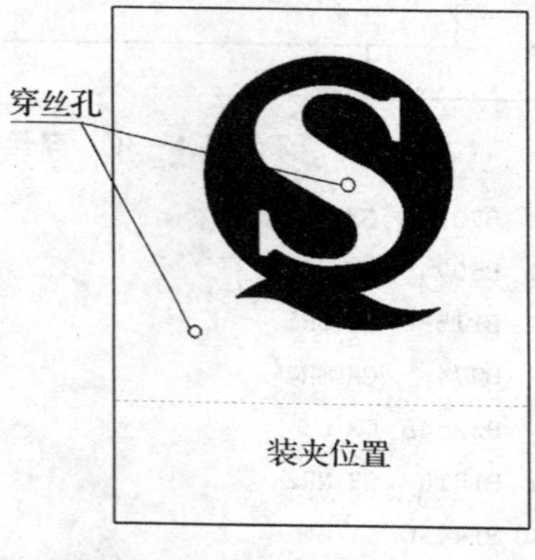

图 4－32 装夹位置及穿丝孔

(3) 程序编制

① 利用 CAXA 线切割 V2 版绘图软件进行位图矢量化，如图 4－33 所示。

② 生成加工轨迹并进行轨迹仿真。生成切割轨迹时，注意穿丝点的位置，如图 4－34 所示。

图 4－33 矢量化的图形

图 4－34 切割轨迹

③ 生成 3B 代码程序。程序如下：

```
O0004
B9912     B16968    B16968   GY L3        ;穿丝,开始切割内形
B1291289 B2210507 B47674   GX SR3
B22701    B25364    B35701   GX SR3
B29405    B61263    B60220   GX SR2
B11967    B17742    B14216   GX NR3
B2867     B3997     B2466    GY NR4
B7624     B0        B7624    GX L1
B283      B283      B283     GY L4
B0        B34081    B34081   GY L4
B2923     B9481     B7533    GX SR4
B41676    B7368     B47032   GX NR1
B1016     B17074    B28845   GY NR1
B121847   B152303   B39189   GX NR3
B21316    B50095    B33784   GY SR1
B37563    B4827     B34737   GX SR1
B20418    B93292    B16218   GX SR4
B6165     B63557    B43336   GX SR4
B885      B5565     B5411    GY NR1
B21052    B176171   B6821    GX NR1
B0        B35472    B35472   GY L2
B301      B301      B301     GY L1
B2333     B5516     B7199    GY SR2
B36900    B7370     B40331   GX NR3
B3998     B18875    B34881   GX NR3
B1286417 B2213346 B4872    GX SR3
B9912     B16968    B16968   GY L1
D                                         ;暂停,拆卸钼丝
B113043   B114811   B114811 GY L3        ;空走
D                                         ;暂停,重新装上钼丝
B29202    B25525    B29202   GX L1        ;开始加工外形
B56432    B62169    B25199   GX SR2
B44681    B79772    B117039 GX SR3
B20749    B89039    B182384 GX SR2
B32838    B52320    B9270    GX NR3
B32786    B55520    B52772   GX NR3
B53696    B68979    B54233   GX SR4
B3267     B100132   B31096   GX SR4
```

```
B232433  B401350  B32805  GX NR1
B19576   B60062   B34606  GX NR1
B29202   B25526   B29202  GX L3
DD                                          ;加工结束
```

(4) 调试线切割机床

校正线切割机床钼丝的垂直度，检查工作液循环系统及运丝机构是否正常。

(5) 装夹工件及加工

① 将坯料装在坐标工作台上，保证有足够的装夹余量，用压板压紧。然后用百分表找正。

② 将电极丝卸下，移至穿丝孔位置，从穿丝孔中穿入电极丝，然后上好电极丝，找正穿丝孔中心位置，准备切割。

③ 选择合适的电参数，进行切割。

该零件较薄，表面质量要求一般，故选择切割参数为：幅值电压为 75 V，脉冲宽度选择第四挡(50 μs)，功率管选择 3 个。

加工时应注意电流表、电压表数值稳定，进给速度应均匀。

4.3.2 ISO 程序格式加工

例 用 ISO 程序切割如图 4-35 所示平面样板。采用直径为 $\phi0.18$ 的电极丝，单边放电间隙取 0.03 mm。穿丝点设在平面样板的左下角，退出点与穿丝点重合。

(1) 零件图工艺分析

该零件属于检测工具，尺寸要求比较严格，但是由于原材料是 2 mm 厚的不锈钢板，因此装夹比较方便。编程时要注意偏移补偿的给定，并留够装夹位置。

(2) 确定装夹位置及进给路线

该零件质量较轻，可以采用悬臂装夹。为了减小内应力对加工精度的影响，要选择合适的进给路线，如图 4-36 所示。

(3) 补偿间隙计算

补偿距离为

$$f = (r_{钼} + \delta_{电}) = \left(\frac{0.18}{2} + 0.03\right)\ \text{mm} = 0.12\ \text{mm}$$

(4) 程序编制

① 利用 CAXA 线切割 V2 版绘图软件绘制零件图。

② 生成加工轨迹并进行轨迹仿真。生成切割轨迹时，注意穿丝点的位置。

③ 生成 G 代码程序。程序如下：

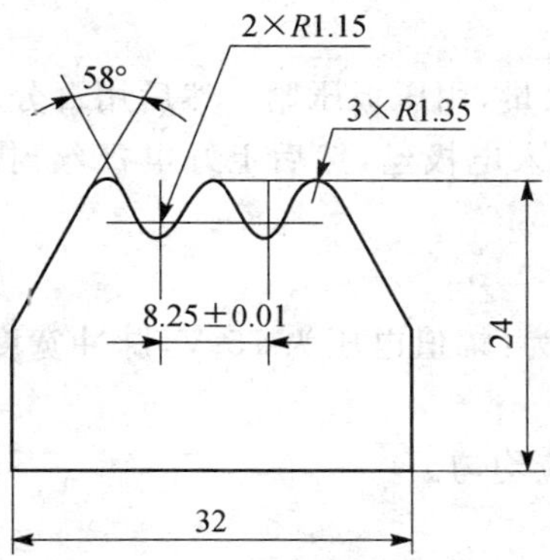

图 4-35　平面样板

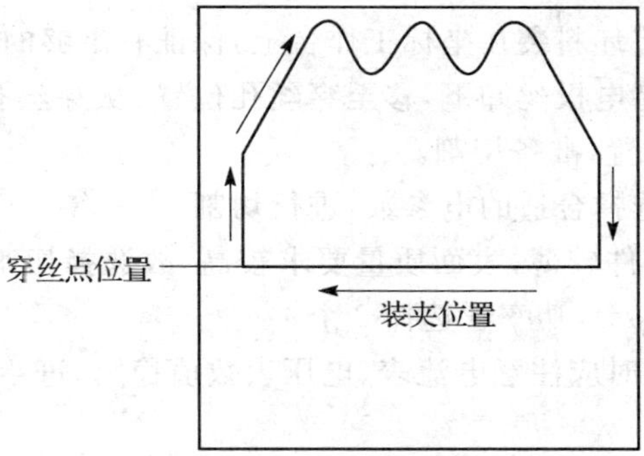

图 4-36　平面样板进给路线

```
O0003
G92 X16000 Y-18000                        ;定义工件坐标系
G90                                       ;采用绝对坐标系编程
T84                                       ;打开工作液泵
T86                                       ;启动运丝机构
G01 X16100 Y-12100
G01 X-16100 Y-12100
G01 X-16100 Y-521
G01 X-9518 Y-11353
G02 X-6982 Y11353 I1268 J-703
G01 X-5043 Y7856
G03 X-3207 Y7856 I918 J509
G01 X-1268 Y11353
G02 X1268 Y11353 I1268 J-703
G01 X3207 Y7856
G03 X5043 Y7856 I918 J509
G01 X6982 Y11353
G02 X9518 Y11353 I1268 J-703
G01 X16100 Y521
G01 X16100 Y-12100
G01 X16000 Y-18000
T85                                       ;关闭工作液泵
T87                                       ;关闭运丝机构
M02                                       ;程序结束
```

(5) 调试线切割机床

校正线切割机床钼丝的垂直度,检查工作液循环系统及运丝机构是否正常。

(6) 装夹工件及加工

① 将坯料装在坐标工作台上,保证有足够的装夹余量,用压板压紧。然后用百分表找正。

② 将电极丝卸下,移至穿丝孔位置,从穿丝孔中穿入电极丝,然后上好电极丝,找正穿丝孔中心位置,准备切割。

③ 选择合适的电参数,进行切割。

该零件较薄,表面质量要求较高,故选择切割参数为:幅值电压为 75 V,脉冲宽度选择第二挡(15 μs),功率管选择 2 个。

加工时应注意电流表、电压表数值稳定,进给速度应均匀。

第5章 数控机床仿真

5.1 数控机床仿真软件

5.1.1 仿真软件基本功能

1. 软件简介

数控仿真系统可以模拟实际设备的加工环境及其工作状态。数控加工仿真技术为验证数控程序的正确性、防止干涉和碰撞的发生及预测加工过程提供了强有力的工具。目前,常用的数控仿真系统主要有上海宇龙公司的"数控加工仿真系统"、南京斯沃公司的"斯沃数控仿真"、北京斐克公司的"VNUC仿真软件"、美国CGTech公司的多轴加工仿真软件"VERICUT"。

本章以上海宇龙软件工程有限公司研制开发的"数控加工仿真系统"4.3版为例进行介绍,为了满足企业数控加工仿真和教育部门数控技术教学的需要,该软件针对国内外常用的数控系统实现了对数控加工中心、数控铣和数控车加工全过程的仿真,其中包括毛坯定义与装夹,刀具定义与选用,零件基准测量和设置,数控程序输入、编辑和调试,加工仿真,以及各种错误检测功能,网络版软件还具有授课功能及考试功能。

2. 软件安装

本仿真软件对系统要求较低,一般现在的主流配置都能满足要求,可以在中文Windows 98, Windows ME,Windows 2000或Windows XP等操作系统上安装,但必须安装有TCP/IP网络协议。4.3版的软件已集成了加密锁管理软件,不需要单独安装。安装过程简单,在局域网中选择一台机器作为教师机,是授课教师使用的数控加工仿真系统,一个局域网内只能有一台教师机,其他机器作为学生机,因此在安装过程中只须在"选择安装类型"界面中选择"教师机"或"学生机"即可,其他步骤按默认单击"下一步"按钮即可轻松完成安装。

3. 加密锁管理程序

教师机的数控加工仿真系统上装有加密锁管理程序,用来管理加密锁和控制仿真系统的运行状态。只有加密锁管理程序运行后,教师机和学生机的数控加工仿真系统才能运行。右击"加密锁管理程序"的小图标,弹出快捷菜单如图5-1所示。数控加工仿真系统分为练习、授课和考试三种运行状态：

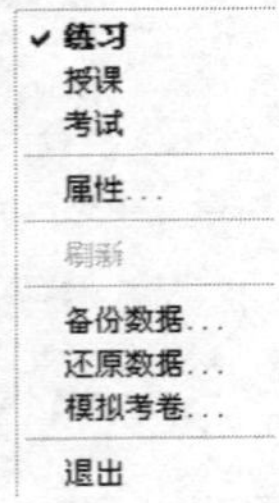

图 5-1 加密锁管理程序快捷菜单

① 练习状态。加密锁管理程序默认为练习状态，此时运行数控加工仿真系统，教师机与学生机间没有交互，可供教师与学生自由使用。

② 授课状态。用于互动教学，在教师授课时使用。

③ 考试状态。在考试时使用。

4. 用户管理

选择“系统管理”→“用户管理”菜单项，弹出“用户管理”对话框，如图 5-2 所示。每名用户必须有用户名、密码、姓名、单位。涉及的用户权限有用户管理、修改评分标准、成绩查询、修改系统参数。系统管理员具有以上四个权限，系统管理员初始用户名为 manage，密码为 system。

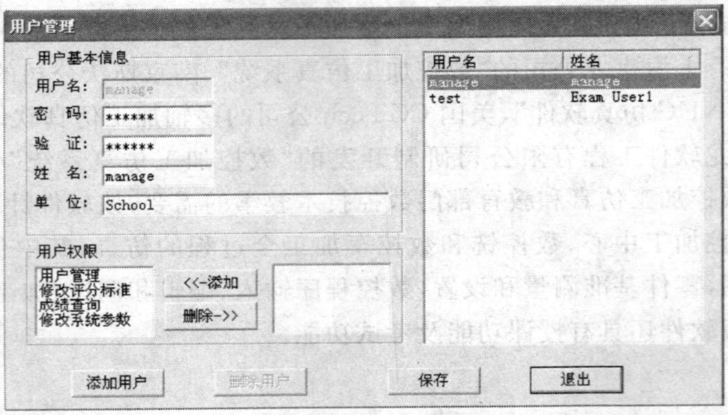

图 5-2 “用户管理”对话框

5. 系统设置

选择“系统管理”→“系统设置”菜单项，弹出“系统设置”对话框，共有 10 张选项卡，如图 5-3 所示。享有“修改系统参数”权限的用户可以对系统设置进行修改。要注意的是，在“FANUC 属性”选项卡中，最好不选“没有小数点的数以千分之一毫米为单位”复选框，这样在录入程序时整数不需要加小数点，否则整数也必须加小数点，如“X5”应为“X5.0”。

6. 刀具库管理

以铣刀刀具库管理为例。选择“系统管理”→“铣刀库管理”菜单项，弹出“铣刀库管理”对话框，如图 5-4 所示。享有“修改系统参数”权限的用户可以对刀具库中的刀具进行更改、添加和删除。

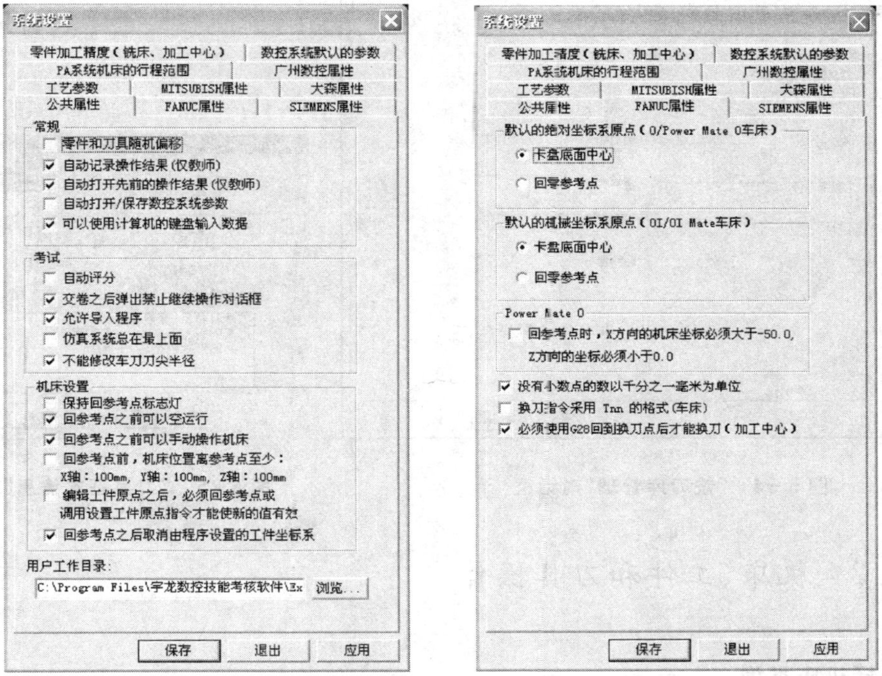

图 5－3　“系统设置”对话框

(1) 添加刀具

单击“添加刀具”按钮，输入新的“刀具编号(名称)”，在“刀具类型”列表框中根据图片选择类型，然后单击“选定该类型”按钮，就可选中刀具类型，再输入刀具具体参数，单击“保存”按钮，完成铣刀刀具的添加。

(2) 删除刀具

在“刀具编号(名称)”下拉列表框内选择要删除的刀具，单击“删除当前刀具”按钮，完成删除刀具的操作。

(3) 显示刀具详细资料

在“刀具类型”列表框中选择一种刀具类型，单击“详细资料”按钮，可查看刀具类型的基本信息，如图 5－5 所示。

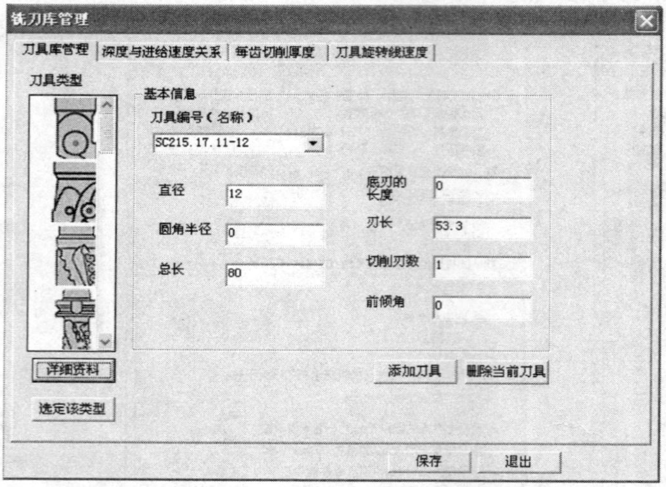

图 5-4 “铣刀库管理”对话框

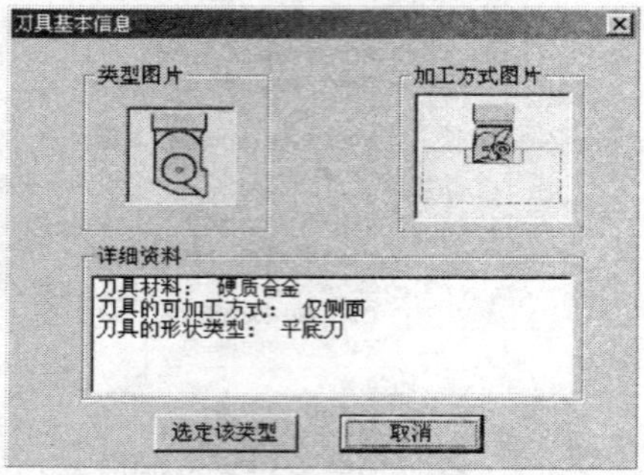

图 5-5 “刀具基本信息”对话框

5.1.2 机床、工件和刀具操作

1. 选择机床类型

选择“机床”→“选择机床”菜单项，在弹出的“选择机床”对话框中选择控制系统的类型和相应的机床类型并单击“确定”按钮，如图 5-6 所示。

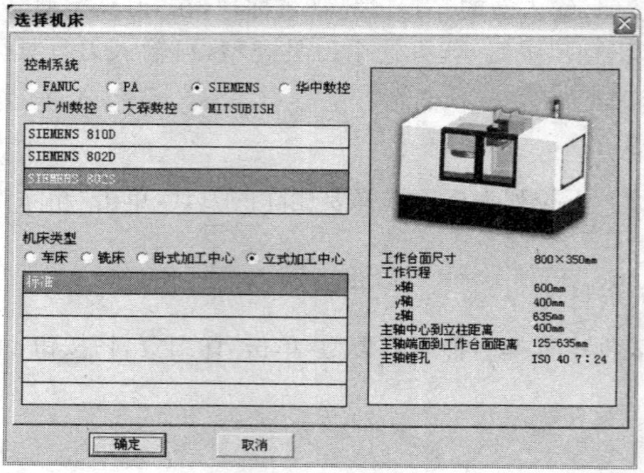

图 5-6 “选择机床”对话框

2. 毛坯的定义和使用

(1) 毛坯定义

选择“零件”→“定义毛坯”菜单项，或在工具条上单击按钮，弹出如图 5－7 所示的对话框，在“名字”文本框中输入所定义毛坯的名称，也可采用默认值；在“形状”下拉列表框中选择毛坯的形状，铣床、加工中心可选择长方形毛坯和圆柱形毛坯，车床只提供圆柱形毛坯。毛坯的“材料”下拉列表框中提供了多种毛坯材料，可根据需要进行选择。在尺寸文本框中输入毛坯的尺寸，单位为毫米。单击“确定”按钮，保存定义的毛坯并退出操作界面；单击“取消”按钮，则不保存，直接退出操作界面。

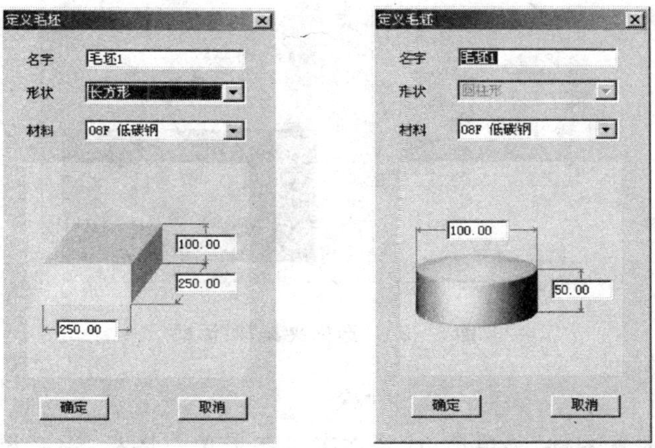

(a) 长方形毛坯定义　　(b) 圆形毛坯定义

图 5－7　“定义毛坯”对话框

(2) 导出零件模型

选择“文件”→“导出零件模型”菜单项，在“另存为”对话框中输入文件名，保存零件模型，文件的后缀名为“prt”。利用此功能，可以把经过部分加工的零件作为成型毛坯存放。

(3) 导入零件模型

选择“文件”→“导入零件模型”菜单项，在弹出的对话框中打开后缀名为“prt”的零件模型文件，零件模型自动被放置在工作台面上。

(4) 夹具选择

选择“零件”→“安装夹具”菜单项，或者在工具条上单击图标，弹出如图 5－8 所示对话框，首先在“选择零件”下拉列表框中选择毛坯，然后在“选择夹具”下拉列表框中选择夹具，长方体毛坯可以使用工艺板或者平口钳，圆柱形毛坯可以选择工艺板或者卡盘。“夹具尺寸”选项组仅供修改工艺板的尺寸，各个方向的“移动”按钮供调整毛坯在夹具上的位置。车床没有这一步操作，铣床和加工中心也可以不使用夹具，将毛坯直接放在机床台面上。

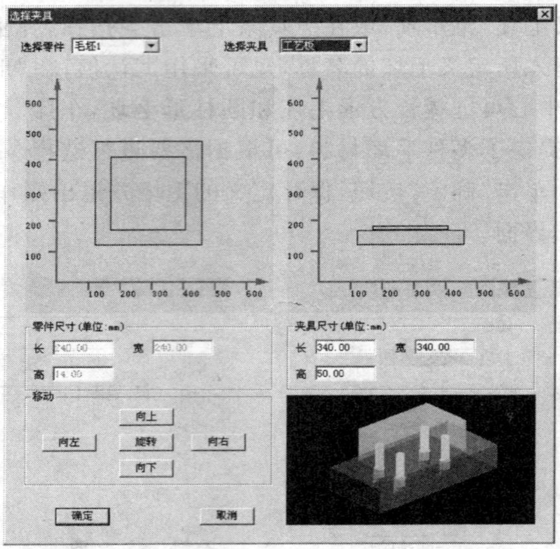

图 5-8 “选择夹具”对话框

(5) 毛坯的装夹

选择“零件”→“放置零件”菜单项，或者在工具条上单击图标，系统弹出如图 5-9 所示对话框，在列表框中选择所需的毛坯，选中的毛坯信息加亮显示，单击“安装零件”按钮，系统自动关闭对话框，毛坯和夹具(如果已经选择了夹具)将被放到机床上。对于卧式加工中心还可以在类似图 5-8 所示对话框中选择是否使用角尺板，如果选择了使用角尺板，那么在放置毛坯时，角尺板同时出现在机床台面上。

若在图 5-9 所示对话框的“类型”选项组中选中“选择模型”单选按钮，则可以选择导入零件模型文件，如图 5-10 所示。

毛坯可以在工作台面上移动。毛坯放在工作台上后，系统将自动弹出一个小键盘，铣床、加工中心如图 5-11(a)所示，车床如图 5-11(b)所示，通过单击小键盘上的方向按钮，实现毛坯的平移和旋转或者车床的毛坯调头。小键盘上的“退出”按钮用于关闭小键盘。选择“零件”→“移动零件”菜单项也可以打开小键盘，在执行其他操作前须关闭小键盘。

当使用工艺板或者不使用夹具时，可以使用压板来安装毛坯。选择“零件”→“安装压板”菜单项，弹出“选择压板”对话框如图 5-12 所示。对话框的列表框中列出各种安装方案，可以拉动滚动条浏览全部许可的方案，然后选择所需要的安装方案，单击“确定”按钮，压板将出现

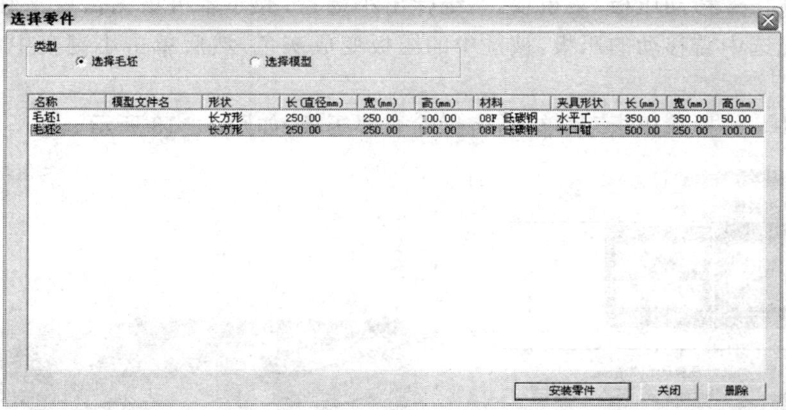

图 5 - 9　“选择零件”对话框(“选择毛坯”)

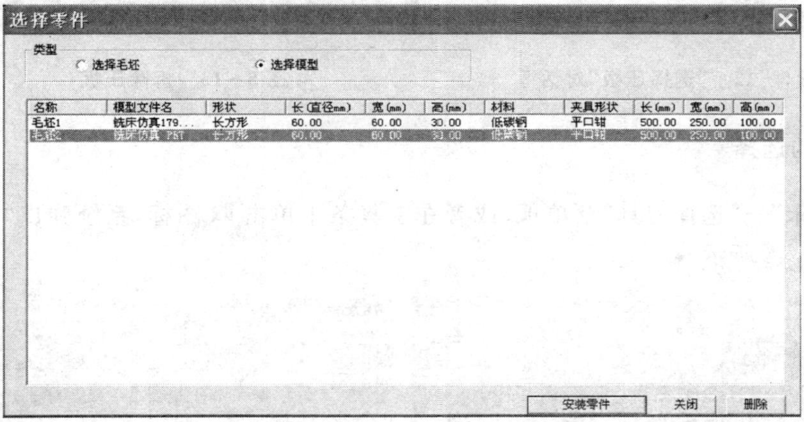

图 5 - 10　“选择零件”对话框(“选择模型”)

(a) 铣床或加工中心　　　　(b) 车　床

图 5 - 11　调整零件位置

在台面上。在“压板尺寸(单位:mm)”选项组中可更改压板的长、高、宽,其范围为长 30.00～100.00,高 10.00～20.00,宽 10.00～50.00。

选择“零件”→“移动压板”菜单项，系统弹出小键盘，操作者可根据需要平移压板（不能旋转压板）。首先选中需移动的压板，被选中的压板变成灰色，然后单击小键盘中的方向按钮操纵压板移动。

选择“零件”→“拆除压板”菜单项，将拆除全部压板，如图 5-13 所示。

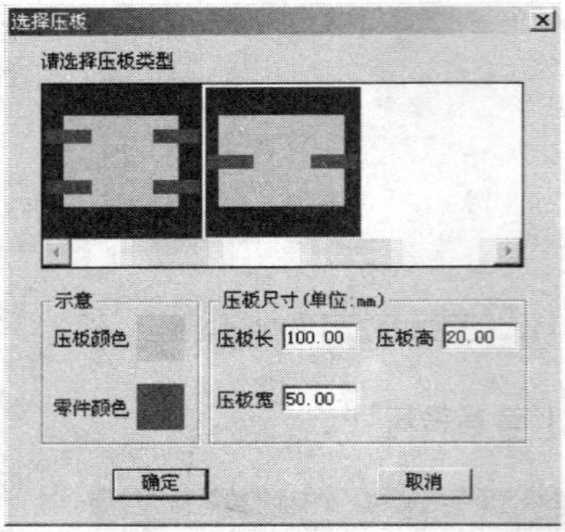

图 5-12 “选择压板”对话框

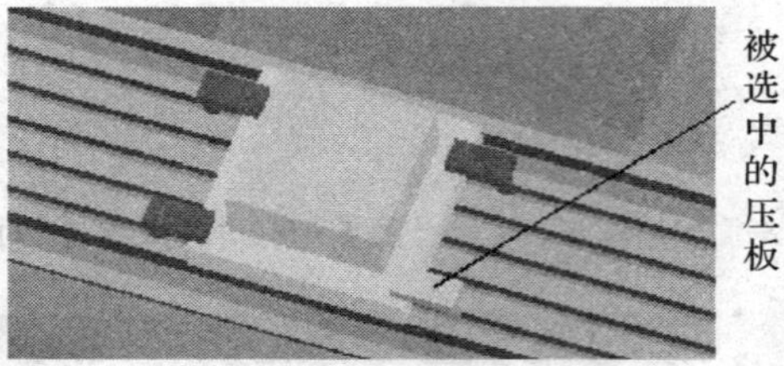

图 5-13 拆除压板

3. 刀具的选择

选择“机床”→“选择刀具”菜单项，或者在工具条中单击图标，系统弹出“刀具选择”对话框，如图 5-14 所示。

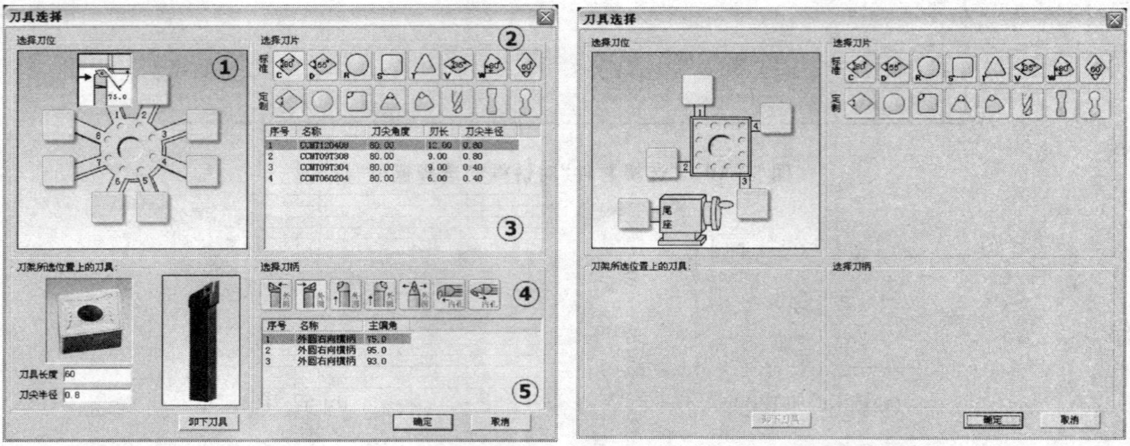

(a) 转塔刀架　　(b) 四方刀架

图 5-14 “刀具选择”对话框

(1) 车床选择和安装刀具

系统中，数控车床允许同时安装 8 把刀具(后置刀架)或者 4 把刀具(前置刀架)，其操作过程如下。

1) 选择、安装车刀

① 在刀架图(“选择刀位”选项组)中选择所需的刀位号。该刀位对应程序中的 T01～T08(T04)。

② 选择刀片类型。

③ 在刀片列表框中选择刀片。

④ 选择刀柄类型。

⑤ 在刀柄列表框中选择刀柄。

⑥ 单击“确定”按钮，刀具自动安装到刀架上。

2) 刀具长度和刀尖半径修改

车刀选择完成后，在界面的左下部显示出刀架所选位置上的刀具，其中显示的“刀具长度”和“刀尖半径”均可由操作者修改。

3) 拆除刀具

在刀架图中选择要拆除刀具的刀位并单击“卸下刀具”按钮。

(2) 加工中心和数控铣床选刀

在加工中心和数控铣床中，首先应根据直径和类型筛选出所需的刀具，再进行刀具的选择，对话框如图 5－15 所示，操作过程如下。

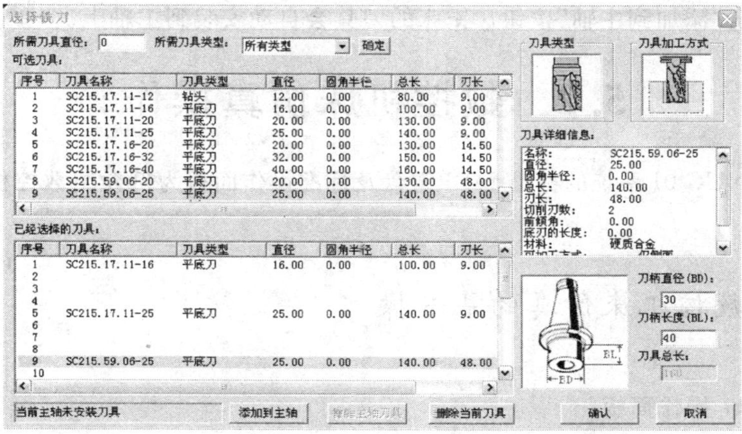

图 5－15　加工中心和数控铣床刀具选择对话框

1）按条件列出刀具清单

① 在"所需刀具直径"文本框内输入直径，如果不把直径作为筛选条件，请输入数字"0"。

② 在"所需刀具类型"下拉列表框中选择刀具类型。可供选择的刀具类型有"平底刀"、"平底带R刀"、"球头刀"、"钻头"和"镗刀"等。

③ 单击"确定"按钮，符合条件的刀具在"可选刀具"列表框中显示。

2）指定刀位号

对话框下半部中的"序号"就是刀库中的刀位号。卧式加工中心允许同时选择20把刀具，立式加工中心允许同时选择24把刀具。对于铣床，对话框中只有1号刀位可以使用。选择"已经选择的刀具"列表框中的"序号"来确定刀位号。

3）选择需要的刀具

指定刀位号后，再在"可选刀具"列表框中选择所需的刀具，选中的刀具对应显示在"已经选择的刀具"列表框中选中的刀位号所在行。

4）输入刀柄参数

操作者可以按需要输入刀柄参数。参数有直径和长度两个，总长度是刀柄长度与刀具长度之和。

5）删除当前刀具

单击"删除当前刀具"按钮可删除此时"已经选择的刀具"列表框中光标所在行的刀具。

6）确认选刀

选择完全部刀具，单击"确认"按钮完成选刀操作，或者单击"取消"按钮退出选刀操作。

加工中心的刀具都在刀库中，如果在选择刀具时同时要指定某把刀安装到主轴上，则可先选中它，然后单击"添加到主轴"按钮。铣床的刀具会自动安装到主轴上。

5.2 数控机床仿真操作

本节以FANUC 0I系统的标准MDI键盘及标准操作面板为例介绍数控机床仿真操作的实训方法。

5.2.1 数控机床仿真的基本操作

1. MDI/CRT操作面板

如图5-16所示为FANUC 0I系统的CRT界面（左半部分）和MDI键盘（右半部分），MDI键盘用于程序编辑和参数输入等功能。

2. 机床操作面板

FANUC 0I 系统的标准机床操作面板如图 5－17 所示，面板各功能键功能见表 5－1。

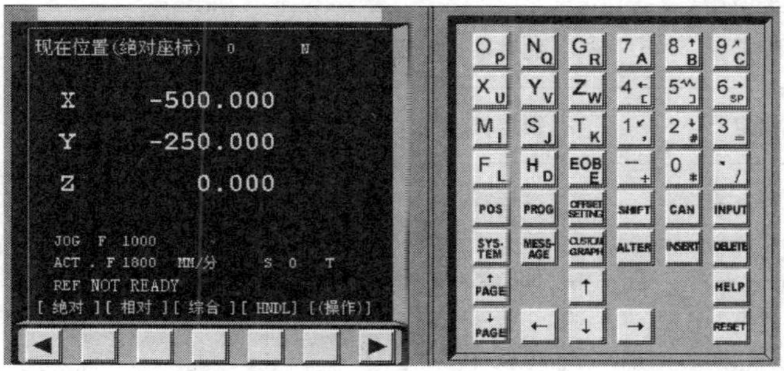

图 5－16　FANUC 0I　系统的 MDI 键盘

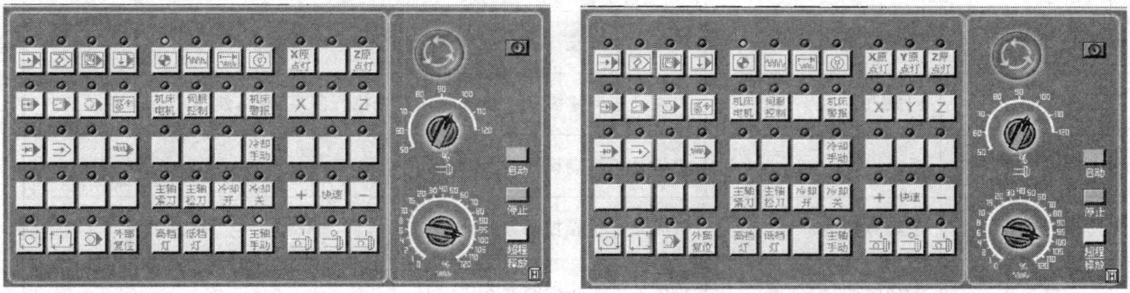

(a) 车　床　　　　(b) 铣床或加工中心

图 5－17　FANUC 0I 系统标准机床操作面板

表 5－1　FANUC 0I　系统标准机床操作面板功能键

按　键	名　称	功能说明
	自动运行	此键被按下后，系统进入自动加工方式
	编辑	此键被按下后，系统进入程序编辑方式
	MDI	此键被按下后，系统进入 MDI 方式，手动输入并执行指令
	远程执行	此键被按下后，系统进入远程执行方式即 DNC 方式，输入输出资料
	单节	此键被按下后，运行程序时每次执行一条数控指令

续表 5-1

按　键	名　称	功能说明
	单节忽略	此键被按下后,数控程序中的注释符号"/"有效
	选择性停止	此键被按下后,"M01"代码有效
	机械锁定	锁定机床
	试运行	空运行
	进给保持	程序运行暂停,在程序运行过程中,按下此键运行暂停。按"循环启动"键恢复运行
	循环启动	程序运行开始。系统处于"自动运行"或"MDI"位置时按下有效,其余模式下按下无效
	循环停止	程序运行停止,在数控程序运行中,按下此键停止程序运行
	回原点	机床处于回零方式。机床必须首先执行回零操作,然后才可以运行
	手动	机床处于手动模式,连续移动
	手动脉冲	机床处于手轮控制方式
	手动脉冲	机床处于手轮控制方式
X	x 轴选择	手动状态下 x 轴选择键
Y	y 轴选择	手动状态下 y 轴选择键
Z	z 轴选择	手动状态下 z 轴选择键
+	正向移动	手动状态下,按下该键系统将向所选轴正向移动。在回零状态时,按下该键将所选轴回零
−	负向移动	手动状态下,按下该键系统将向所选轴负向移动
快速	快速	按下该键将进入手动快速状态
	主轴控制	依次为:主轴正转、主轴停止、主轴反转
	启动	系统启动

续表 5-1

按　键	名　称	功能说明
	停止	系统停止
	超程释放	系统超程释放
	主轴倍率选择	将光标移至此旋钮上后，通过单击或右击来调节主轴旋转的倍率
	进给倍率	调节运行时的进给速度倍率
	急停	按下此急停按钮，使机床移动立即停止，并且所有的输出如主轴的转动等都会关闭
	手轮显示	按下此按键，则可以显示出手轮
	手轮面板	按下按键，将显示手轮面板，按下手轮面板右下角的按键，手轮面板将被隐藏
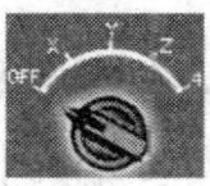	手轮轴选择	手轮状态下，将光标移至此旋钮上后，通过单击或右击来选择进给轴
	手轮进给倍率	手轮状态下，将光标移至此旋钮上后，通过单击或右击来调节点动/手轮步长。×1，×10，×100 分别代表移动量为 0.001 mm，0.01 mm，0.1 mm
	手轮	将光标移至此旋钮上后，通过单击或右击来转动手轮

3. 机床准备

(1) 激活机床

按下“启动”键，机床电动机和伺服控制的指示灯变亮。检查“急停”按钮是否松开至状态，若未松开，按下“急停”按钮，将其松开。

(2) 机床回参考点

检查操作面板上回参考点指示灯是否亮，若指示灯亮，则已进入回参考点方式；若指示灯不亮，则按下“回参考点”键，转入回参考点方式。在回参考点方式下，先将 x 轴回参考点，按下操作面板上的 x 轴选择键，使 x 轴方向移动指示灯变亮，按下“正向移动”键，此时 x 轴将回参考点，x 轴回参考点灯变亮，CRT 上的 x 坐标变为“0.000”。同样，再分别按下 y 轴和 z 轴的方向键，使指示灯变亮，按下键，此时 y 轴和 z 轴将回参考点，y 轴和 z 轴回参考点灯变亮。

5.2.2 数控程序的处理

数控程序的处理是在编辑操作模式下，CRT 界面处于编辑页面下进行的。按下机床操作面板上的编辑键，使其指示灯变亮，表示此时已进入编辑操作方式。按下 MDI 键盘上的 PROG 键，CRT 界面转入编辑页面。以下操作都是在此种状态下进行的。

1. 导入数控程序

数控程序可直接用 FANUC 0I 系统的 MDI 键盘输入，也可通过记事本或写字板等编辑软件输入并保存为文本格式(＊.txt 格式)文件，然后导入到数控机床中。

按图 5－16 中的菜单软键［(操作)］，在出现的下级子菜单中按菜单软键▶，按菜单软键［READ］，转入如图 5－18 所示界面，按下 MDI 键盘上的数字/字母键，输入“O×”(×为任意不超过四位的数字)，按菜单软键［EXEC］。然后在主界面选择“机床”→“DNC 传送”菜单项，在弹出的对话框中选择所需的 NC 程序，如图 5－19 所示，单击“打开”按钮，则数控程序被导入并显示在 CRT 界面上。

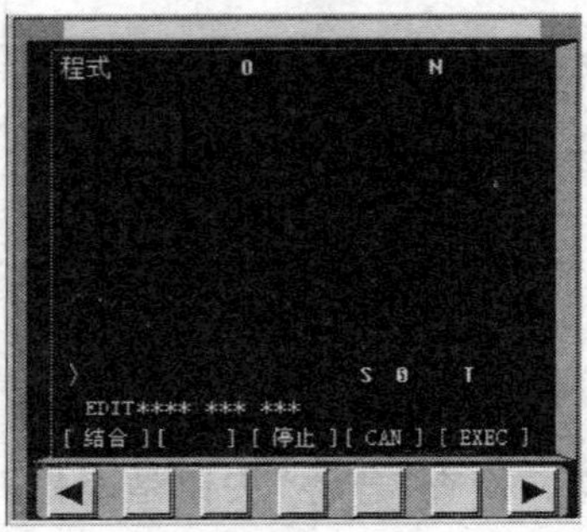

图 5－18 程序导入界面

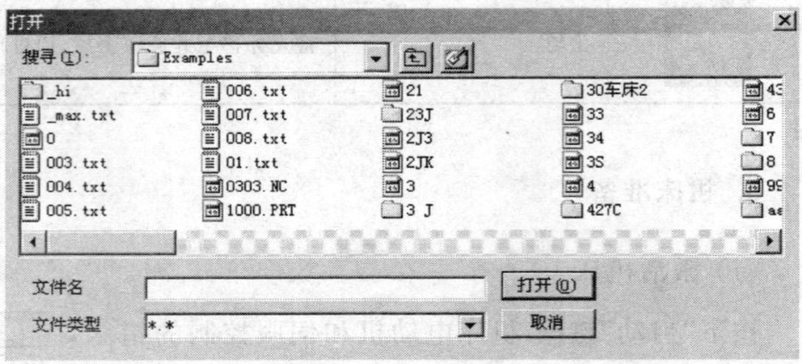

图 5－19 打开 NC 程序对话框

2. 数控程序管理

(1) 显示数控程序目录

经过导入数控程序操作后，按菜单软键[LIB]，经过 DNC 传送的数控程序名列表显示在 CRT 界面上，如图 5－20 所示。

(2) 选择一个数控程序

经过导入数控程序操作后，利用 MDI 键盘输入“O×”(×为数控程序目录中显示的程序号)，按↓键(或按 CRT 屏幕上的菜单软键[O 检索])开始搜索，程序搜索到之后，“O××××”显示在屏幕首行程序号位置，NC 程序将显示在屏幕上。

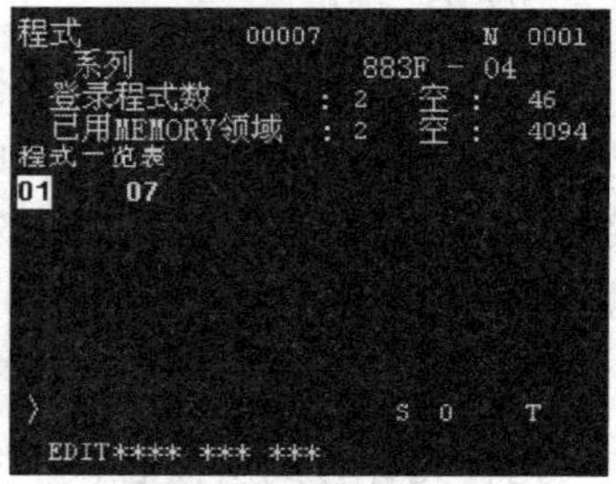

图 5－20　数控程序目录

(3) 删除一个数控程序

利用 MDI 键盘输入“O×”(×为要删除的数控程序在目录中显示的程序号)，按DELETE键，程序即被删除。

(4) 新建一个 NC 程序

利用 MDI 键盘输入“O×”(×为程序号，但不能与已有的程序号重复)，按INSERT键，CRT 界面上将显示一个空程序，然后即可通过 MDI 键盘开始录入程序。录入一段代码后，按INSERT键则数据输入域中的内容将显示在 CRT 界面上，按回车换行键EOB E则结束一行的输入并自动换行。MDI 键盘上的SHIFT键用来切换字母键，如X U键，直接按下则输入“X”；按SHIFT键，再按X U键，则输入“U”。

(5) 删除全部数控程序

利用 MDI 键盘输入“O-9999”，按DELETE键，则全部数控程序被删除。

3. 数控程序编辑

选定一个数控程序后，该程序显示在 CRT 界面上，此时可对数控程序进行编辑操作。

(1) 移动光标

按↑PAGE和↓PAGE键用于翻页，按方位键↑ ↓ ← →移动光标。

(2) 插入字符

先将光标移到所需位置，按 MDI 键盘上的数字/字母键，将代码输入到输入域中，按INSERT键，把输入域的内容插入到光标所在代码的后面。

（3）删除输入域中的数据

按CAN键用于删除输入域中的数据。

（4）删除字符

先将光标移到所需删除字符前的位置，按DELETE键，删除光标后的字符。

（5）查　找

输入需要搜索的字母或代码；按↓键开始在当前数控程序中光标所在位置后搜索。（代码可以是一个字母或一个完整的代码，例如："N0010"、"M"等。）如果此数控程序中存在所搜索的代码，则光标停留在找到的代码处；如果此数控程序中光标所在位置后没有所搜索的代码，则光标停留在原处。

（6）替　换

先将光标移到所需替换字符的位置，将替换成的字符通过 MDI 键盘输入到输入域中，按ALTER键，用输入域中的内容替代光标所在处的代码。

4. 数控程序保存

编辑好程序后需要进行保存。按菜单软键[操作]，在下级子菜单中按菜单软键[Punch]，在弹出的对话框中输入文件名，选择文件类型和保存路径，单击"保存"按钮，如图5－21 所示。

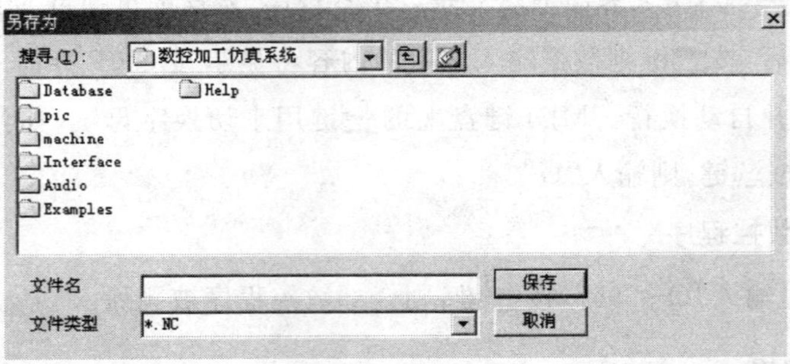

图 5－21　数控程序保存对话框

5.2.3　数控程序运行的操作方式

1. MDI 操作方式

按下操作面板上的 MDI 键，使其指示灯变亮，进入 MDI 模式。在 MDI 键盘上按PROG键，进入编辑页面。

(1) 程序录入

按数字/字母键后,键入字母"O",再键入程序号(该程序号不能与已有程序号重复),可进行程序录入。按回车换行键结束一行的输入后换行,按键盘上的键,完成指令的输入。

(2) 程序编辑

按上下方向键翻页,按方位键移动光标。按键,删除输入域中的数据;按键,删除光标所在的代码。按键光标回到程序头。

(3) 程序运行

程序输入完并编辑好后,把光标移到程序头,按循环启动键运行程序。

2. 手动操作方式

(1) 手动/连续方式

① 按下操作面板上的"手动"键,使其指示灯变亮,机床进入手动方式。

② 分别按下X,Y,Z键,选择移动的坐标轴。

③ 分别按下+,-键,控制机床的移动方向。

④ 按下键控制主轴的转动和停止。

刀具切削零件时,主轴需转动。若加工过程中刀具与零件发生非正常碰撞后(非正常碰撞包括车刀的刀柄与零件发生碰撞,铣刀与夹具发生碰撞等),系统将弹出警告对话框,同时主轴自动停止转动。因此,继续加工时需再次按下键,使主轴重新转动。

(2) 手动脉冲方式

在手动/连续方式或在对刀时,可采用手动脉冲方式精确调节机床移动量。

① 按下操作面板上的"手动脉冲"键或,使指示灯变亮。

② 按下键,显示手轮面板;再次按下键,可隐藏手轮。

③ 光标对准"轴选择"旋钮左击或右击,选择坐标轴。

④ 光标对准"手轮进给倍率"旋钮,按下左键或右键,选择合适的脉冲当量。

⑤ 光标对准"手轮",按下左键或右键,精确控制机床的移动量。

3. 自动加工方式

(1) 自动/连续方式

1) 自动加工

① 检查机床是否已回零,若未回零,先将机床回零。

② 导入数控程序或自行编写一段程序，并将光标移至程序头。

③ 按下操作面板上的“自动运行”键，使其指示灯变亮。

④ 按下操作面板上的“循环启动”键，程序开始运行。

2）中断运行

数控程序在运行过程中可根据需要暂停、停止、急停和重新运行。

① 数控程序在运行时，按下“进给保持”按钮，程序停止执行；再按下“循环启动”键，程序从暂停位置继续执行。

② 数控程序在运行时，按下“循环停止”键，程序停止执行；再按下“循环启动”键，程序从开头重新执行。

③ 数控程序在运行时，按下“急停”按钮，程序中断运行，继续运行时，先将“急停”按钮松开，再按“循环启动”，余下的数控程序从中断行开始作为一个独立的程序执行。

（2）自动/单段方式

① 检查机床是否已回零，若未回零，先将机床回零。

② 导入数控程序或自行编写一段程序。

③ 按下操作面板上的“自动运行”键，使其指示灯变亮。

④ 按下操作面板上的“单节”键。

⑤ 按下操作面板上的“循环启动”键，程序开始执行。

（3）检查运行轨迹

自动加工前，可检查运行轨迹，以检验程序的正确性。

① 按下操作面板上的“自动运行”键，使其指示灯变亮，转入自动加工方式。

② 调入要检验的程序。

③ 按下键，进入检查运行轨迹方式，按下操作面板上的“循环启动”键，即可观察数控程序的运行轨迹，此时也可通过“视图”菜单中的动态旋转、动态缩放、动态平移等方式对三维运行轨迹进行全方位的动态观察。

（4）自动加工方式注意事项

① 在自动/单段方式执行每一行程序时，均需按下一次“循环启动”键。

② 按下“单节忽略”键，使程序中的跳过符号“/”有效，跳过符号所在行成为注释行，不被执行。

③ 按下“选择性停止”键，则程序中的“M01”有效。

④ 可以通过“主轴倍率选择”旋钮和“进给倍率”旋钮调节主轴旋转的速度和进给速度。

⑤ 按RESET键可将程序重置。

4. 参数设置

(1) 设置 G54～G59 参数

在 MDI 键盘上按下OFFSET SETTING键，按菜单软键[坐标系]，进入坐标系参数设定界面，输入“0×”(01 表示 G54，02 表示 G55，以此类推)，按菜单软键[NO 检索]，光标停留在选定的坐标系参数设定区域，也可用方位键↑↓←→选择所需的坐标系和坐标轴，如图 5－22 所示。

利用 MDI 键盘，输入通过对刀得到的工件坐标原点在机床坐标系中的坐标值。设通过对刀得到的工件坐标原点在机床坐标系中的坐标值为(－500，－415，－404)，则首先将光标移到 G54 坐标系的 x 位置，在 MDI 键盘上输入“－500.00”，按菜单软键[输入]或按INPUT键，参数输入到指定区域。按CAN键可逐个字符地删除输入域中的字符。按↓键，将光标移到 y 的位置，输入“－415.00”，按菜单软键[输入]或按INPUT键，参数输入到指定区域。同样可以输入 z 坐标值。如果按菜单软键[＋输入]，则键入的数值将与原有的数值相加后输入。此时 CRT 界面如图5－23 所示。

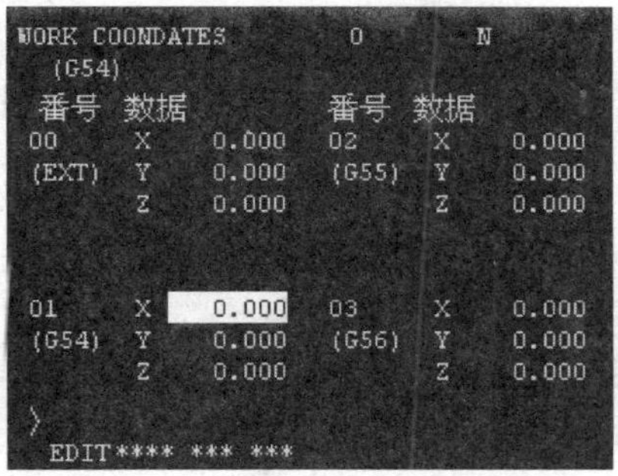

图 5－22　坐标系参数设定界面

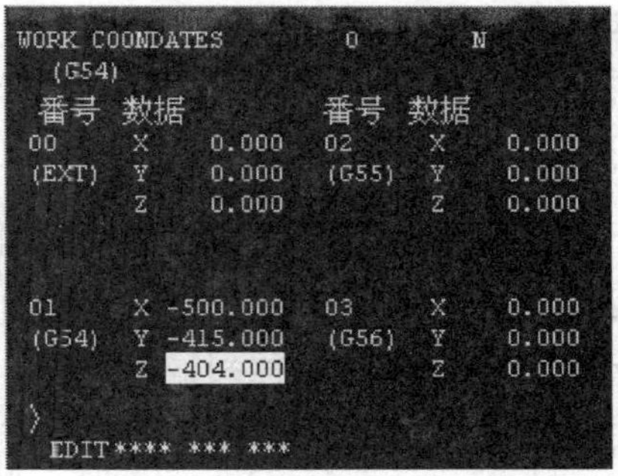

图 5－23　G54 参数设置

(2) 设置铣床及加工中心刀具补偿参数

铣床及加工中心的刀具补偿包括刀具半径和长度的补偿。

1) 输入半径补偿参数

FANUC 0I 的刀具半径补偿包括形状半径补偿和磨耗半径补偿。

① 在 MDI 键盘上按OFFSET SETTING键，进入参数补偿设定界面，如图 5－24 所示。

② 用方位键↑↓选择所需的番号，用←→键确定需要设定的半径补偿是形状补偿还是磨耗补偿，将光标移到相应的区域。

③ 按下 MDI 键盘上的数字/字母键，输入刀尖半径补偿参数。

④ 按菜单软键[输入]或按INPUT键，参数输入到指定区域。按CAN键逐个字符地删除输入域中的字符。

2）输入长度补偿参数

FANUC 0I 的刀具长度补偿包括形状长度补偿和磨耗长度补偿。

① 在 MDI 键盘上按下OFFSET SETTING键，进入参数补偿设定界面，如图 5－24 所示。

② 用方位键↑↓←→选择所需的番号，并确定需要设定的长度补偿是形状补偿还是磨耗补偿，将光标移到相应的区域。

③ 按下 MDI 键盘上的数字/字母键，输入刀具长度补偿参数。

④ 按菜单软键[输入]或按INPUT键，参数输入到指定区域。按CAN键逐个字符地删除输入域中的字符。

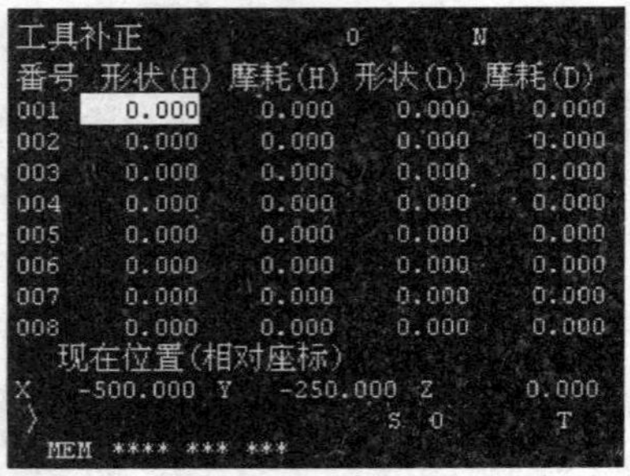

图 5－24 参数补偿设定界面

（3）设置车床刀具补偿参数

车床的刀具补偿包括刀具的磨耗量补偿和形状补偿，二者之和构成车刀偏置量补偿参数。

1）输入磨耗量补偿参数

刀具使用一段时间后磨损，会使产品尺寸产生误差，因此需要对刀具设定磨耗量补偿。步骤如下：

① 在 MDI 键盘上按OFFSET SETTING键，进入磨耗补偿参数设定界面，如图 5－25 所示。

② 用方位键↑↓选择所需的番号，用←→键确定所需补偿的值。

③ 按数字键，输入补偿值到输入域。

④ 按菜单软键[输入]或按INPUT键，参数输入到指定区域。按CAN键逐字删除输入域中的字符。

2）输入形状补偿参数

① 在 MDI 键盘上按OFFSET SETTING键，进入形状补偿参数设定界面，如图 5－26 所示。

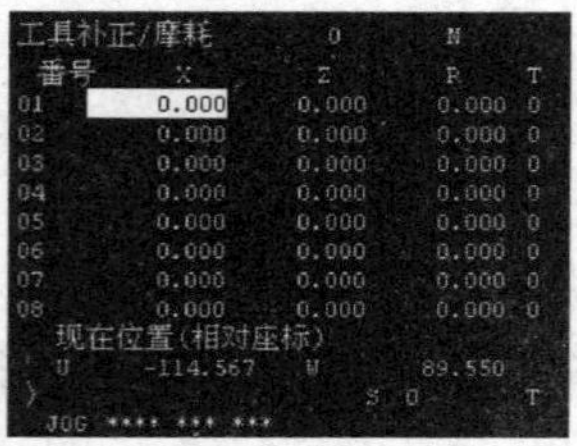

图 5－25 磨耗补偿参数设定界面

图 5－26 形状补偿参数设定界面

步骤②～④参见“设置车床刀具补偿参数”中“输入磨耗量补偿参数”的步骤②～④。

3）输入刀尖半径和方位号

分别把光标移到 R 和 T，按数字键输入半径或方位号，按菜单软键[输入]完成输入。

5.2.4　对刀操作

1. 数控车床对刀

数控车床对刀主要采用试切法，下面以工件坐标系原点设在工件右端面中心点为例进行说明。同理，可将工件坐标系原点设在工件的其他点上。

（1）试切法设置 G54～G59

① 切削外径。在手动方式下使主轴旋转，通过手动方式将机床移到如图 5－27 所示的大致位置，试切工件外圆，如图 5－28 所示，然后 x 方向保持不动，沿 z 向退刀。

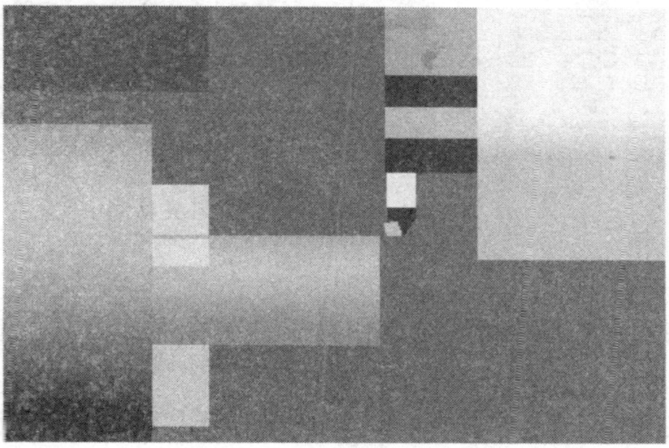

图 5－27　刀具移动

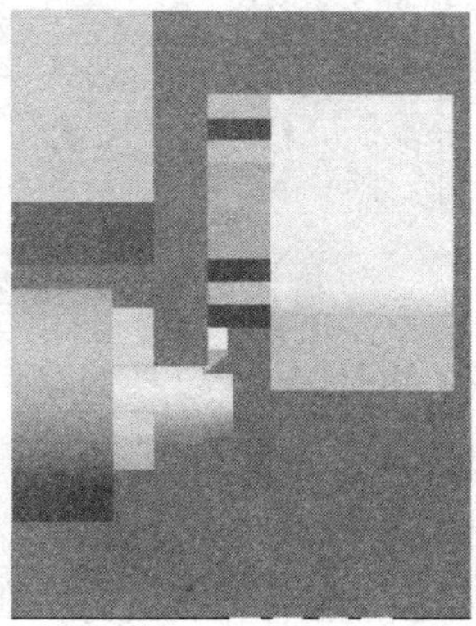

图 5－28　试切外圆

② 测量切削位置的直径。停止主轴旋转，选择“测量”→“剖面图测量”菜单项，如图 5－29 所示，单击试切外圆时所切线段，选中的线段由红色变为黄色，记下屏幕下半部对话框中对应的“X”的值（即直径）。

③ 在 MDI 键盘上按 OFFSET SETTING 键，按菜单软键[坐标系]，进入坐标系参数设定界面，把光标定位在需要设定的坐标系上，如 01(G54)，输入“X×”（“×”为直径值），按菜单软键[测量]，系统自动计算出 x 坐标值填入 01(G54)。

④ 切削端面。再次使主轴旋转，将刀具移至如图 5－30 所示的位置，切削工件端面，如图 5－31 所示。然后 z 方向保持不动，刀具沿 x 向退出。

⑤ 停止主轴旋转，把光标定位在需要设定的坐标系上，如 01(G54)，输入“Z×”(“×”为试切端面到工件坐标系原点的距离，距离有正负号，沿坐标轴正方向的距离为正，否则为负)。按菜单软键[测量]，系统自动计算出 z 坐标值填入 01(G54)。

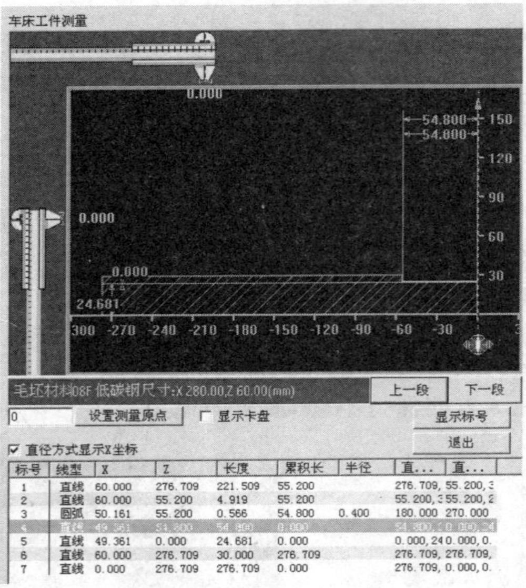

图 5-29 测量对话框

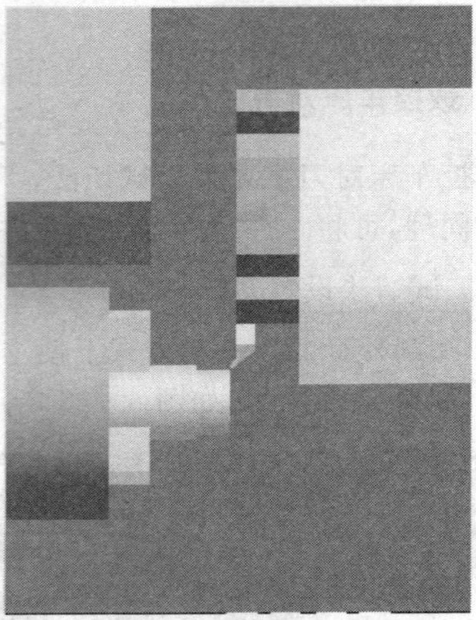

图 5-30 刀具移动

(2) 测量、输入刀具偏移量

使用这种方法对刀，在程序中直接使用机床坐标系原点作为工件坐标系原点，使用此法，程序中不需写坐标系建立指令。

① 用所选刀具试切工件外圆，使主轴停止旋转，选择“测量”→“剖面图测量”菜单项，得到试切后的工件直径，记为 α。

② 保持 x 轴方向不动，刀具沿 z 向退出。按下 MDI 键盘上的 OFFSET SETTING 键，进入形状补偿参数设定界面，将光标移到与刀位号相对应的位置，输入 $x\alpha$，按菜单软键[测量]，对应的刀具偏移量自动输入，如图 5-32 所示。

③ 试切工件端面，把端面在工件坐标系中 z 的坐标值记为 β(此处以工件端面中心点为工件坐标系原点，则 β 为 0)。

④ 保持 z 轴方向不动，刀具沿 x 向退出。进入形状补偿参数设定界面，将光标移到相应的位置，输入 $z\beta$，按菜单软键[测量]，对应的刀具偏移量自动输入，如图 5-32 所示。

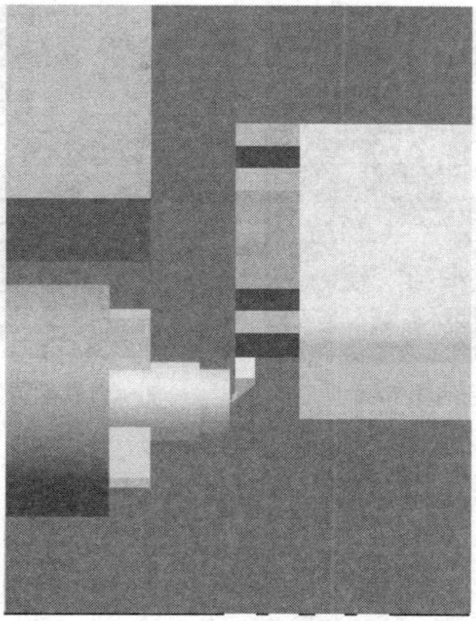

图 5-31　试切端面

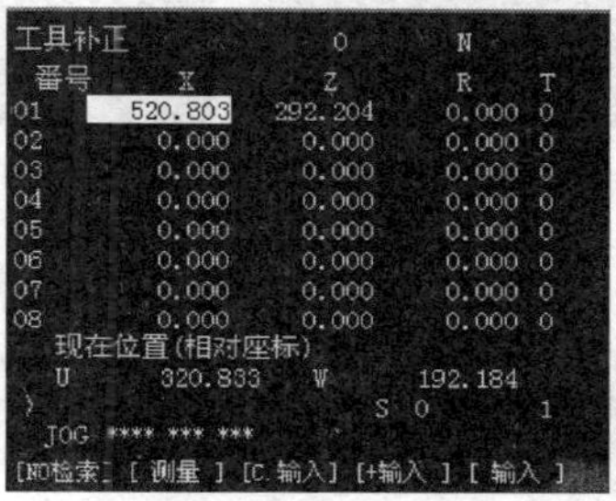

图 5-32　输入刀具偏移量

(3) 多把刀具对刀

有两种方法，一种方法是分别对每一把刀进行测量和输入刀具偏移量，其操作方法与一把刀时的设置方法相同。另一种方法是先选择一把刀为基准刀具，采用试切法完成对刀，把工件坐标系原点放入 G54～G59，然后通过设置偏置值完成其他刀具的对刀。

① 按下 MDI 键盘上的 POS 键和菜单软键[相对]，进入相对坐标显示界面，如图 5-33(a)所示。

② 用选定的标准刀试切工件端面，将刀具当前的 z 轴位置设为相对零点(设零点前不得有 z 轴位移)。

③ 依次按下 MDI 键盘上的 SHIFT，Z_W，0 键，并输入“w0”，按菜单软键[预定]，则将 z 轴当前坐标值设为相对坐标原点。

④ 用标准刀试切零件外圆，将刀具当前 x 轴的位置设为相对零点(设零点前不得有 x 轴的位移)。

⑤ 依次按下 MDI 键盘上的 SHIFT，X_U，0 键，并输入“u0”，按菜单软键[预定]，则将 x 轴当前坐标值设为相对坐标原点。此时显示界面如图 5-33(b)所示。

⑥ 换刀后，移动刀具使刀尖分别与标准刀切削过的表面接触。接触时显示的相对值，即为该刀相对于标准刀的偏置值 Δx，Δz(为保证刀具准确移到工件的基准点上，可采用手动脉冲进给方式)。此时显示界面如图 5-33(c)所示，所显示的值即为偏置值。

⑦ 将偏置值输入到磨耗参数补偿表或形状参数补偿表内。

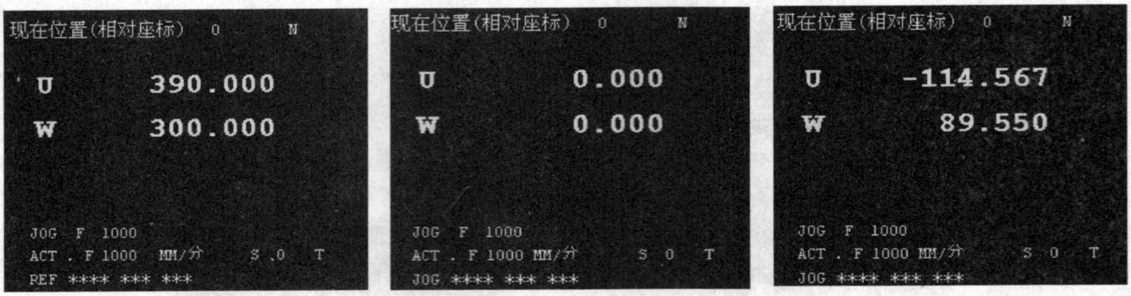

(a) 相对坐标界面　　(b) 相对坐标清零界面　　(c) 刀具偏置值显示界面

图 5-33　多把刀对刀

2. 数控铣床或加工中心对刀

一般数控铣床及加工中心在 x,y 方向对刀时，常用的基准工具有刚性靠棒和寻边器两种。下面以工件坐标系原点设在工件上表面中心点为例说明不同的对刀方法。同理，可将工件坐标系原点设在工件的其他点上。

(1) 刚性靠棒 x,y 轴对刀

刚性靠棒采用检查塞尺松紧的方式对刀，刚性靠棒放置在零件的右侧(正面视图)。对刀步骤是：

① 选择“机床”→“基准工具”菜单项，在弹出的“基准工具”对话框中，左边的是刚性靠棒基准工具，右边的是寻边器，如图 5-34 所示。

② 进入手动方式，按下 MDI 键盘上的 POS 键，使 CRT 界面上显示坐标值，通过“视图”菜单中的动态旋转、动态缩放、动态平移等工具，适当按下图 5-17 所示操作面板上的 X , Y , Z 键和 + , - 键，将机床移动到如图 5-35 所示的大致位置。

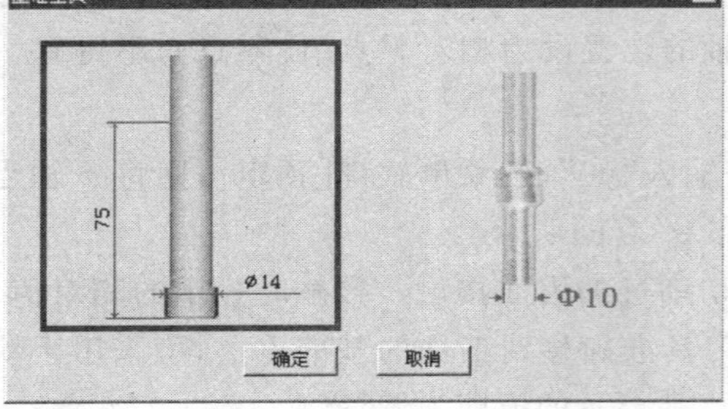

图 5-34　“基准工具”对话框

图 5-35　移到基准工具

③ 移动到大致位置后，可以采用手轮调节方式移动机床，选择“塞尺检查”→“1 mm”菜单项，基准工具和零件之间被插入塞尺。在机床下方显示如图 5 - 36 所示的局部放大图(紧贴零件的红色物件为塞尺)。

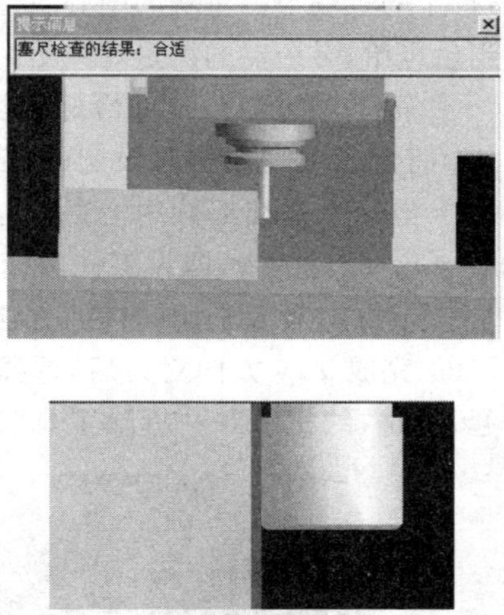

图 5 - 36　塞尺检查

④ 按下操作面板上的手动脉冲键或，使手动脉冲指示灯变亮，采用手动脉冲方式精确移动机床，按下键显示手轮，单击手轮并保持使手轮对应轴旋钮置于“X”挡，单击手轮倍率旋钮并保持调节手轮倍率，单击或右击手轮旋钮并保持来精确移动靠棒，直至提示信息对话框中显示“塞尺检查的结果：合适”(图 5 - 36)为止。

⑤ 记下塞尺检查结果为“合适”时 CRT 界面中的 x 坐标值，此为基准工具中心的 x 坐标，记为 x_1，将定义毛坯数据时设定的零件的长度记为 x_2，将塞尺厚度记为 x_3，将基准工具直径记为 x_4，则工件上表面中心的 x 坐标为基准工具中心的 x 坐标减去零件长度的一半，再减去塞尺厚度，再减去基准工具半径，即 $x_1-x_2/2-x_3-x_4/2$，记为 x，即为工件坐标系的原点在机床坐标系中的 x 坐标。

⑥ y 方向对刀采用同样的方法，即得工件坐标系的原点在机床坐标系中的 y 坐标。

⑦ 完成 x，y 方向对刀后，选择“塞尺检查”→“收回塞尺”菜单项将塞尺收回，然后将 z 轴抬起，再选择“机床”→“拆除工具”菜单项拆除基准工具。

(2) 寻边器 x，y 轴对刀

寻边器由固定端和测量端两部分组成。固定端由刀具夹头夹持在机床主轴上，中心线与主轴轴线重合。在测量时，主轴以 400 r/min 旋转。通过手动方式，使寻边器向工件基准面靠近，让测量端接触基准面。在测量端未接触工件时，固定端与测量端的中心线不重合，二者呈偏心状态。当测量端与工件接触后，偏心距减小，这时使用点动方式或手轮方式微调进给，寻边器继续向工件移动，偏心距逐渐减小。在测量端与固定端的中心线重合的瞬间，测量端会明显的偏出，出现明显的偏心状态。这时主轴中心位置距离工件基准面的距离等于测量端的半径。对刀步骤是：

① 进入手动方式，按下 MDI 键盘上的 POS 键，使 CRT 界面上显示坐标值，通过“视图”菜单中的动态旋转、动态缩放、动态平移等工具，适当按下 X，Y，Z 键和 +，- 键，将机床移动到如图 5 - 37(a)所示的大致位置。

② 在手动状态下，按下操作面板上的或键，使主轴转动。未与工件接触时，寻边器测量端大幅度晃动。

③ 移到大致位置后，可采用手动脉冲方式精确移动寻边器，寻边器测量端晃动幅度逐渐减小，直至固定端与测量端的中心线重合，如图 5－37(a)所示。若此时用增量或手轮方式以最小脉冲当量进给，寻边器的测量端突然大幅度偏移，如图 5－37(b)所示，此时寻边器与工件恰好相切。

④ 记下寻边器与工件恰好相切时 CRT 界面中的 x 坐标，此为基准工具中心的 x 坐标，记为 x_1，将定义毛坯数据时设定的零件长度记为 x_2，将基准工具直径记为 x_3，则工件上表面中心的 x 坐标为基准工具中心的 x 坐标减去零件长度的一半，再减去基准工具半径，即 $x_1-x_2/2-x_3/2$，记为 x，即为工件坐标系的原点在机床坐标系中的 x 坐标。

⑤ y 方向对刀采用同样的方法，即得工件坐标系的原点在机床坐标系中的 y 坐标。

⑥ 完成 x，y 方向对刀后，选择"塞尺检查"→"收回塞尺"菜单项将塞尺收回，然后将 z 轴抬起，再选择"机床"→"拆除工具"菜单项拆除基准工具。

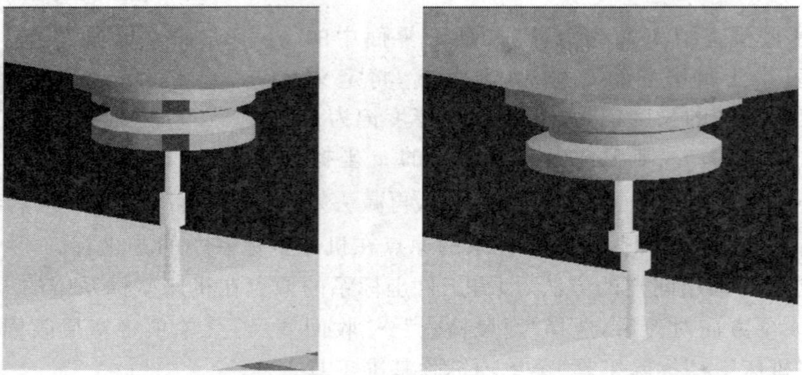

(a) 重合状态　　(b) 突然大幅度偏移状态

图 5－37　寻边器 x，y 轴对刀

(3) 塞尺法 z 轴对刀

铣床 z 轴对刀时采用实际加工时所要使用的刀具。对刀步骤是：

① 选择"机床"→"选择刀具"菜单项或单击工具按钮，选择所需刀具。

② 装好刀具后，进入手动方式，按下 MDI 键盘上的 POS 键，使 CRT 界面上显示坐标值，通过"视图"菜单中的动态旋转、动态缩放、动态平移等工具，适当按下 X，Y，Z 键和 +，－ 键，将机床移动到如图 5－38(a)所示的大致位置。

③ 采用类似在 x，y 方向对刀的方法进行塞尺检查，得到"塞尺检查的结果：合适"时 z 的坐标值并记为 z_1，如图 5－38(b)所示，则 z_1 减去塞尺厚度后的数值即为工件坐标系的原点在机床坐标系中的 z 坐标。

(4) 试切法 z 轴对刀

试切法是通过切削零件的声音来判断刀具是否刚好切到工件表面。对刀步骤是：

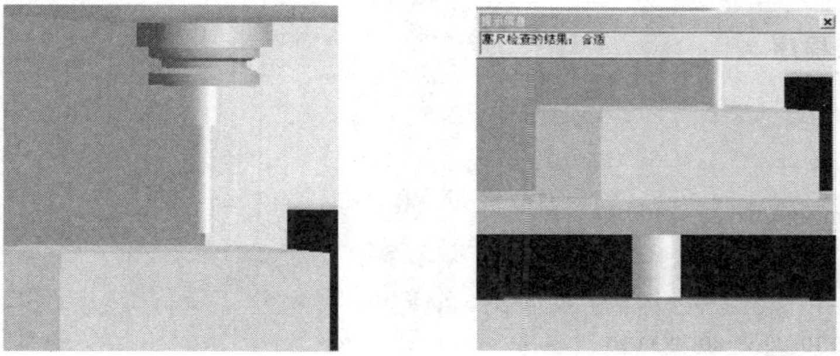

(a) 对刀大致位置　　(b) 对刀最终位置

图 5-38　塞尺法 z 轴对刀

① 选择“机床”→“选择刀具”菜单项或单击工具按钮，选择所需刀具。

② 装好刀具后，利用操作面板上的 X、Y、Z 和 +、- 键，将机床移到如图 5-38(a)所示的大致位置。

③ 选择“视图”→“选项”菜单项，在弹出的对话框中选中“声音开”和“铁屑开”选项。

④ 先使主轴旋转，按下操作面板上的 Z 和 - 键，切削零件的声音刚响起时停止，使铣刀将零件切削掉小部分，记下此时 z 的坐标值，此值即为工件坐标系的原点在机床坐标系中的 z 坐标。

5.3　数控机床仿真实例

5.3.1　数控车床仿真

1. 零件图

将如图 5-39 所示零件进行车削加工。

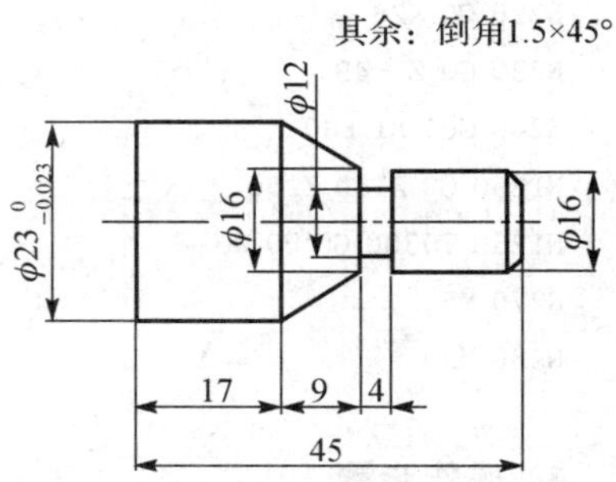

图 5-39　车削零件图

2. 工艺分析

(1) 选择刀具

① 90°外圆硬质合金车刀 YT15，刀具号 T0101。

② 切槽刀，刀具号 T0303，刀宽 4 mm，以左刀尖为刀位点。

(2) 加工路线

粗车外圆→精车外圆→切槽→切断。

3. 数控加工程序

```
O0001
N10 G98 G97G54
N20 T0101 S800 M3
N30 G0 X26 Z2
N40 G71 U1 R1
N50 G71 P60 Q130 U0.5 W0.1 F150
N60 G42 G0 X-2
N70 G01 Z0 F80
N80 X13
N90 X16 W-1.5
N100 Z-19
N110 X23 W-9
N120 W-21
N130 G40 X25
N140 G0 X26 Z2
N150 G70 P100 Q200
N160 G0 X150 Z150
N170 M5
N180 T0303 S800 M3
N190 G0 X28 Z-19
N200 G01 X12 F80
N210 G04 X1
N220 G0 X28
N230 G0 Z-49
N240 G01 X1 F80
N1250 G0 X150 Z150
N1260 T0300 G0 U0 W0
N270 M5
N280 M30
```

4. 操作步骤

(1) 选择机床

选择“机床”→“选择机床”菜单项，在弹出的选择机床对话框中选择 FANUC 0I 系统，并选择车床，类型选择标准(平床身前置刀架)，单击“确定”按钮，此时界面如图 5-40 所示。

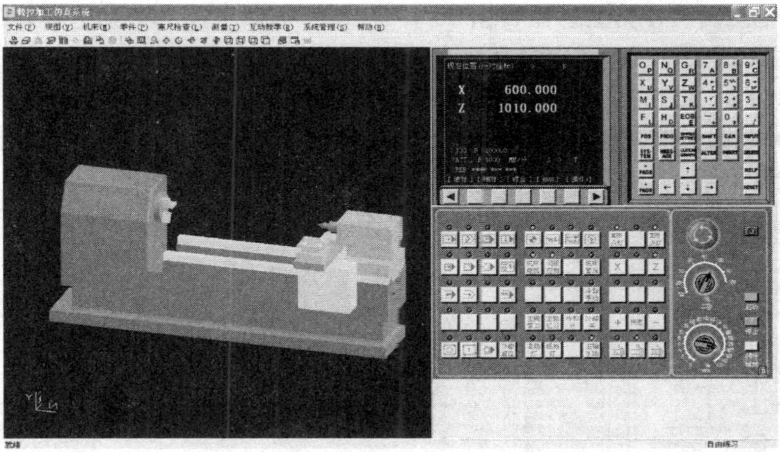

图 5-40　车床界面

(2) 激活机床

按下键，再松开键。

(3) 回参考点

按下键。按下轴 X，按下 +；按下轴 Z，按下 +。x，z 轴原点指示灯亮，CRT 上的 x 坐标变为“600.000”，z 坐标变为“1010.000”。

(4) 设置并安装零件毛坯

① 单击工具按钮，定义毛坯名为“毛坯 1”，选择材料和尺寸为 45 钢、$\phi25\times70$ mm。

② 单击工具按钮，选择定义的“毛坯 1”，单击“安装零件”按钮，移动毛坯到合适的位置如图 5-41 所示。

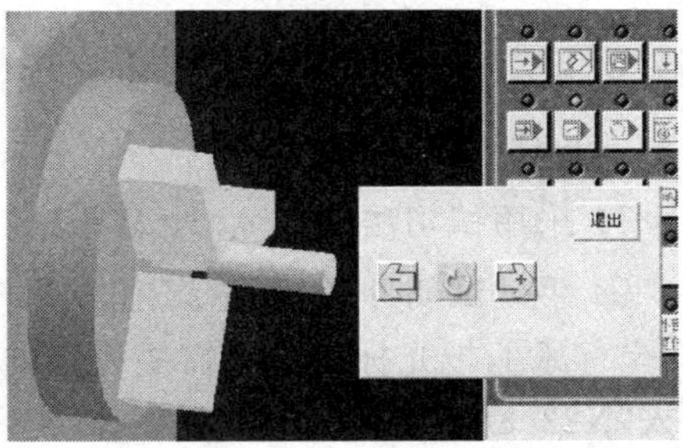

图 5-41　安装毛坯

(5) 导入数控程序

按下键，进入编辑状态。按下 MDI 键盘上的程序键 PROG，CRT 界面转入编辑页面。按菜单软键[(操作)]，再按菜单软键▶，在出现的菜单中按菜单软键[F检索]，在弹出的文件对话框中选择所需的文件 che.nc，单击“打开”按钮。在同一级软键菜单中，按菜单软键[READ]，在 MDI 键盘上输入“O1”，按菜单软键[EXEC]，则数控程序 O0001 显示在 CRT 界面上。

(6) 选择刀具

① 单击工具按钮，进入刀具选择界面。

② 单击刀位1。刀片类型选择D型55°,刀片序号选择序号2;刀柄选择外圆左向,序号选择1。完成90°偏刀T0101的设置。

③ 单击刀位3。刀片类型选择方头切槽刀片;刀片选择刀宽"4.00",刀尖半径"0.20"即序号16;刀柄选择外圆切槽刀柄,序号选择5。完成切槽刀T0303的设置,如图5-42所示。

④ 刀具选择好后,单击"确定"按钮,刀具即自动装到刀架上,如图5-43所示。

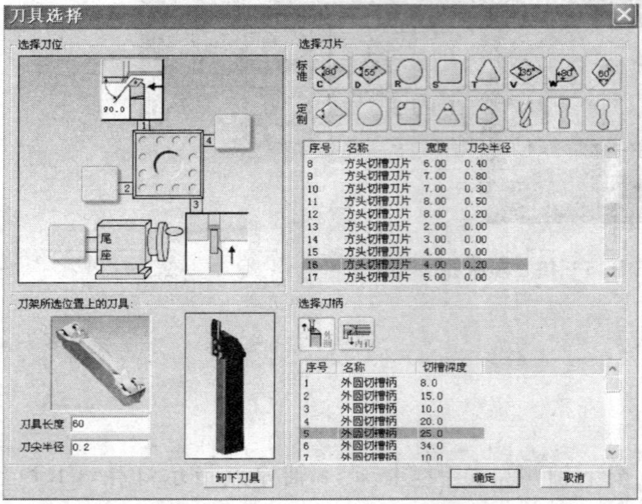

图5-42 刀具选择界面

图5-43 刀架装刀界面

(7) 对 刀

1) 采用试切法完成01号刀具对刀

① 手动试切外径,测量切削位置的直径为23.866,按下MDI键盘上的OFFSET SETTING键,再按菜单软键[坐标系],把光标定位在需要设定的坐标系01(G54)上,光标移到"X"栏下,在MDI键盘上输入"X23.866",按菜单软键[测量],系统自动计算出工件坐标系原点在机床坐标系中的x坐标值,并输入到01G54中。

② 手动试切外径右端面,在MDI键盘上输入"Z0",按菜单软键[测量],系统自动计算出工件坐标系原点在机床坐标系中的z坐标值,并输入到01G54中,如图5-44所示。

2) 设置偏置值完成03号刀具对刀

① 在01号刀具对刀时将试切外圆和端面的x,z相对坐标清零。

② 在MDI方式录入程序T0300,运行后刀架转动调用03号刀具。

③ 移动03号刀具使刀尖分别与标准刀切削过的表面接触。接触时显示的相对值,即为该刀相对于标准刀的偏置值Δx,Δz,如图5-45所示。

④ 将偏置值输入到磨耗参数补偿表或形状参数补偿表内。

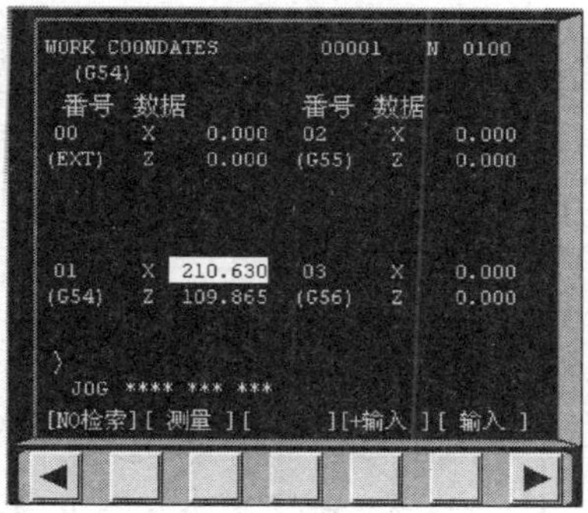

图 5－44　01 号刀具对刀

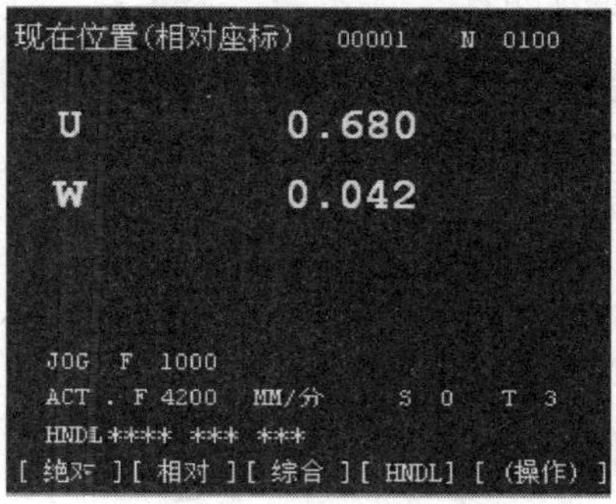

图 5－45　03 号刀具对刀

(8) 输入刀具数值

① 按下 MDI 键盘上的OFFSET SETTING键，按菜单软键[形状]，移动光标到 03 号刀具位置。

② 光标移动到“X”栏下，在 MDI 键盘上输入“0.68”，按下 INPUT 键完成 03 号刀具 x 偏置值的输入。

③ 光标移动到“Z”栏下，在 MDI 键盘上输入“0.42”，按下 INPUT 键完成 03 号刀具 z 偏置值的输入。

④ 光标移动到“R”栏下，在 MDI 键盘上输入刀尖半径“0.2”，按下 INPUT 键。

⑤ 光标移动到“T”栏下，在 MDI 键盘上输入刀具方位号“3”，按下 INPUT 键。

⑥ 同样把 01 号刀具的刀尖半径及刀具方位号输入表中，如图 5－46 所示。

(9) 自动加工

按下 MDI 键盘上的PROG键，按下键，进入自动加工界面。按下键，开始自动加工，加工后的零件如图 5－47 所示。

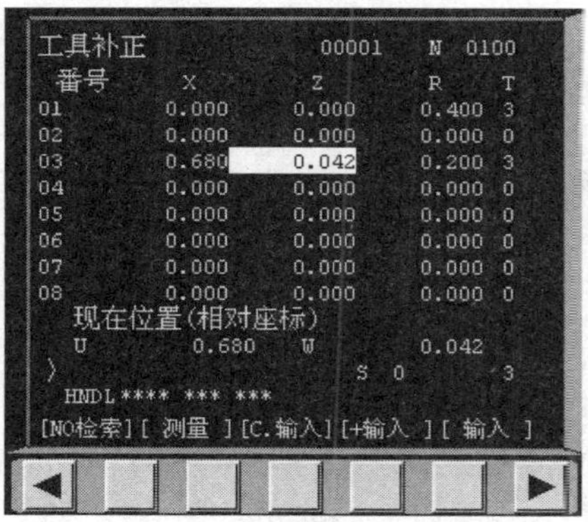

图 5－46　输入刀具数据

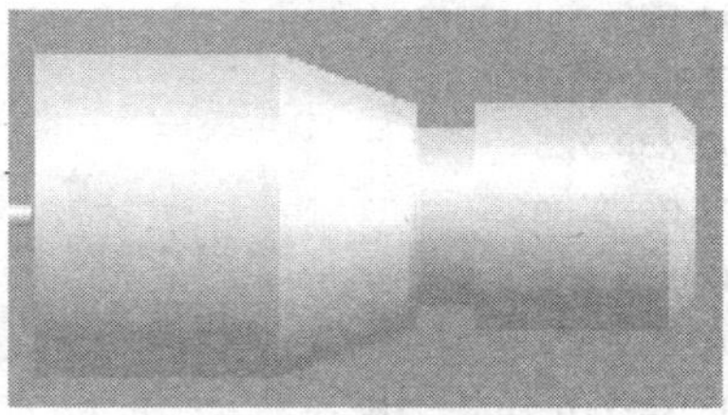

图 5－47　加工后的零件

(10) 零件测量

加工完成后,选择"测量"→"剖面图测量"菜单项,选择测量线段对各尺寸进行测量。

5.3.2 数控铣床仿真

1. 零件图

铣削如图 5-48 所示零件,毛坯六个表面已加工。

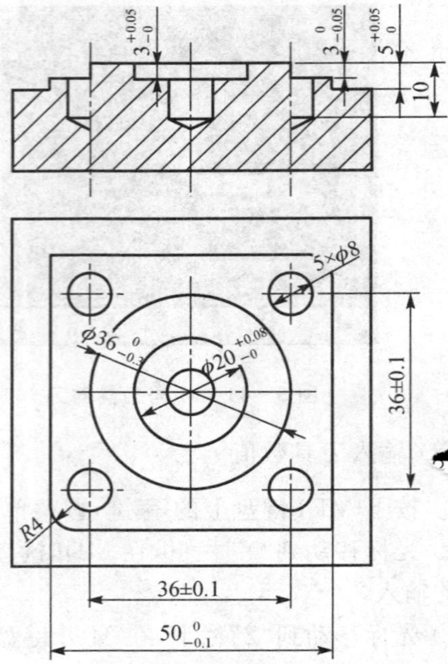

图 5-48 零件图

2. 工艺分析

该零件需要进行铣削和钻削加工,采用平口钳装夹,仿真对刀以毛坯上表面中心为对刀点,加工工序的划分、刀具的选择及切削用量见表 5-2。

表 5-2 工序内容

划分工序	选刀及刀具号		切削用量		程序名
			主轴转速/(r·min^{-1})	进给速度/(mm·min^{-1})	
铣圆凸台	φ18 立铣刀	T01	1 000	120	O0001
铣外形、内腔	φ10 立铣刀	T02	800	100	O0002
钻孔	φ8 钻头	T03	600	60	O0003

3. 数控加工程序

```
O0001                              ;铣圆凸台
N10 G54 G90
N20 S1000 M03 T01
N30 G00 X50 Y25
N40 G43 Z-3 H01
N50 G42 Y18 D01
N60 G01 X0 F120
N70 G03 X0 Y18 I0 J-18
N80 G00 X-30
```

```
N90 G49 Z50
N100 G40 X100 Y100
N110 M30
O0002                                   ;铣外形、内腔
N10 G54 G90
N20 S800 M03 T02
N30 G00 X－25 Y42
N40 G43 Z－5 H02
N50 G42 Y35 D02
N60 G01 Y－21 F100
N70 G03 X－21 Y－25 R4
N80 G01 X25
N90 Y21
N100 G03 X21 Y25 R4
N110 G01 X－30
N120 G00Z5
N130 G00G40 X0 Y0
N140 G01G43 Z－3 H03
N150 G01G41 Y10 D03 F100
N160 G03 I0 J－10 F50
N170 G01G40 X0 Y0 F100
N180 G49 Z50
N190 G00 X100 Y100
N200 M30
O0003                                   ;钻孔
N10 G54 G90
N20 S600 M03 T03
N30 G00 X18 Y18
N40 G43 Z10 H04
N50 G99 G81 Z－12.3 R3 F60
N60 X－18
N70 Y－18
N80 X18
N90 X0 Y0
N100 G00 G49 Z50
N110 X100 Y100
N120 M30
```

4. 操作步骤

(1) 选择机床

选择“机床”→“选择机床”菜单项，在弹出的选择机床对话框中选择 FANUC 0I 系统，并选择铣床，类型选择为标准机床，单击“确定”按钮，此时界面如图 5-49 所示。

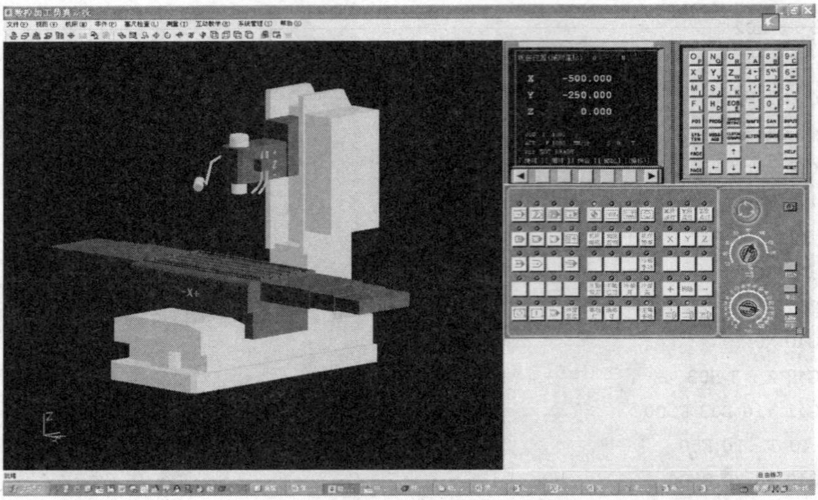

图 5-49 选择机床

(2) 激活机床

按下启动键，松开键，则机床被激活。

(3) 回参考点

按下键，按下轴 Z 键，再按下 + 键，z 轴回零；按下轴 X 键，再按下 + 键，x 轴回零；按下轴 Y 键，再按下 + 键，y 轴回零。x,y,z 轴回零后原点指示灯亮，CRT 上的 x,y,z 坐标均变为“0.000”。

(4) 设置并安装零件毛坯

① 单击工具按钮，定义毛坯名为“毛坯 1”，选择长方形毛坯，选择材料和尺寸分别为“45 钢”和“60×60×30”。

② 单击工具按钮，弹出如图 5-50 所示的对话框，在“选择零件”下拉列表框中选择“毛坯 1”，在“选择夹具”下拉列表框中选择“平口钳”，通过单击“移动”选项组中的按钮将毛坯移到合适位置，单击“确定”按钮，夹具安装完成。

③ 单击工具按钮，选择定义的“毛坯 1”，单击“安装零件”按钮，移动夹具到合适的位置，如图 5-51 所示，单击“退出”按钮关闭移动面板。

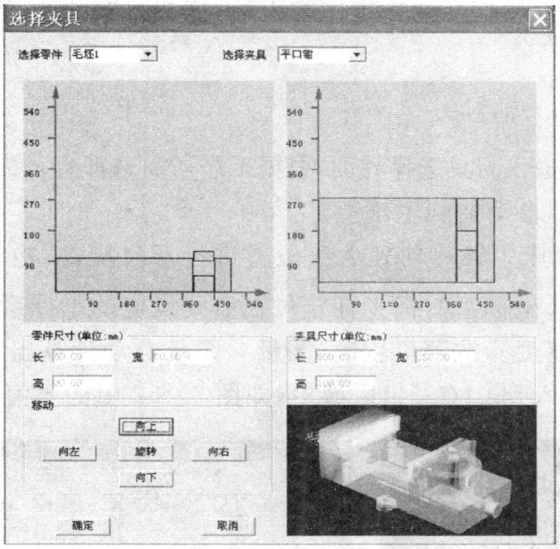

图 5-50　“选择夹具”对话框

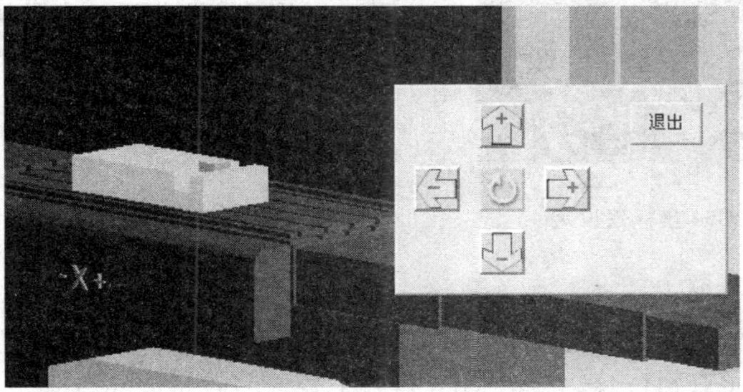

图 5-51　放置夹具和安装毛坯

(5) 导入数控程序

按下键，进入程序编辑状态。按下 MDI 键盘上的程序键，CRT 界面转入编辑页面；选择“机床”→“DNC 传送”菜单项，在弹出的文件对话框中选择所需的文件 xtt. nc，单击“打开”按钮；再按菜单软键，在 CRT 界面出现的菜单中按菜单软键[READ]，在 MDI 键盘上输入“O1”，按下菜单软键[EXEC]，则数控程序 O0001 显示在 CRT 界面上。同样方法导入 O0002 和 O0003 号程序。

(6) G54 坐标系的设定

x,y 轴的坐标系原点采用刚性靠棒对刀来设定,其设定方法参见"5.2.4　对刀操作"小节所述内容,不再赘述。设定好后对三道工序都有效,即只需设定一次。设定后的 CRT 界面如图 5－52 所示。

(7) ϕ18 立铣刀装刀、z 轴对刀

① 单击工具按钮,进入刀具选择界面,根据工序所需选择直径为"18"的平底刀,如图 5－53 所示,确定后退出,刀具即自动装到主轴上。

② 装好刀具后,将机床主轴移动到大致位置进行塞尺检查,检查合适后,按下 MDI 键盘上的键,再按菜单软键[坐标系],把光标定位在需要设定的坐标系 01(G54)上,在 MDI 键盘上输入"Z1"("1"为塞尺厚度),按菜单软键[测量],系统自动计算出工件坐标系原点在机床坐标系中的 z 坐标值,并输入到 01(G54)区域中,即图 5－52 中的 z 值"－303"。

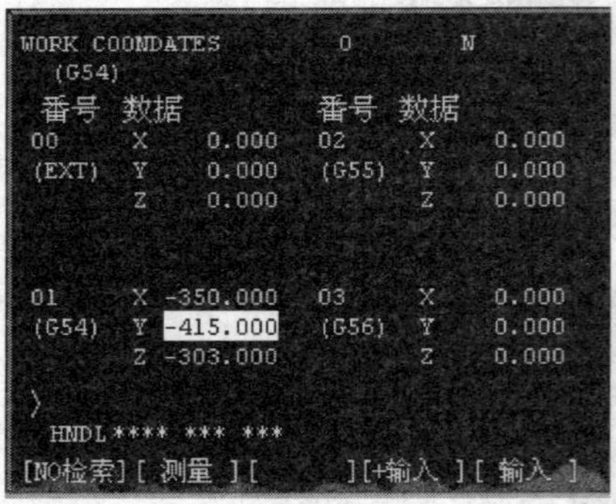

图 5－52　G54 坐标系设定

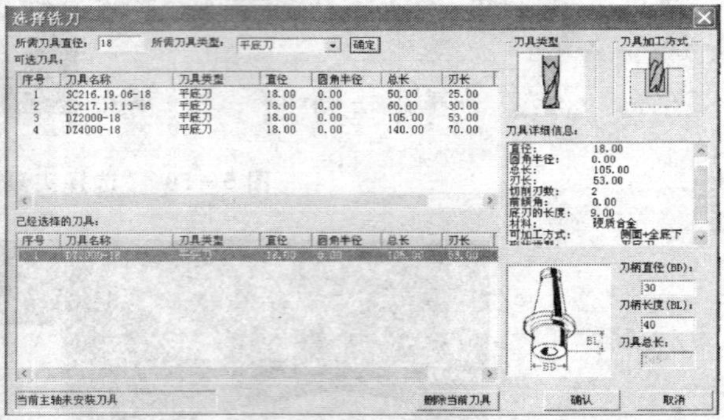

图 5－53　"选择铣刀"对话框

(8) 输入刀具参数

① 按下 MDI 键盘上的键,按菜单软键[补正],移动光标到"番号"为 001 的位置。

② 光标移到"形状(H)"栏下,在 MDI 键盘上输入刀具长度补偿值"0.025",按下 INPUT 键完成 1 号刀具长度补偿值的输入;光标移到"形状(D)"栏下,在 MDI 键盘上输入刀具半径值"9",按下 INPUT 键完成 1 号刀具半径的输入;光标移到"摩耗(D)"栏下,在 MDI 键盘上输入刀具半径补偿值"－0.05",按下 INPUT 键完成 1 号刀具半径补偿值的输入。

③ 同样方法完成 2 号、3 号刀具补偿值的输入,如图 5－54 所示。

(9) 运行 O0001 程序进行自动加工

调用 O0001 铣凸台程序。按下 MDI 键盘上的 PROG 键,按下键,CRT 显示自动加工界面。按下键,开始自动加工,加工后的零件如图 5－55 所示。

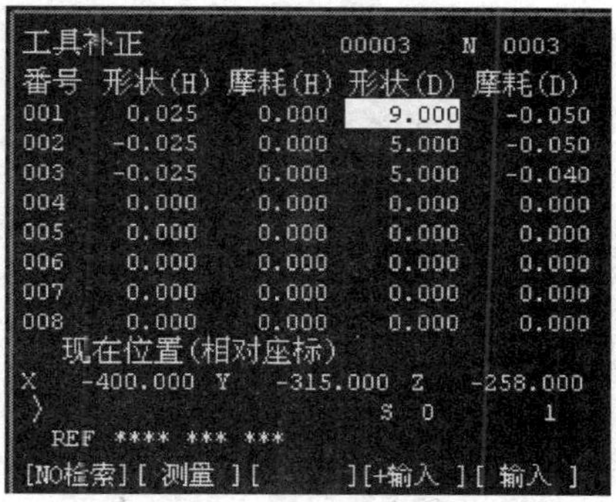

图 5-54　刀具参数输入

图 5-55　铣削加工的凸台

(10) 运行 O0002 程序进行自动加工

① 选择 ϕ10 立铣刀，装在主轴上，并进行 z 轴对刀。对刀后工件坐标系原点在机床坐标系中的 z 坐标值为“－338”，如图 5-56 所示。

② 调用 O0002 铣外形、内腔程序。按下 MDI 键盘上的PROG键，按下键，CRT 显示自动加工界面。按下键，开始自动加工，加工后的零件如图 5-57 所示。

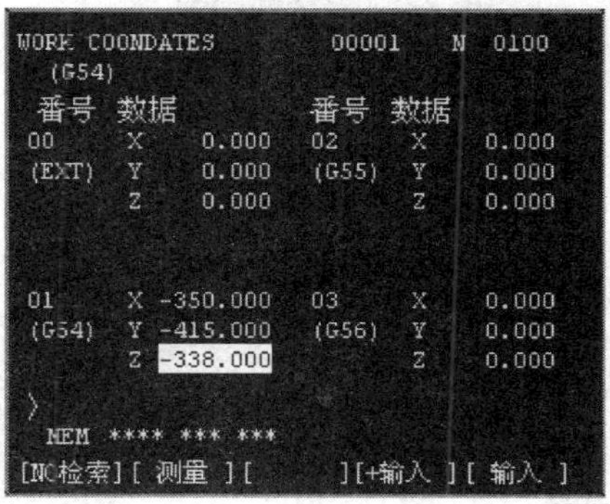

图 5-56　铣外形、内腔的 z 轴对刀值

图 5-57　铣削加工的外形、内腔

(11) 运行 O0003 程序进行自动加工

① 选择 ϕ8 钻头，安装在主轴上，并进行 z 轴对刀，对刀后工件坐标系原点在机床坐标系中的 z 坐标值为“－308”，如图 5-58 所示。

② 调用 O0003 钻孔程序。按下 MDI 键盘上的PROG键，按下键，CRT 显示自动加工界面。按下键，开始自动加工，加工后的零件如图 5-59 所示。

(12) 零件测量

加工完成后，选择“测量”→“剖面图测量”菜单项，选择测量线段对各尺寸进行测量，如测量外形长度尺寸如图 5 - 60 所示。

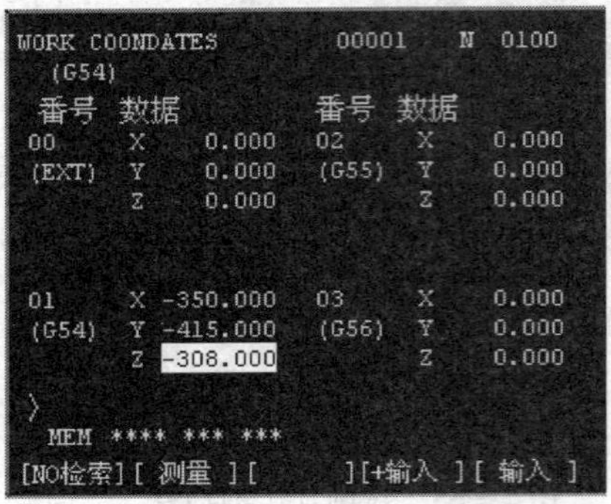

图 5 - 58 钻孔的 z 轴对刀值

图 5 - 59 钻削加工的孔

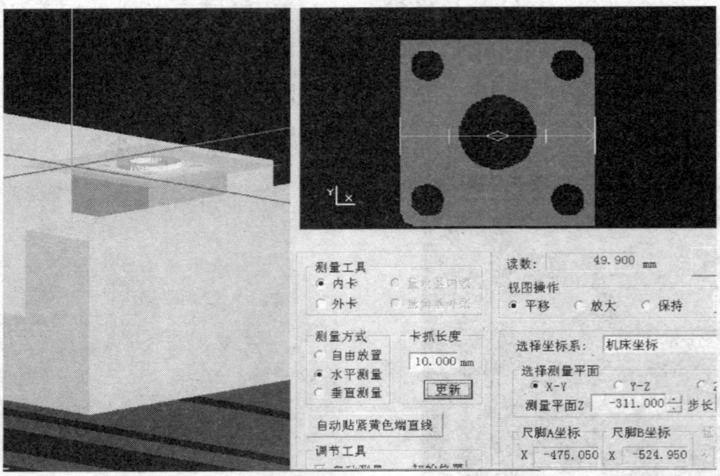

图 5 - 60 尺寸测量

附　录

附录 A　数控操作工职业标准简介

表 A-1　数控车工中级工工作要求

职业功能	工作内容	技能要求	相关知识
加工准备	读图与绘图	能读懂中等复杂程度（如曲轴）的零件图。 能绘制简单的轴、盘类零件图。 能读懂进给机构、主轴系统的装配图	复杂零件的表达方法。 简单零件图的画法。 零件三视图、局部视图和剖视图的画法。 装配图的画法
	制定加工工艺	能读懂复杂零件的数控车床加工工艺文件。 能编制简单（轴、盘）零件的数控加工工艺文件	数控车床加工工艺文件的制定
	零件定位与装夹	能使用通用卡具（如三爪卡盘、四爪卡盘）进行零件装夹与定立	数控车床常用夹具的使用方法。 零件定位、装夹的原理和方法
	刀具准备	能够根据数控加工工艺文件选择、安装和调整数控车床常用刀具。 能够刃磨常用车削刀具	金属切削与刀具磨损知识。 数控车床常用刀具的种类、结构和特点。 数控车床、零件材料、加工精度和工作效率对刀具的要求
数控编程	手工编程	能编制由直线、圆弧组成的二维轮廓数控加工程序。 能编制螺纹加工程序。 能够运用固定循环、子程序进行零件的加工程序编制	数控编程知识。 直线插补和圆弧插补的原理。 坐标点的计算方法
	计算机辅助编程	能够使用计算机绘图设计软件绘制简单（轴、盘、套）零件图。 能够利用计算机绘图软件计算节点	计算机绘图软件（二维）的使用方法

续表 A-1

职业功能	工作内容	技能要求	相关知识
数控车床操作	操作面板	能够按照操作规程启动及停止机床。 能使用操作面板上的常用功能键(如回零、手动、MDI、修调等)	数控车床操作说明书。 数控车床操作面板的使用方法
	程序输入与编辑	能够通过各种途径(如 DNC、网络等)输入加工程序。 能够通过操作面板编辑加工程序	数控加工程序的输入方法。 数控加工程序的编辑方法。 网络知识
	对刀	能进行对刀并确定相关坐标系。 能设置刀具参数	对刀的方法。 坐标系的知识。 刀具偏置补偿、半径补偿与刀具参数的输入方法
	程序调试与运行	能够对程序进行校验、单步执行、空运行并完成零件试切	程序调试的方法
零件加工	轮廓加工	能进行轴、套类零件加工,并达到以下要求: ① 尺寸公差等级达 IT6; ② 形位公差等级达 IT8; ③ 表面粗糙度 R_a 达 1.6 μm。 能进行盘类、支架类零件加工,并达到以下要求: ① 轴径公差等级达 IT6; ② 孔径公差等级达 IT7; ③ 形位公差等级达 IT8; ④ 表面粗糙度 R_a 达 1.6μm	内外径的车削加工方法、测量方法。 形位公差的测量方法。 表面粗糙度的测量方法
	螺纹加工	能进行单线等节距的普通三角螺纹、锥螺纹的加工,并达到以下要求: ① 尺寸公差等级达 IT6~IT7 级; ② 形位公差等级达 IT8; ③ 表面粗糙度 R_a 达 1.6μm	常用螺纹的车削加工方法。 螺纹加工中的参数计算
	槽类加工	能进行内径槽、外径槽和端面槽的加工,并达到以下要求: ① 尺寸公差等级达 IT8; ② 形位公差等级达 IT8; ③ 表面粗糙度 R_a 达 3.2μm	内、外径槽和端槽的加工方法

续表 A－1

职业功能	工作内容	技能要求	相关知识
零件加工	孔加工	能进行孔加工，并达到以下要求： ① 尺寸公差等级达 IT7； ② 形位公差等级达 IT8； ③ 表面粗糙度 R_a 达 3.2 μm	孔的加工方法
	零件精度检验	能够进行零件的长度、内外径、螺纹和角度精度检验	通用量具的使用方法。 零件精度检验及测量方法
数控车床维护与精度检验	数控车床日常维护	能够根据说明书完成数控车床的定期及不定期维护保养，包括机械、电、气、液压、数控系统检查和日常保养等	数控车床操作说明书。 数控车床日常保养方法。 数控车床操作规程。 数控系统（进口与国产数控系统）使用说明书
	数控车床故障诊断	能读懂数控系统的报警信息。 能发现数控车床的一般故障	数控系统的报警信息。 机床的故障诊断方法
	机床精度检查	能够检查数控车床的常规几何精度	数控车床常规几何精度的检查方法

表 A－2　数控铣工中级工工作要求

职业功能	工作内容	技能要求	相关知识
加工准备	读图与绘图	能读懂中等复杂程度（如凸轮、壳体、板状、支架）的零件图。 能绘制有沟槽、台阶、斜面、曲面的简单零件图。 能读懂分度头尾架、弹簧夹头套筒、可转位铣刀结构等简单机构装配图	复杂零件的表达方法。 简单零件图的画法。 零件三视图、局部视图和剖视图的画法
	制定加工工艺	能读懂复杂零件的铣削加工工艺文件。 能编制由直线、圆弧等构成的二维轮廓零件的铣削加工工艺文件	数控加工工艺知识。 数控加工工艺文件的编制方法
	零件定位与装夹	能使用铣削加工常用夹具（如压板、虎钳、平口钳等）装夹零件。 能够选择定位基准，并找正零件	常用夹具的使用方法。 定位与夹紧的原理和方法。 零件找正的方法

续表 A－2

职业功能	工作内容	技能要求	相关知识
加工准备	刀具准备	能够根据数控加工工艺文件选择、安装和调整数控铣床的常用刀具。 能根据数控铣床特性、零件材料、加工精度、工作效率等选择刀具和刀具几何参数，并确定数控加工需要的切削参数和切削用量。 能够利用数控铣床的功能，借助通用量具或对刀仪测量刀具的半径及长度。 能选择、安装和使用刀柄。 能够刃磨常用刀具	金属切削与刀具磨损知识。 数控铣床常用刀具的种类、结构、材料和特点。 数控铣床、零件材料、加工精度和工作效率对刀具的要求。 刀具长度补偿、半径补偿等刀具参数的设置知识。 刀柄的分类和使用方法。 刀具刃磨的方法
数控编程	手工编程	能编制由直线、圆弧组成的二维轮廓数控加工程序。 能够运用固定循环、子程序进行零件的加工程序编制	数控编程知识。 直线插补和圆弧插补的原理。 节点的计算方法
	计算机辅助编程	能够使用CAD/CAM软件绘制简单零件图。 能够利用CAD/CAM软件编制简单平面轮廓的铣削程序	CAD/CAM软件的使用方法。 平面轮廓的绘图与加工代码生成方法
数控铣床操作	操作面板	能够按照操作规程启动及停止机床。 能使用操作面板上的常用功能键（如回零、手动、MDI、修调等）	数控铣床操作说明书。 数控铣床操作面板的使用方法
	程序输入与编辑	能够通过各种途径（如DNC、网络）输入加工程序。 能够通过操作面板输入和编辑加工程序	数控加工程序的输入方法。 数控加工程序的编辑方法
	对刀	能进行对刀并确定相关坐标系。 能设置刀具参数	对刀的方法。 坐标系的知识。 建立刀具参数表或文件的方法
	程序调试与运行	能够进行程序检验、单步执行、空运行并完成零件试切	程序调试的方法
	参数设置	能够通过操作面板输入有关参数	数控系统中相关参数的输入方法

续表 A-2

职业功能	工作内容	技能要求	相关知识
零件加工	平面加工	能够运用数控加工程序进行平面、垂直面、斜面、阶梯面等的铣削加工，并达到如下要求： ① 尺寸公差等级达 IT7； ② 形位公差等级达 IT8； ③ 表面粗糙度 R_a 达 3.2 μm	平面铣削的基本知识。 刀具端刃的切削特点
	轮廓加工	能够运用数控加工程序进行由直线、圆弧组成的平面轮廓的铣削加工，并达到如下要求： ① 尺寸公差等级达 IT8； ② 形位公差等级达 IT8； ③ 表面粗糙度 R_a 达 3.2 μm	平面轮廓铣削的基本知识。 刀具侧刃的切削特点
	曲面加工	能够运用数控加工程序进行圆锥面、圆柱面等简单曲面的铣削加工，并达到如下要求： ① 尺寸公差等级达 IT8； ② 形位公差等级达 IT8； ③ 表面粗糙度 R_a 达 3.2 μm	曲面铣削的基本知识。 球头刀具的切削特点
	孔类加工	能够运用数控加工程序进行孔加工，并达到如下要求： ① 尺寸公差等级达 IT7； ② 形位公差等级达 IT8； ③ 表面粗糙度 R_a 达 3.2 μm	麻花钻、扩孔钻、丝锥、镗刀及铰刀的加工方法
	槽类加工	能够运用数控加工程序进行槽、键槽的加工，并达到如下要求： ① 尺寸公差等级达 IT8； ② 形位公差等级达 IT8； ③ 表面粗糙度 R_a 达 3.2 μm	槽、键槽的加工方法
	精度检验	能够使用常用量具进行零件的精度检验	常用量具的使用方法。 零件精度检验及测量方法
维护与故障诊断	机床日常维护	能够根据说明书完成数控铣床的定期及不定期维护保养，包括机械、电、气、液压、数控系统检查和日常保养等	数控铣床操作说明书。 数控铣床日常保养方法。 数控铣床操作规程。 数控系统(进口、国产数控系统)说明书

续表 A-2

职业功能	工作内容	技能要求	相关知识
维护与故障诊断	机床故障诊断	能读懂数控系统的报警信息。 能发现数控铣床的一般故障	数控系统的报警信息。 机床的故障诊断方法
	机床精度检查	能进行机床水平的检查	水平仪的使用方法。 机床垫铁的调整方法

表 A-3　加工中心操作工中级工工作要求

职业功能	工作内容	技能要求	相关知识
加工准备	读图与绘图	能读懂中等复杂程度(如凸轮、箱体、多面体)的零件图。 能绘制有沟槽、台阶、斜面的简单零件图。 能读懂分度头尾架、弹簧夹头套筒、可转位铣刀结构等简单机构装配图	复杂零件的表达方法。 简单零件图的画法。 零件三视图、局部视图和剖视图的画法
	制定加工工艺	能读懂复杂零件的数控加工工艺文件。 能编制直线、圆弧面、孔系等简单零件的数控加工工艺文件	数控加工工艺文件的制定方法。 数控加工工艺知识
	零件定位与装夹	能使用加工中心常用夹具(如压板、虎钳、平口钳等)装夹零件。 能够选择定位基准并找正零件	加工中心常用夹具的使用方法。 定位、装夹的原理和方法。 零件找正的方法
	刀具准备	能够根据数控加工工艺卡选择、安装和调整加工中心的常用刀具。 能根据加工中心特性、零件材料、加工精度和工作效率等选择刀具和刀具几何参数,并确定数控加工需要的切削参数和切削用量。 能够使用刀具预调仪或者在机内测量工具的半径及长度。 能够选择、安装、使用刀柄。 能够刃磨常用刀具	金属切削与刀具磨损知识。 加工中心常用刀具的种类、结构和特点。 加工中心、零件材料、加工精度和工作效率对刀具的要求。 刀具预调仪的使用方法。 刀具长度补偿、半径补偿与刀具参数的设置知识。 刀柄的分类和使用方法。 刀具刃磨的方法
数控编程	手工编程	能够编制钻、扩、铰、镗等孔类加工程序。 能够编制平面铣削程序。 能够编制含直线插补和圆弧插补的二维轮廓的加工程序	数控编程知识。 直线插补和圆弧插补的原理。 坐标点的计算方法。 刀具补偿的作用和计算方法
	计算机辅助编程	能够利用 CAD/CAM 软件编制简单平面轮廓的铣削程序	CAD/CAM 软件的使用方法。 平面轮廓的绘图与加工代码的生成方法

续表 A-3

职业功能	工作内容	技能要求	相关知识
加工中心操作	操作面板	能够按照操作规程启动及停止机床。 能使用操作面板上的常用功能键(如回零、手动、MDI、修调等)	加工中心操作说明书。 加工中心操作面板的使用方法
	程序输入与编辑	能够通过各种途径(如 DNC、网络)输入加工程序。 能够通过操作面板输入和编辑加工程字	数控加工程序的输入方法。 数控加工程序的编辑方法
	对刀	能进行对刀并确定相关坐标系。 能设置刀具参数	对刀的方法。 坐标系的知识。 建立刀具参数表或文件的方法
	程序调试与运行	能够进行程序检验、单步执行、空运行并完成零件试切。 能够使用交换工作台	程序调试的方法。 工作台交换的方法
	刀具管理	能够使用自动换刀装置。 能够在刀库中设置和选择刀具。 能够通过操作面板输入有关参数	刀库的知识。 刀库的使用方法。 刀具信息的设置方法与刀具选择方法。 数控系统中加工参数的输入方法
零件加工	平面加工	能够运用数控加工程序进行平面、垂直面、斜面、阶梯面等铣削加工,并达到如下要求: ① 尺寸公差等级达 IT7; ② 形位公差等级达 IT8; ③ 表面粗糙度 R_a 达 3.2 μm	平面铣削的基本知识。 刀具端刃的切削特点
	型腔加工	能够运用数控加工程序进行由直线、圆弧组成的平面轮廓零件的铣削加工,并达到如下要求: ① 尺寸公差等级达 IT8; ② 形位公差等级达 IT8; ③ 表面粗糙度 R_a 达 3.2μm。 能够运用数控加工程序进行复杂零件的型腔加工,并达到如下要求: ① 尺寸公差等级达 IT8; ② 形位公差等级达 IT8; ③ 表面粗糙度 R_a 达 3.2 μm	平面轮廓铣削的基本知识。 刀具侧刃的切削特点

续表 A－3

职业功能	工作内容	技能要求	相关知识
零件加工	曲面加工	能够运用数控加工程序铣削圆锥面、圆柱面等简单曲面，并达到如下要求： ① 尺寸公差等级达 IT8； ② 形位公差等级达 IT8； ③ 表面粗糙度 R_a 达 3.2 μm	曲面铣削的基本知识。 球头刀具的切削特点
	孔系加工	能够运用数控加工程序进行孔系加工，并达到如下要求： ① 尺寸公差等级达 IT7； ② 形位公差等级达 IT8； ③ 表面粗糙度 R_a 达 3.2 μm	麻花钻、扩孔钻、丝锥、镗刀及铰刀的加工方法
	槽类加工	能够运用数控加工程序进行槽、键槽的加工，并达到如下要求： ① 尺寸公差等级达 IT8； ② 形位公差等级达 IT8； ③ 表面粗糙度 R_a 达 3.2 μm	槽、键槽的加工方法
	精度检验	能够使用常用量具进行零件的精度检验	常用量具的使用方法。 零件精度检验及测量方法
维护与故障诊断	加工中心日常维护	能够根据说明书完成加工中心的定期及不定期维护保养，包括机械、电、气、液压、数控系统检查和日常保养等	加工中心操作说明书。 加工中心日常保养方法。 加工中心操作规程。 数控系统（进口、国产数控系统）说明书
	加工中心故障诊断	能读懂数控系统的报警信息。 能发现加工中心的一般故障	数控系统的报警信息。 机床的故障诊断方法
	机床精度检查	能进行机床水平的检查	水平仪的使用方法。 机床垫铁的调整方法

附录B 数控操作实训样题

1. 数控车工样题

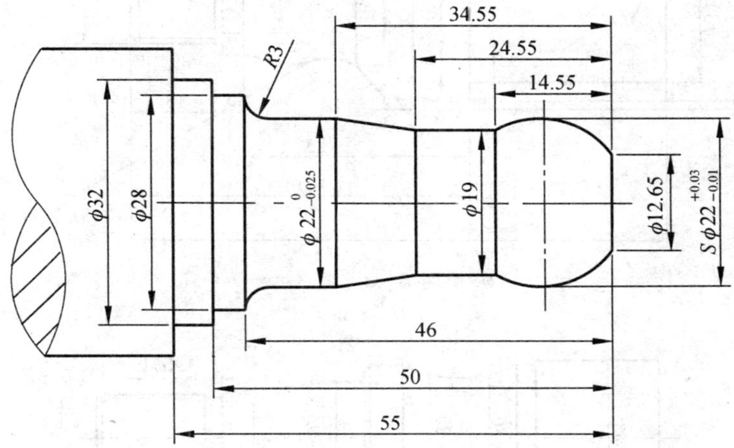

图 B-1 题 1

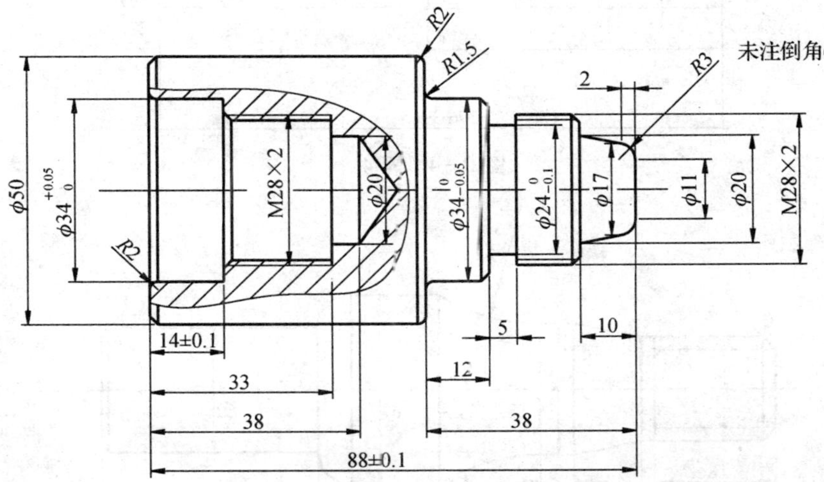

图 B-2 题 2

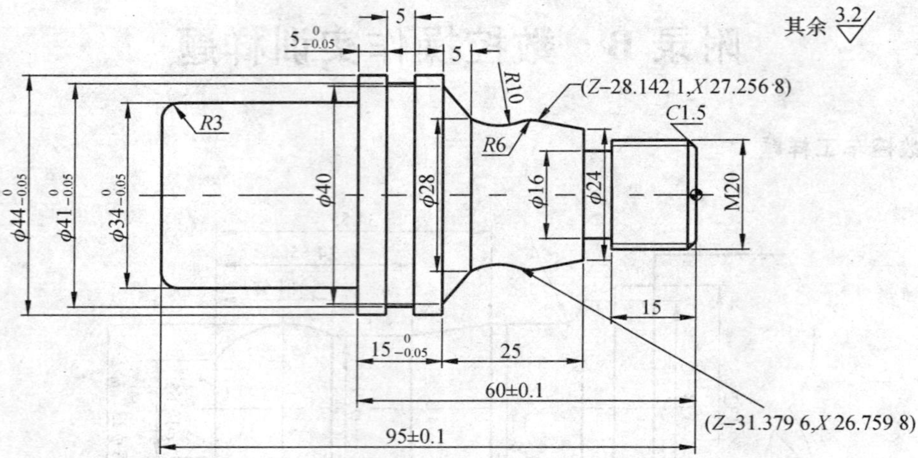

图 B-3　题 3

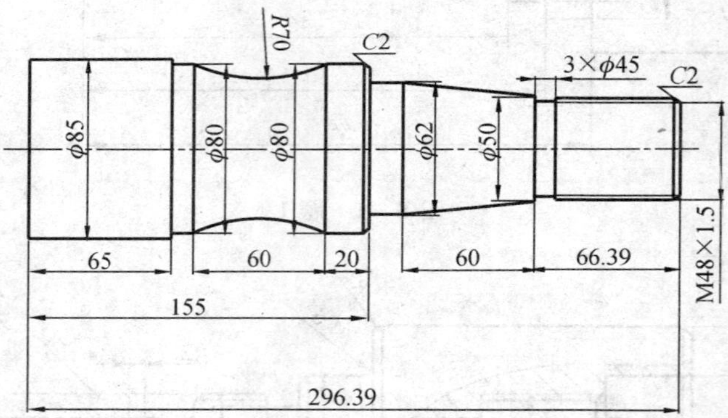

图 B-4　题 4

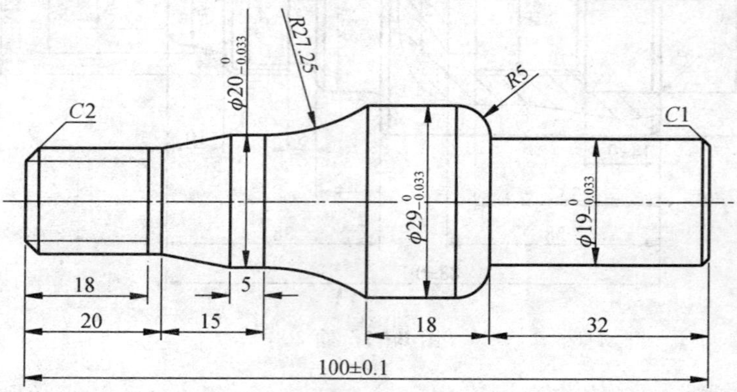

图 B-5　题 5

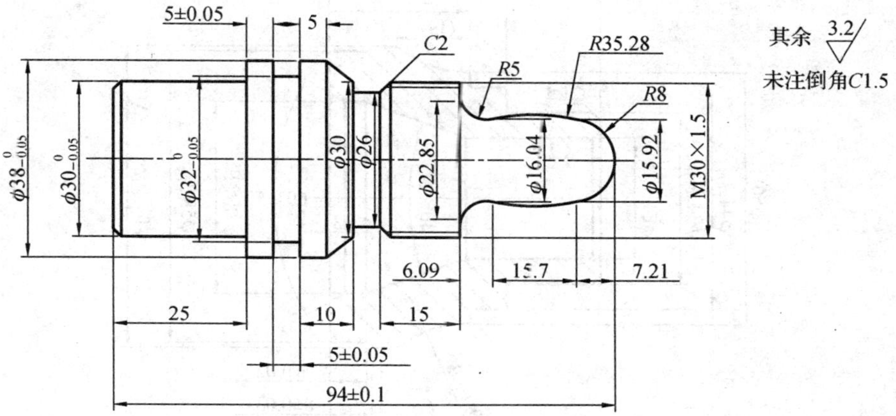
5±0.05
5
C2
R35.28
R5
R8
其余 3.2
未注倒角C1.5
φ38-0.05
φ30-0.05
φ32-0.05
φ30
φ26
φ22.85
φ16.04
φ15.92
M30×1.5
6.09
15.7
7.21
25
10
15
5±0.05
94±0.1

图 B-6 题 6

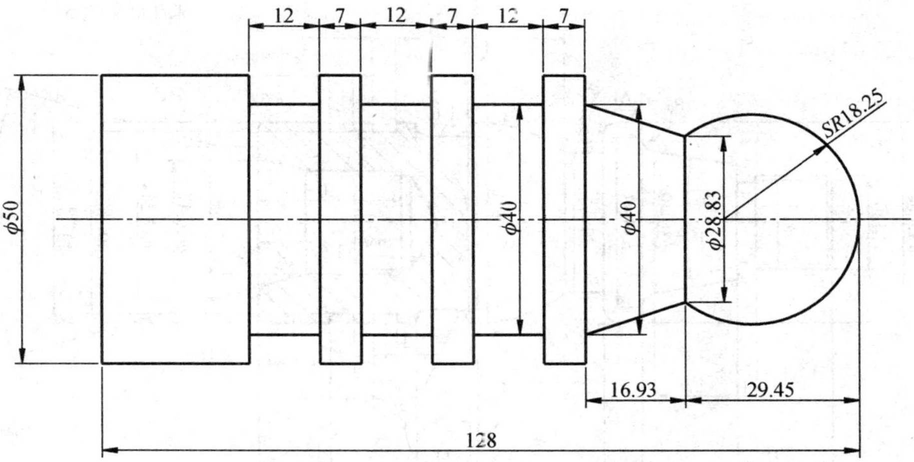
12
7
12
7
12
7
SR18.25
φ50
φ40
φ40
φ28.83
16.93
29.45
128

图 B-7 题 7

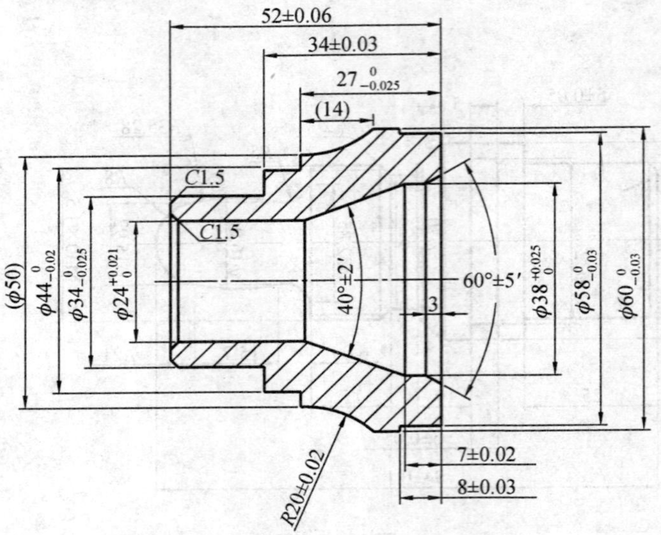
52±0.06
34±0.03
27 0 −0.025
(14)
C1.5
C1.5
(ϕ50)
ϕ44 0 −0.02
ϕ34 0 −0.025
ϕ24 +0.021 0
40°±2′
60°±5′
3
ϕ38 +0.025 0
ϕ58 0 −0.03
ϕ60 0 −0.03
R20±0.02
7±0.02
8±0.03

图 B-8 题 8

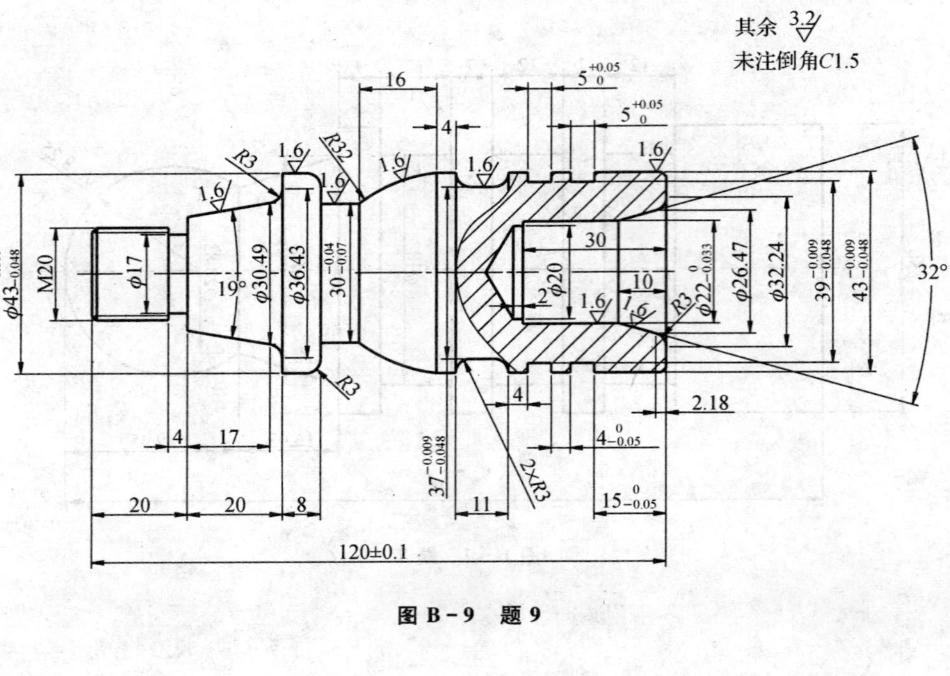
其余 3.2
未注倒角C1.5
16
4
5 +0.05 0
5 +0.05 0
R3
1.6
R32
1.6
1.6
1.6
1.6
ϕ43 −0.009 −0.048
M20
ϕ17
19°
ϕ30.49
ϕ36.43
30 −0.04 −0.07
30
ϕ20
2
10
1.6
1.6
R3
ϕ22 0 −0.033
ϕ26.47
ϕ32.24
39 −0.009 −0.048
43 −0.009 −0.048
32°
R3
4
2.18
4
17
4 0 −0.05
37 −0.009 −0.048
2×R3
20
20
8
11
15 0 −0.05
120±0.1

图 B-9 题 9

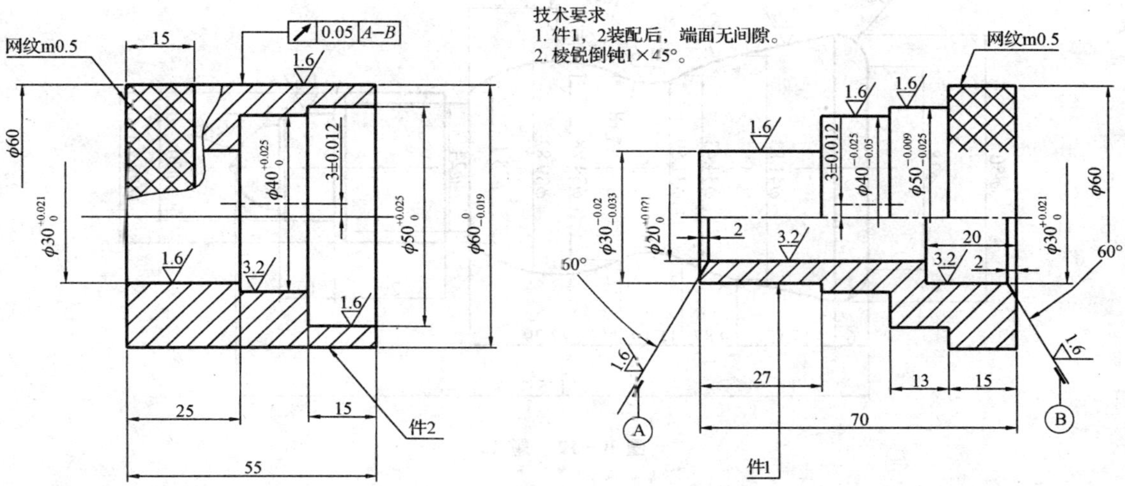

图 B-10　题 10

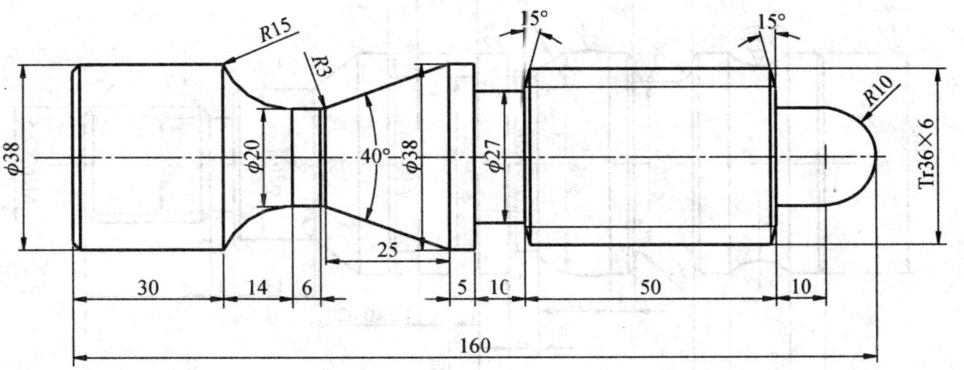

图 B-11　题 11

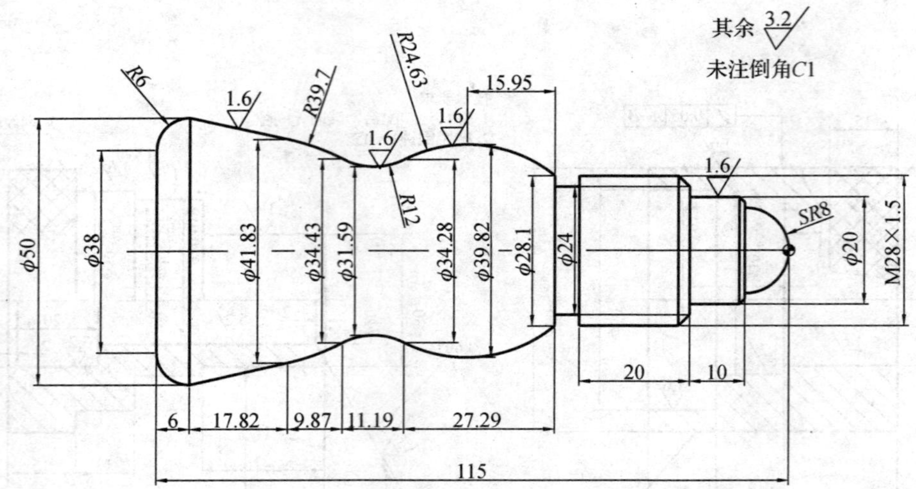

图 B－12　题 12

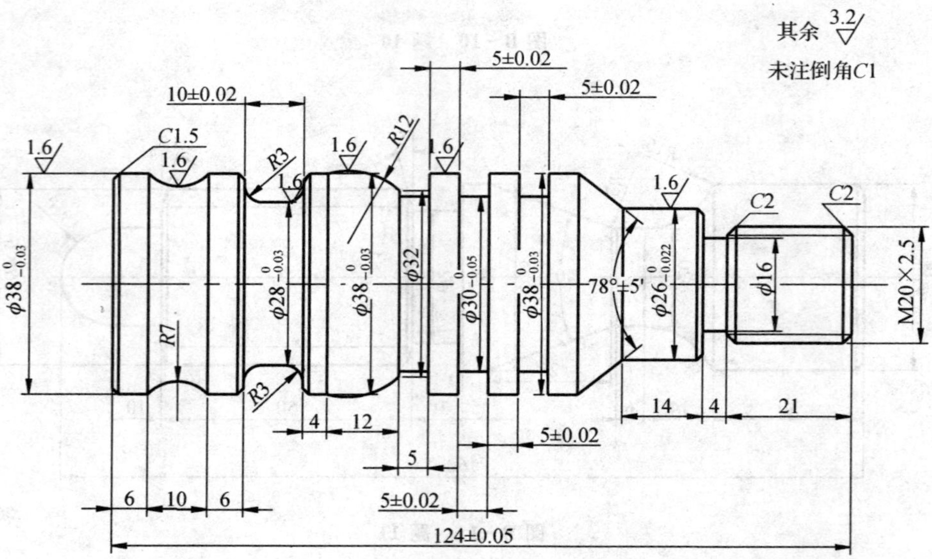

图 B－13　题 13

2. 数控铣工、加工中心操作样题

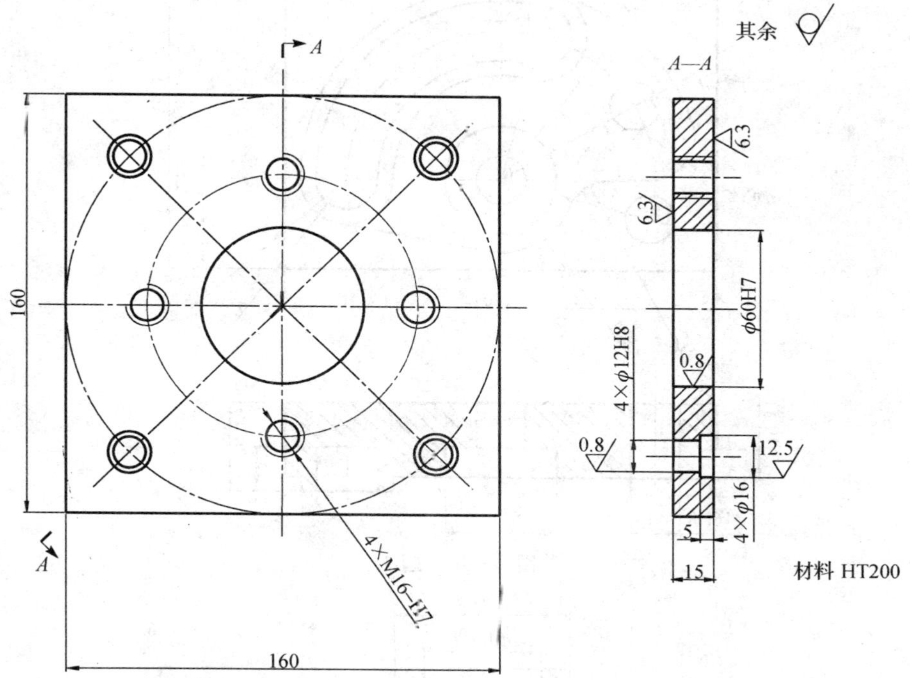

图 B-14 题 14

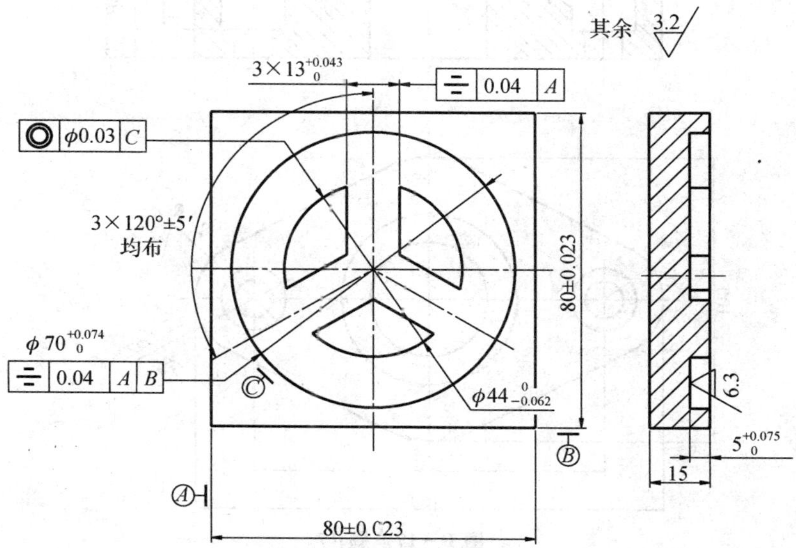

图 B-15 题 15

材料：45钢

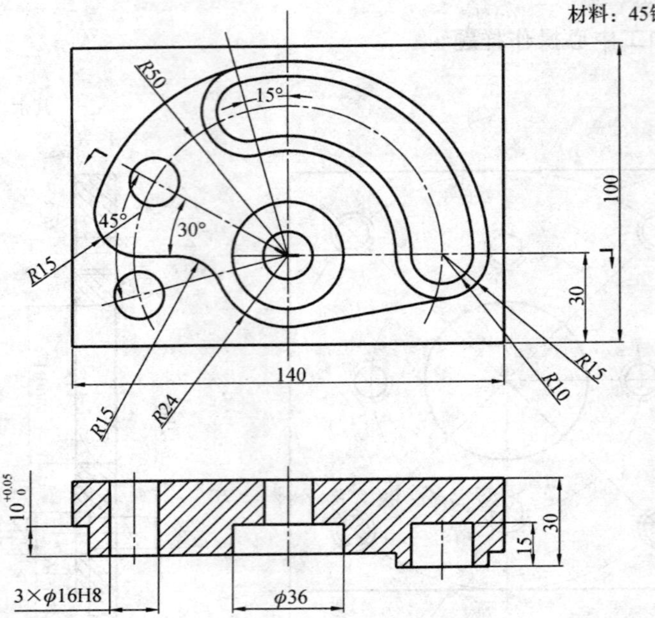

图 B－16　题 16

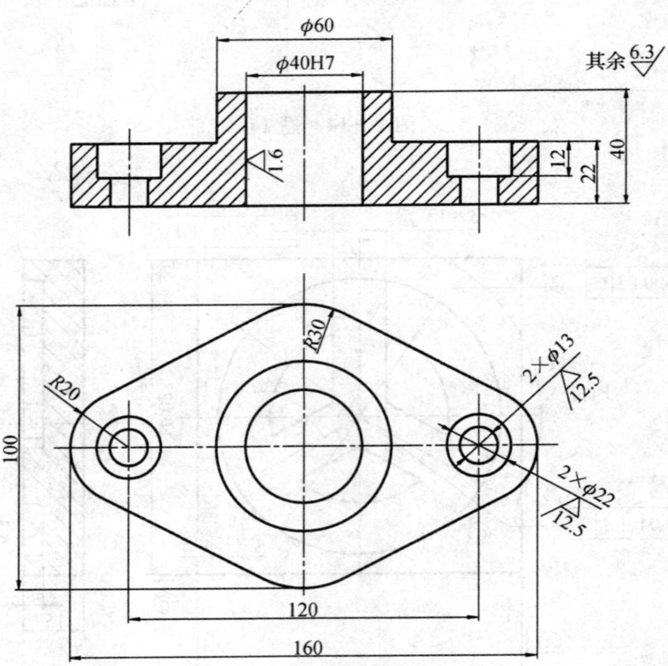

图 B－17　题 17

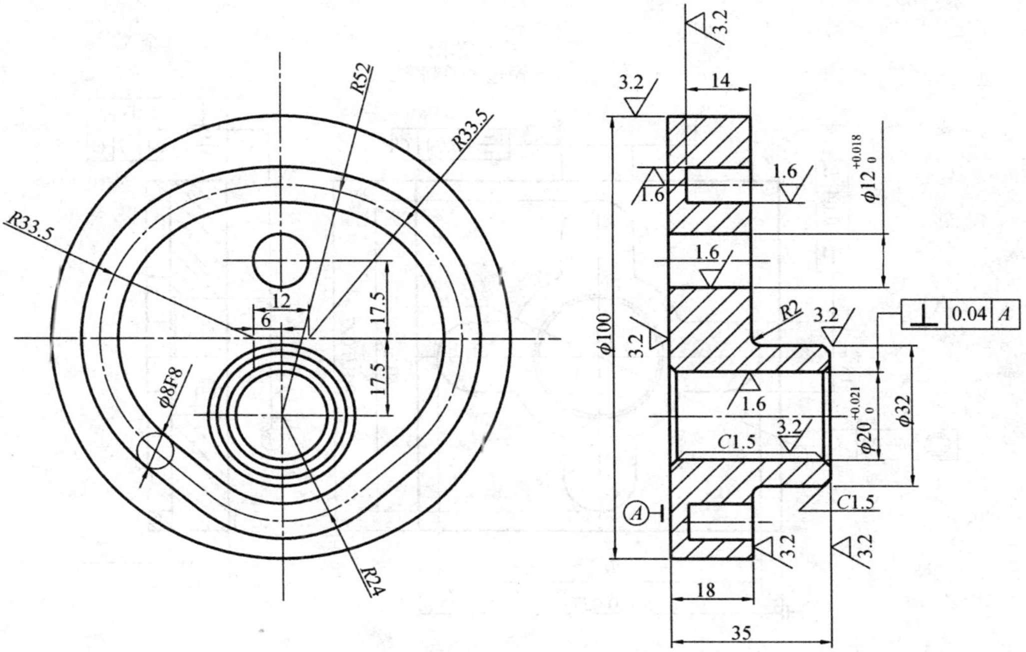

图 B-18 题 18

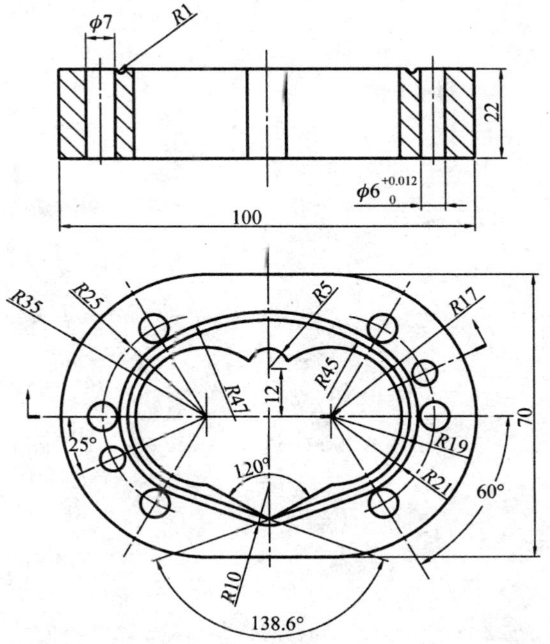

图 B-19 题 19

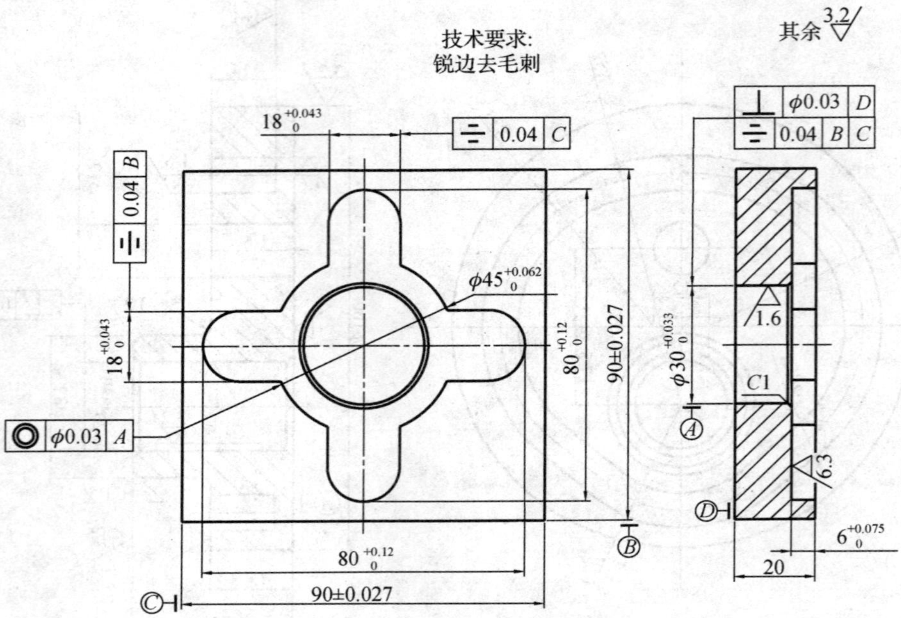

技术要求:
锐边去毛刺
其余 3.2
18 +0.043 0
0.04 C
0.04 B
φ45 +0.062 0
18 +0.043 0
80 +0.12 0
90±0.027
φ0.03 A
80 +0.12 0
90±0.027
φ0.03 D
0.04 B C
1.6
φ30 +0.033 0
C1
A
6.3
D
B
C
6 +0.075 0
20

图 B-20 题 20

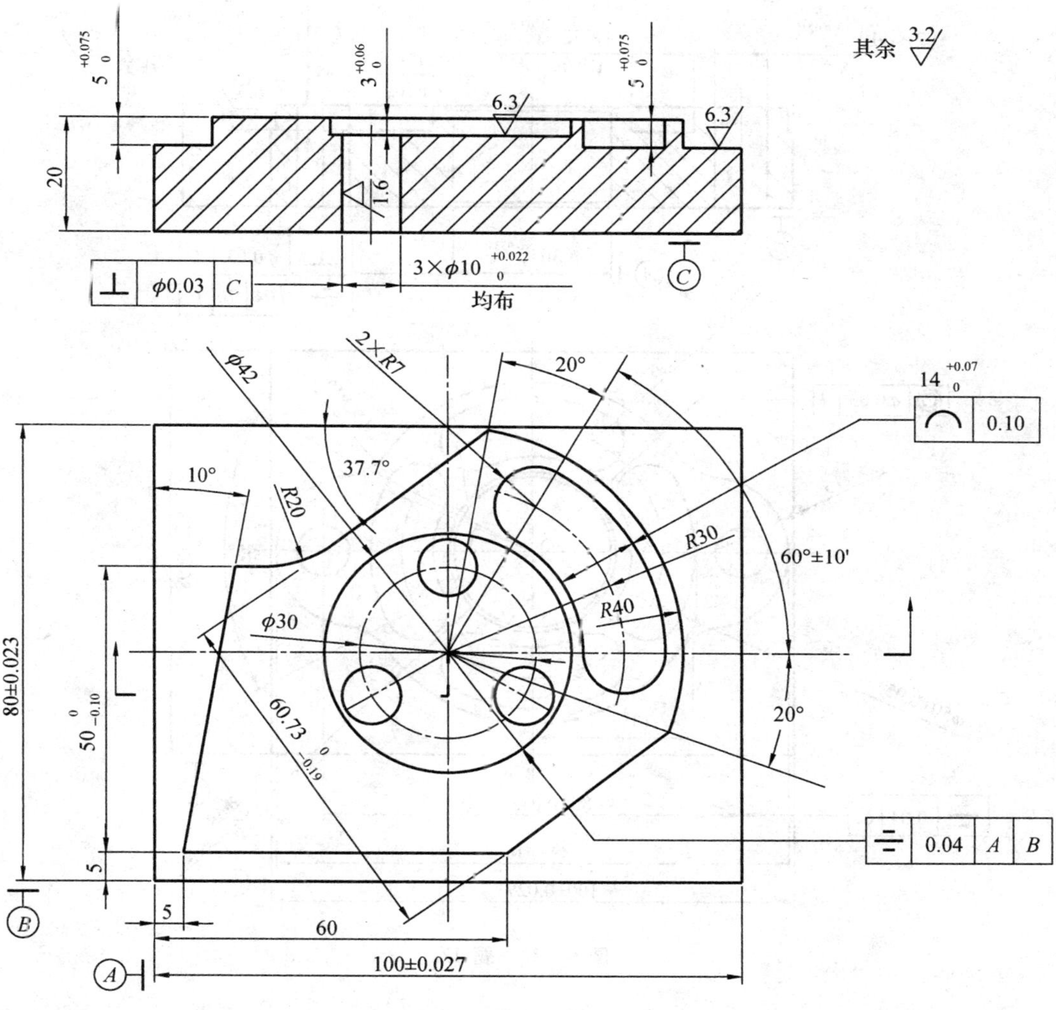
其余 3.2
6.3
6.3
1.6
20
3×φ10 +0.022 0
均布
φ0.03 C
C
φ42
2×R7
20°
14 +0.07 0
0.10
10°
R20
37.7°
R30
60°±10'
R40
φ30
60.73 0 −0.19
20°
0.04 A B
80±0.023
50 0 −0.10
5
5
60
100±0.027
A
B

图 B-21 题 21

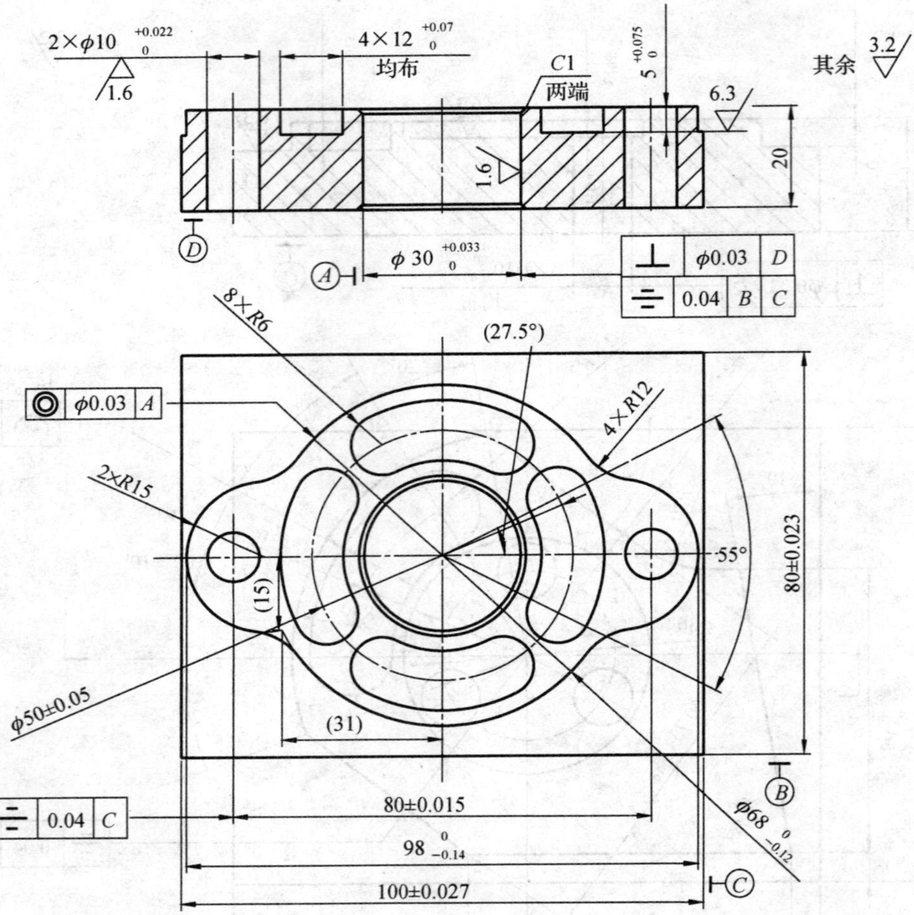
2×φ10 +0.022 0
1.6
4×12 +0.07 0
均布
C1
两端
5 +0.075 0
6.3
其余 3.2
20
1.6
D
A
φ30 +0.033 0
⊥ φ0.03 D
0.04 B C
8×R6
(27.5°)
φ0.03 A
4×R12
2×R15
55°
80±0.023
(15)
φ50±0.05
(31)
B
0.04 C
80±0.015
98 0 -0.14
φ68 0 -0.12
C
100±0.027

图 B-22 题 22

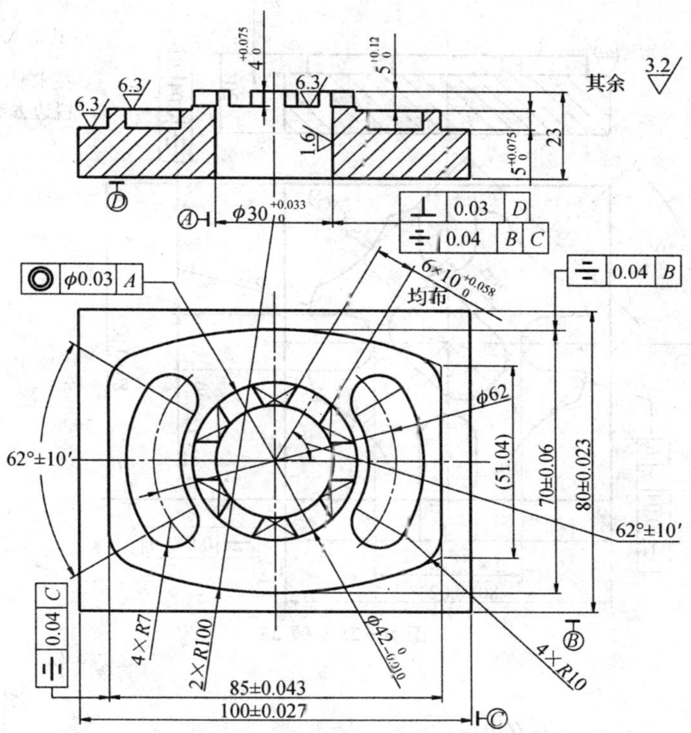

图 B-23　题 23

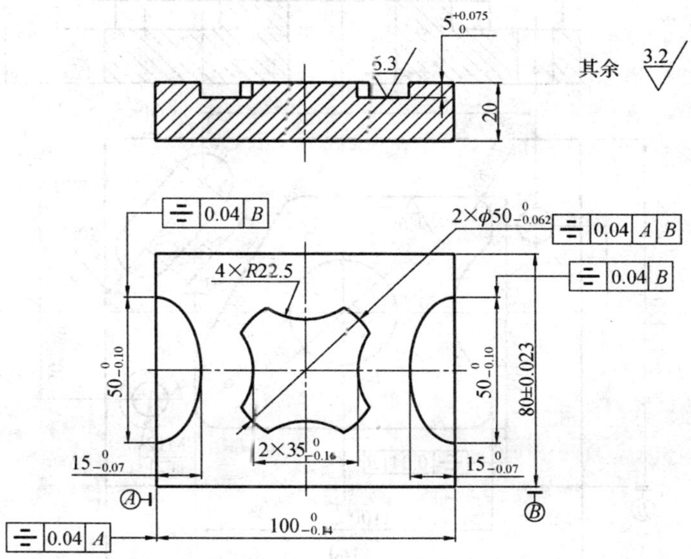

图 B-24　题 24

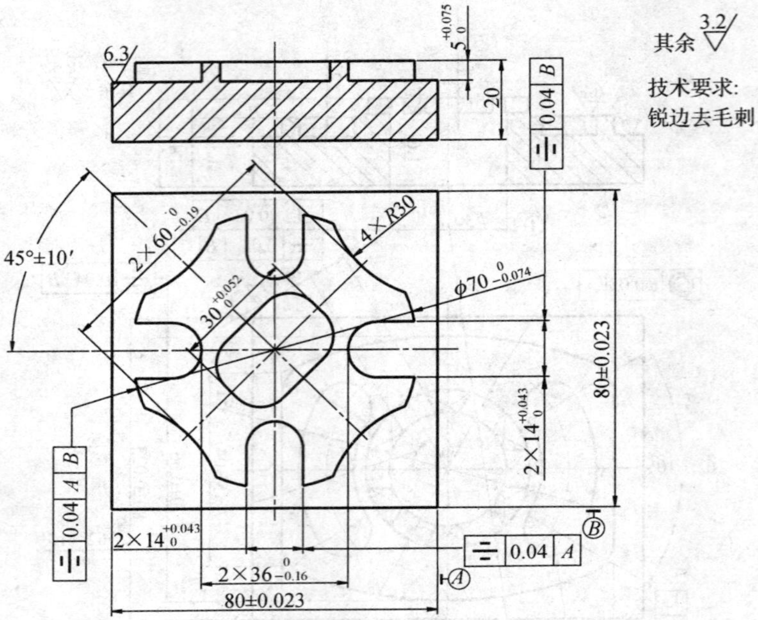

图 B-25 题 25

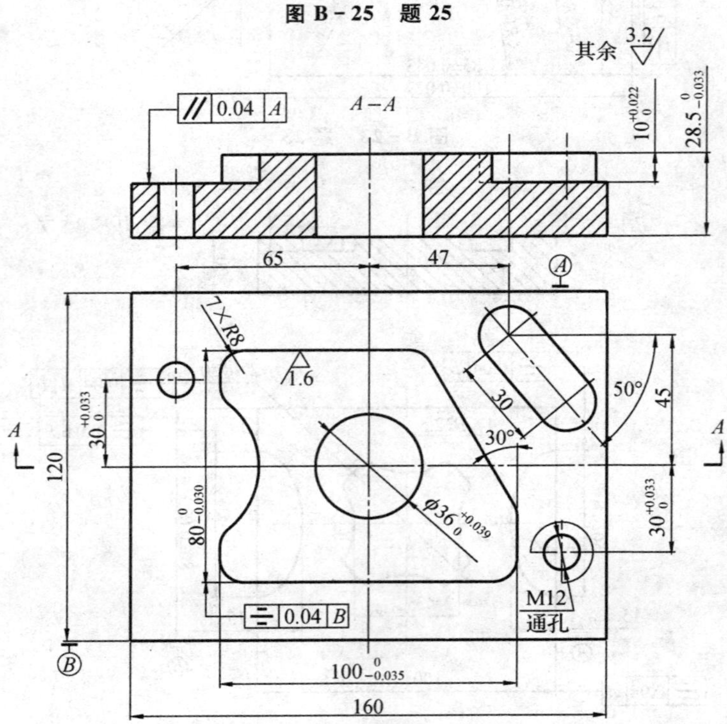

图 B-26 题 26

参考文献

[1] 沈建峰,虞俊主编.数控车工(高级).北京:机械工业出版社,2001.

[2] 宗国成主编.数控车工技能鉴定考核培训教程.北京:机械工业出版社,2006.

[3] 徐建高主编.数控车削编程与考级(SINUMERIK 802S/802C系统).北京:化学工业出版社,2002.

[4] 张超英主编.数控车床.北京:化学工业出版社,2003.

[5] 任国兴主编.数控车床加工工艺与编程操作.北京:机械工业出版社,2006.

[6] 吴明友主编.数控车床(华中数控)考工实训教程.北京:化学工业出版社,2006.

[7] 晏初宏,胡细东,等.实用数控加工程序编制技术.上海:上海科学技术出版社,2008.

[8] 吴明友主编.数控机床与编程实用教程.北京:清华大学出版社,2005.

[9] 雄熙主编.数控加工实训教程.北京:化学工业出版社,2003.

[10] 罗学科,张超英主编.数控机床编程与操作实训.北京:化学工业出版社,2001.

[11] 朱岱力主编.数控加工实训教程.北京:化学工业出版社,2001.

[12] 高德文主编.数控加工中心.北京:化学工业出版社,2003.

[13] 惠延波,沙杰,等主编.加工中心的数控编程与操作技术.北京:机械工业出版社,2005.

[14] 王荣兴主编.加工中心培训教程.北京:机械工业出版社,2006.

[15] 苏本杰主编.数控加工中心技能实训教程.北京:国防工业出版社,2006.

[16] 沈建峰,朱勤惠主编.数控加工生产实例.北京:化学工业出版社,2006.

[17] 范真主编.加工中心.北京:化学工业出版社,2004.

[18] 贾立新主编.电火花加工实训教程.西安:西安电子科技大学出版社,2007.

[19] 单岩,夏天主编.数控线切割加工.北京:机械工业出版社,2007.

[20] 胡如祥主编.数控加工编程与操作.大连:大连理工大学出版社,2008.

[21] 程美玲主编.数控编程技能实训教程.北京:国防工业出版社,2006.

[22] 徐伟主编.数控机床仿真实训.北京:电子工业出版社,2004.

[23] 武汉华中数控股份有限公司.世纪星车床数控系统操作说明书.武汉:武汉华中数控股份有限公司,2007.

[24] 武汉华中数控股份有限公司.世纪星车床数控系统编程说明书.武汉:武汉华中数控股份有限公司,2007.

[25] 小巨人机床有限公司技术开发部.MAZATROL FUSION 640M编程手册.宁夏:新海彩印有限公司,2001.

[26] 小巨人机床有限公司技术开发部.MAZATROL FUSION 640M操作.宁夏:新海彩印有限公司,2001.

[27] 西门子(中国)有限公司自动化与驱动部.SINUMERIK 802D铣床操作与编程手册.南京:西门子数控(南京)有限公司研发部,2002.

[28] 上海宇龙股份有限公司.数控加工仿真系统FANUC系统使用手册.上海:上海宇龙股份有限公司,2005.